数学模型在生态学的应用及研究(41)

The Application and Research of Mathematical Model in Ecology(41)

杨东方　杨丹枫　编著

海洋出版社

2019年 · 北京

内 容 提 要

通过阐述数学模型在生态学的应用和研究，定量化地展示生态系统中环境因子和生物因子的变化过程，揭示生态系统的规律和机制以及其稳定性、连续性的变化，使生态数学模型在生态系统中发挥巨大作用。在科学技术迅猛发展的今天，通过该书的学习，可以帮助读者了解生态数学模型的应用、发展和研究的过程；分析不同领域、不同学科的各种各样生态数学模型；探索采取何种数学模型应用于何种生态领域的研究；掌握建立数学模型的方法和技巧。此外，该书还有助于加深对生态系统的量化理解，培养定量化研究生态系统的思维。

本书主要内容为：介绍各种各样的数学模型在生态学不同领域的应用，如在地理、地貌、水文和水动力以及环境变化、生物变化和生态变化等领域的应用。详细阐述了数学模型建立的背景、数学模型的组成和结构以及其数学模型应用的意义。

本书适合气象学、地质学、海洋学、环境学、生物学、生物地球化学、生态学、陆地生态学、海洋生态学和海湾生态学等有关领域的科学工作者和相关学科的专家参阅，也适合高等院校师生作为教学和科研的参考。

图书在版编目（CIP）数据

数学模型在生态学的应用及研究．41/杨东方，杨丹枫编著．—北京：海洋出版社，2018.11 ISBN 978-7-5210-0268-3

Ⅰ．①数…　Ⅱ．①杨…　②杨…　Ⅲ．①数学模型-应用-生态学-研究　Ⅳ．①Q14

中国版本图书馆 CIP 数据核字（2018）第 277483 号

责任编辑：鹿　源
责任印制：赵麟苏
海洋出版社　出版发行
http://www.oceanpress.com.cn
北京市海淀区大慧寺路 8 号　邮编：100081
北京朝阳印刷厂有限责任公司印刷　新华书店北京发行所经销
2019 年 3 月第 1 版　2019 年 3 月第 1 次印刷
开本：787 mm×1092 mm　1/16　印张：20
字数：460 千字　定价：90.00 元
发行部：62132549　邮购部：68038093　总编室：62114335

《数学模型在生态学的应用及研究(41)》编委会

数学是结果量化的工具

数学是思维方法的应用

数学是研究创新的钥匙

数学是科学发展的基础

杨东方

要想了解动态的生态系统的基本过程和动力学机制，尽可从建立数学模型为出发点，以数学为工具，以生物为基础，以物理、化学、地质为辅助，对生态现象、生态环境、生态过程进行探讨。

生态数学模型体现了在定性描述与定量处理之间的关系，使研究展现了许多妙不可言的启示，使研究进入更深的层次，开创了新的领域。

杨东方

摘自《生态数学模型及其在海洋生态学应用》

海洋科学(2000),24(6):21-24.

前　言

细大尽力,莫敢怠荒,远迩辟隐,专务肃庄,端直敦忠,事业有常。

——《史记·秦始皇本纪》

数学模型研究可以分为两大方面:定性和定量的,要定性地研究,提出的问题是:"发生了什么或者发生了没有",要定量地研究,提出的问题是"发生了多少或者它如何发生的"。前者是对问题的动态周期、特征和趋势进行了定性的描述,而后者是对问题的机制、原理、起因进行了定量化的解释。然而,生物学中有许多实验问题与建立模型并不是直接有关的。于是,通过分析、比较、计算和应用各种数学方法,建立反映实际的且具有意义的仿真模型。

生态数学模型的特点为:(1)综合考虑各种生态因子的影响。(2)定量化描述生态过程,阐明生态机制和规律。(3)能够动态地模拟和预测自然发展状况。

生态数学模型的功能为:(1)建造模型的尝试常有助于精确判定所缺乏的知识和数据,对于生物和环境有进一步定量了解。(2)模型的建立过程能产生新的想法和实验方法,并缩减实验的数量,对选择假设有所取舍,完善实验设计。(3)与传统的方法相比,模型常能更好地使用越来越精确的数据,从生态的不同方面所取得材料集中在一起,得出统一的概念。

模型研究要特别注意:(1)模型的适用范围:时间尺度、空间距离、海域大小、参数范围。例如,不能用每月的个别发生的生态现象来检测1年跨度的调查数据所做的模型。又如用不常发生的赤潮模型来解释经常发生的一般生态现象。因此,模型的适用范围一定要清楚。(2)模型的形式是非常重要的,它揭示内在的性质、本质的规律,来解释生态现象的机制、生态环境的内在联系。因此,重要的是要研究模型的形式,而不是参数,参数是说明尺度、大小、范围而已。(3)模型的可靠性,由于模型的参数一般是从实测数据得到的,它的可靠性非常重要,这是通过统计学来检测。只有可靠性得到保证,才能用模型说明实际的生态问题。(4)解决生态问题时,所提出的观点,不仅数学模型支持这一观点,还要从生态现象、生态环境等各方面的事实来支持这一观点。

本书以生态数学模型的应用和发展为研究主题,介绍数学模型在生态学不同领域的应用,如在地理、地貌、气象、水文和水动力以及环境变化、生物变化和生态变化等领域的应用。详细阐述了数学模型建立的背景、数学模型的组成和结构以及其数学模型应用的意义。认真掌握生态数学模型的特点和功能以及注意事项。生态数学模型展示了生态系统的演化过程和预测了自然资源可持续利用。通过本书的学习和研究,能促进自然资源、环境的开发与保护,推进生态经济的健康发展,加强生态保护和环境恢复。

本书获得西京学院的出版基金、陕西国际商贸学院的出版基金、贵州民族大学博点建设文库、“贵州喀斯特湿地资源及特征研究”(TZJF-2011 年-44 号)项目、“喀斯特湿地生态监测研究重点实验室”(黔教合 KY 字[2012]003 号)项目、贵州民族大学引进人才科研项目([2014]02)、土地利用和气候变化对乌江径流的影响研究(黔教合 KY 字[2014]266 号)、威宁草海浮游植物功能群与环境因子关系(黔科合 LH 字[2014]7376 号)、“铬胁迫下人工湿地植物多样性对生态系统功能的影响机制研究”(国家自然科学基金项目 31560107)以及北海环境监测中心主任科研基金——长江口、胶州湾、浮山湾及其附近海域的生态变化过程(05EMC16)的共同资助下完成。

此书得以完成应该感谢北海环境监测中心主任姜锡仁研究员、上海海洋大学的副校长李家乐教授、贵州民族大学校长陶文亮教授和西京学院校长任芳教授;还要感谢刘瑞玉院士、冯士筰院士、胡敦欣院士、唐启升院士、汪品先院士、丁德文院士和张经院士。诸位专家和领导给予的大力支持,提供的良好的研究环境,成为我们科研事业发展的动力引擎。在此书付梓之际,我们诚挚感谢给予许多热心指点和有益传授的其他老师和同仁。

本书内容新颖丰富,层次分明,由浅入深,结构清晰,布局合理,语言简练,实用性和指导性强。由于作者水平有限,书中难免有疏漏之处,望广大读者批评指正。

沧海桑田,日月穿梭。抬眼望,千里尽收,祖国在心间。

杨东方　杨丹枫

2016 年 3 月 8 日

目　　次

人文建筑的动态阈值模型

1 背景

随着人文建筑的急剧增多,山岳型旅游区的自然环境日趋恶化,其中乱建疗养院和旅馆的影响最为严重[1-2]。有关旅游容量的研究还可列举许多,但对人文建筑规模的定量研究为数很少。全华[1]提出了基于环境脆弱因子的人文建筑动态阈值模型,并在张家界进行了实地验证,为目前张家界正在进行的人文建筑大拆迁提供了理论支持。

2 公式

对于不同的环境因子,其脆弱性不同,基于其承载力的人文建筑生态阈值也不相同。计算每一种环境因子承载力的人文建筑生态阈值,过于复杂,也没有必要。根据最低量定律,人文建筑生态阈值的大小往往受制于生态旅游环境阈值中最小分阈值,该分阈值决定了整个人文建筑生态阈值。假如要用量测公式来表示的话,那么人文建筑生态阈值为:

$$E = \min(E_1, E_2, E_3, E_4, \cdots, E_{10}) \tag{1}$$

式中,E_1为人文建筑生态阈值,E_2为生态旅游空间环境阈值,E_3为自然资源环境阈值,E_4为生态旅游政治环境阈值,E_5为“天人合一”文化旅游环境阈值,E_6为外部生态经济旅游环境阈值,E_7为内部生态经济旅游环境阈值,E_8 为区域生态旅游气氛环境阈值,E_9为社会生态旅游环境阈值,E_{10}为旅游者生态旅游环境阈值。即其中某一分量最小值限制了生态旅游环境的阈值。

以金鞭溪为例,自 1998 年来溪水变黑,主要原因是因为上游宾馆大量使用洗涤剂,而张家界国家森林公园人文建筑生态阈值中,最小分阈值是金鞭溪水对人文建筑产生污染物的自然净化容量,其水环境容量值决定了上游生态建筑生态阈值。

水环境容量是满足水环境质量标准要求的最大允许污染负荷量,其计算模型以环境目标河水体稀释自净规律为依据。可用数学公式表述为:

$$W = (C_N - C_O)Q + K\frac{x}{U}C_N Q \tag{2}$$

式中,W 为水环境容量,可用污染物浓度乘水量表示,也可用污染物总量表示,单位为 kg/d;C_N为水环境质量标准,mg/L;C_O为上一断面水中污染物浓度,mg/L;x 为监测点至排污口的距离,m;Q 为水量;U 为流速,m/s;K 为污染物衰减系数。

因金鞭溪游览线主要景点集中在老磨湾至紫草潭地段,而且该段溪流几乎没有新的总磷污染源。

在不超出磷的最大允许污染负荷前提下,金鞭溪上游宾馆建筑生态阈值(最大床位)计算公式为:

$$L = W/P \cdot R - L_o$$
$$= \{(C_N - C_O)Q - KC_NQ\}/P \cdot R - L_o \qquad (3)$$

3 意义

许多山岳型旅游区内或其流域上游,都建有人文建筑,而且在急剧增多,导致自然环境日趋恶化,其中乱建疗养院和旅馆的影响最为严重。因而在此建立了人文建筑的动态阈值模型,通过实地监测并全面分析张家界环境演变趋势,评价了住宿设施对环境的影响,为目前张家界正在进行的人文建筑大拆迁提供了科学的理论支持。

参考文献

[1] 全华. 山岳型旅游区人文建筑环境后效与调控模型. 山地学报,2002,20(6):706-711.

[2] 曹文. 对生态旅游开发热的思考[J]. 资源开发与市场,2000,16(1):45-47.

土壤水的时空变化模型

1 背景

自然界中,陆生植物生命活动所耗水分绝大多数都是土壤水,尤其在西北干旱地区,土壤有效含水量已成为植物生长状况的决定性因素。因此,准确掌握土壤水分的时空特征及收支状况,可为研究河川径流机理提供参考依据。牛云等[1]利用公式对祁连山主要植被下土壤水的时空动态变化特征展开了研究。试验区位于祁连山中段,肃南县西水林区的排露沟流域,该流域阳坡为山地草原,阴坡为森林景观。

2 公式

土壤含水量的测定:采回的土样在实验室中根据其体积和质量算出土壤容重 V,再以烘干法(105℃)测定其含水量(质量湿度%)R:

$$R = \frac{m_2 - m}{m}$$

式中,R 为土壤含水量,%;m_2为湿土质量,g;m 为烘干土质量,g。

降水量的测定:年生长季降雨量用简易量筒和虹吸式雨量计测定。

土壤水由于受降水及降水再分配、根系数分布深度、土壤孔隙度、气候条件等的影响,土壤含水量在垂直空间上表现为一定的动态特征,用样本变异系数 v 来反映这个特征:

$$v = S^2/x$$

式中:$S^2 = \frac{1}{n}\sum_{i=1}^{n} x_i^2 - \bar{x}^2$,$x_i$ 为土样含水量测定值,$\bar{x}$ 为土样含水量的平均值,从表达式中可看出,当 $\bar{x}$ 一定时,v 越大,S^2 值越大,S^2 值越大,说明土壤含水量变化越剧烈;v 值越小,土壤含水量越稳定。

3 意义

通过对祁连山青海云杉林、祁连圆柏林、亚高山灌丛林、牧坡草地等 4 种主要植被类型的土壤水测量数据进行分析,表明土壤水的空间垂直动态表现为随深度的增加而减少,可划分为土壤水分易变层、利用层、调节层三个层次;土壤水的时间动态可划分为土壤失水期、聚水期、退水期、稳水期四个时期。土壤水总的特征是,不同植被地类的土壤水季节变化规律基本一致,主要受降水量及其分配的影响。

参考文献

[1] 牛云,张宏斌,刘贤德等. 祁连山主要植被下土壤水的时空动态变化特征. 山地学报,2002,20(6):723-726.

畜牧业生态系统的评价公式

1 背景

畜牧业生态系统综合功能评价是社会、经济和生态的综合度量，以综合指标从根本上对区域畜牧业可持续发展的能力进行系统评价，以便系统地进行组织、保护与管理，为区域生态功能区划、草地退化、沙化的恢复及防治提供依据。李祥妹[1]结合公式对西藏那曲地区畜牧业生态系统功能展开了分析。畜牧业生态系统功能的评价标准应根据生产力的不同发展阶段及区域的不同特点而定。

2 公式

对畜牧业生态系统评价采用多因素评价模型，将生态系统分为三个目标层，第一层（A层）为总目标层；第二层为分目标层（B层），由生态经济和社会功能构成；第三层为措施层（C层），并逐步计算下一级对上一级的贡献值。

那曲地区目前尚属经济不发达的初级阶段，同时又是生态脆弱区，区域综合功能的发挥必须兼顾生态、经济和社会功能，特别是西部各县生态环境极其脆弱，草地退化严重，保护生态是当前的首要任务，因此在评价中将生态功能和经济功能赋以相同的权重，据此建立一级判断矩阵，计算结果见表1。

表1　区域生态、经济、社会功能权重序列表

	生态功能 B_1	经济功能 B_2	社会功能 B_3	权重 W_i	备注
生态功能 B_1	1	1	3	0.428 6	权重 $W_i=\frac{B_i}{\sum_{i=1}^{3}B_i}$，$W_i$ 为 B 层各要素对区域综合效益的贡献值，B_i 为 B 层各要素的比较贡献值，$\sum_{i=1}^{3}B_i$ 为 B 层各要素比较贡献值之和
经济功能 B_2	1	1	3	0.428 6	
社会功能 B_3	1/3	1/3	1	0.142 8	

对排序结果进行一致性检验：

$$CI = (\lambda_{max} - n)/(n - 1)$$

$$RI = \begin{cases} 阶数:1,2,3,4,\cdots \\ RI:0,0,0.58,\cdots,1.45 \end{cases}$$

$$CR = CI/RI$$

式中,CI 为一致性指标,λ_{max}为判断矩阵的最大特征值,n 为判断矩阵的阶数,RI 为平均随机一致性指标,CR 为一致性检验值。当 $CR<0.1$ 时,判断矩阵有满意的一致性,否则须调整矩阵。

在前面两级排序的基础上,进一步计算 C 层各要素对 A 层综合功能的贡献值,即层次总排序(见表 2)。表 2 计算结果为 C 层各要素对 A 层的比较贡献值。因为所选取代表 B 层各功能的指标个数不等,同时 B 层、C 层各指标值都是针对上一层的比较得出的,故 C 层各指标的计算值须按三大功能分别进行正规化处理,其公式为:

$$X_i = \frac{y_i}{\sum_{i=1}^{n} y_i} \tag{1}$$

式中,x_i为 C 层各要素对区域综合功能的贡献值(权重),y_i为各要素的比较贡献值(即表 2 所求的结果),$\sum_{i=1}^{n} y_i$ 为 C 层各要素比较贡献值的总和。

表 2　C 层各要素比较贡献值排序表

	层次	C 层对 B 层的贡献			C 层对 A 层的贡献
		B_1 0.428 6	B_2 0.428 6	B_3 0.142 8	
生态因素	草地效率 C_1	0.107 2	0.078 0	-	0.073 9
	植被盖度 C_2	0.181 1	0.029 8	-	0.069 9
	草地利用率 C_3	0.044 3	0.058 8	-	0.044 9
	水资源潜力 C_4	0.083 2	0.039 9	0.080 0	0.059 3
	草地退化率 C_5	0.172 2	0.051 0	-	0.078 7
经济因素	牲畜总增率 C_6	-	0.150 1	0.105 5	0.098 2
	牲畜商品率 C_7	-	0.159 9	0.109 9	0.104 2
	出栏率 C_8	0.039 9	0.109 0	0.070 1	0.082 1
	人均畜产品 C_9	0.068 8	0.079 8	0.071 0	0.075 1
	草地生产率 C_{10}	0.066 6	0.082 0	0.059 9	0.073 8
社会因素	乡村能源 C_{11}	0.120 2	0.052 2	0.120 1	0.083 5
	文化教育 C_{12}	0.053 2	0.083 1	0.128 1	0.081 6
	劳动力转移 C_{13}	0.018 3	0.030 1	0.102 2	0.038 4
	人口自然增长率 C_{14}	0.101 1	0.058 8	0.142 1	0.085 0

3 意义

畜牧业生态系统功能评价是进行草地系统保护与管理、防治草地退化的前提,是畜牧业系统优化和持续发展的根本。为此,以西藏那曲地区草地为研究对象,通过设立评价指标,建立多因子评价模式,采用三角分析法对区域内畜牧业生态系统的社会、经济、生态功能进行综合评价,为区域畜牧业未来发展提供依据。但这一评价方法指标的选取和权重赋值方面有较大的主观因素,所反映的只是区域相对比较值,难以在较大领域内进行比较,因此这一方法的优化还有待于进一步探讨。

参考文献

[1] 李祥妹. 西藏那曲地区畜牧业生态系统功能评价. 山地学报,2002,20(6):701-705.

干旱灾害的区划模型

1 背景

在农业生产上,干旱灾害指在农作物生长发育期内,由于降水量比正常显著偏少、蒸发旺盛、土壤有效水分消耗殆尽,从而使农作物发生凋萎或枯死的一种自然灾害。总体上看,云南金沙江流域多数县(市、区)干旱灾害均较严重,但灾害强度有所不同,主要致灾因子亦有别。深入开展干旱灾害区划,可揭示该流域干旱灾害状况的地域差异性。杨子生[1]结合干旱灾害的区划模型对云南省金沙江流域干旱灾害的区划展开了研究。

2 公式

区划的方法很多,较为常用的是综合分析法和分区单元归并法,也可以是这两种方法的综合。综合分析法是在综合分析和了解研究区域基本情况、干旱灾害特征和成因(致灾因子)等的基础上,来划分不同的干旱灾害区。这种方法是定性的,大多带有主观经验的特点,因而亦称主观经验法。分区单元归并法,即将各个分区单元归并成不同的干旱灾害区,分区单元可以是行政单元,如以县(市、区)为分区单元,选取一定的指标,可以采用模糊聚类分析法,将分区单元归类,确定分区单元的归属,划分各类干旱灾害区。

任何一种区划,其理论基础是区域分异理论,干旱灾害区划也是如此,它就是以区内相似性与区间差异性特征为基础,采用归纳相似性与区分差异性这一原理,划分不同级别的干旱灾害区。这种分区的过程,实际上就是聚类的过程[2],即将那些在干旱灾害强度(危害度)、防治措施、致灾因子等方面大致相同或相似的分区单元(在此为县级行政单位)聚为一类(即归并为一个干旱灾害区),而将差异较大的分区单元聚为不同的类(即区分为不同的干旱灾害区)。因此,模糊聚类方法将在干旱灾害区划工作中具有良好的应用前景。其方法步骤是:

(1)区划指标的选取(见表1)。

(2)指标数据的处理。为便于分析、比较,通常需要进行数据标准化。采用以下公式:

$$x'_{ij} = \frac{x_{ij} - \bar{x}_j}{\delta_j} \tag{1}$$

式中，$\bar{x}_j = \frac{1}{m}\sum_{i=1}^{m} x_{ij}(i = 1,2,\cdots,m;j = 1,2,\cdots,n)$ ，m 为分区单元（县数，在此为45），n 为区划指标数；$\bar{x}_{ij}$ 为第 i 个分区单元的第 j 个区划指标值；$\delta_j = \sqrt{\frac{1}{m-1}\sum_{i=1}^{m}(x_{ij} - \bar{x}_j)^2}$，$i = 1,2,\cdots,m;j = 1,2,\cdots,n)$ ，为各列数据标准方差或各因子序列的均方差；$\bar{x}_j$ 为标准化处理后的新数据，其平均数为0，方差为1。

（3）模糊相似矩阵 $\underset{\sim}{R}(r_{ij})$ max 的建立。

进行聚类，首先需要选择一个能衡量对象间相似性与差异性的分类统计量，即分类对象间的相似程度系数 r_{ij} ，从而确定论域上的模糊相似矩阵 $\underset{\sim}{R}$ 。

表1　云南金沙江流域干旱灾害区划指标表

分区单位		I_1	I_2	I_3	I_4	I_5	分区单位		I_1	I_2	I_3	I_4	I_5
编号	名称						编号	名称					
1	中甸县	13.56	7.59	6.55	17.72	59.87	24	晋宁县	8.53	4.33	3.99	53.25	30.55
2	德钦县	11.39	6.00	4.87	26.46	87.32	25	安宁市	16.08	8.28	7.42	40.71	45.72
3	维西县	14.03	9.15	8.88	9.17	89.16	26	富民县	6.18	3.95	3.26	26.05	57.37
4	丽江县	11.22	7.39	5.75	35.93	57.43	27	嵩明县	13.96	10.60	9.39	45.29	34.83
5	永胜县	12.40	7.92	6.58	36.42	59.48	28	禄劝县	8.27	5.55	4.66	19.79	42.15
6	华坪县	14.76	9.19	7.20	22.97	41.49	29	东川区	17.55	9.62	9.41	14.91	65.06
7	宁蒗县	11.15	5.90	5.40	9.83	85.35	30	寻甸县	13.04	8.16	7.87	17.16	57.52
8	鹤庆县	7.59	4.99	3.79	42.64	34.44	31	沾益县	11.67	8.19	7.72	26.97	49.01
9	洱源县	10.37	6.55	5.23	36.85	44.54	32	马龙县	18.47	9.30	11.31	31.20	42.32
10	宾川县	16.45	9.51	9.37	42.38	50.32	33	宜威市	13.18	8.27	9.05	6.18	84.86
11	祥云县	17.72	8.68	7.83	56.30	22.28	34	会泽县	18.63	11.98	13.08	7.96	75.35
12	楚雄市	11.06	6.43	6.02	34.93	20.49	35	昭通市	19.85	13.66	14.23	10.75	79.45
13	南华县	19.48	12.17	9.83	26.41	30.60	36	鲁甸县	16.09	9.14	9.97	8.25	82.27
14	牟定县	18.60	10.95	10.30	42.29	30.55	37	巧家县	23.96	14.22	13.96	8.77	77.63
15	姚安县	12.00	7.53	6.84	54.11	27.34	38	盐津县	9.86	3.70	4.39	6.03	87.14
16	大姚县	14.04	8.01	7.04	29.92	51.99	39	大关县	13.47	8.12	8.01	4.83	90.95
17	永仁县	24.69	13.97	11.95	42.80	39.83	40	永善县	17.52	11.65	10.19	6.46	88.30

续表

分区单位		I₁	I₂	I₃	I₄	I₅	分区单位		I₁	I₂	I₃	I₄	I₅
编号	名称						编号	名称					
18	元谋县	18.80	11.37	11.56	37.38	37.71	41	绥江县	10.63	6.01	6.36	19.47	74.00
19	武定县	10.12	5.70	4.86	32.66	57.02	42	镇雄县	17.12	10.18	11.73	1.13	92.69
20	禄丰县	17.26	10.41	10.34	53.27	24.99	43	彝良县	14.95	9.53	9.02	2.40	90.07
21	西山区	11.27	5.48	4.95	35.58	39.83	44	威信县	12.17	7.23	9.43	6.51	86.03
22	官渡区	7.82	5.04	4.34	53.17	27.04	45	永富县	12.45	7.96	8.95	24.29	67.30
23	呈贡县	12.18	7.37	7.36	57.32	20.16	流域		14.39	8.77	8.41	20.32	64.72

$$\underset{\sim}{R} = \begin{bmatrix} r_{11} & r_{12} & \cdots & r_{1m} \\ r_{21} & r_{22} & \cdots & r_{2m} \\ \cdots & \cdots & \cdots & \cdots \\ r_{m1} & r_{m2} & \cdots & r_{mm'} \end{bmatrix}$$

其中，$0 \leqslant x_{ij} \leqslant 1, i = 1,2,\cdots,m; j = 1,2,\cdots,m$。

由45个县(市、区)构成一个相似矩阵$\underset{\sim}{R}(x_{ij})_{45\times45}(i = 1,2,\cdots,45, j = 1,2,\cdots,45)$。

(4)相似系数的计算。

x_{ij}的确定方法有10余种，在此选用“夹角余弦法”来计算，其公式为：

$$x_{ij} = \frac{\sum_{k=1}^{n} x_{ik}x_{jk}}{\sqrt{\left(\sum_{k=1}^{n} x_{ik}^2\right)\left(\sum_{k=1}^{n} x_{jk}^2\right)}} \tag{2}$$

式中，x_{ik}表示标准化后第i个分区单元的第k个指标值，x_{jk}表示标准化后第j个分区单元的第k个指标值。

3 意义

云南金沙江流域干旱灾害较为严重，于是，建立了干旱灾害的区划模型。选取n个指标，运用模糊聚类方法进行了该流域干旱灾害区划，将该流域划分为4个干旱灾害区、9个干旱灾害亚区。这揭示了干旱灾害的地域差异性，为因地制宜地制定干旱灾害防治规划及减灾防灾措施提供了科学依据。总体而言，云南金沙江流域干旱灾害普遍较为严重，在防治措施上应特别注意：切实加强农田水利建设，积极实施“ 坡改梯”工程，改革种植制度，试验、示范和推广保水剂等新型节水栽培农业技术，增强作物抵御干旱的能力，实现高产稳产。

参考文献

[1] 杨子生. 云南省金沙江流域干旱灾害区划研究. 山地学报,2002,20(S1):49-56.

[2] 杨子生,杨绍武. 模糊聚类方法在四川省土地利用区划中的应用[A]//中国自然资源学会等编. 土地资源与土地资产研究论文集[C]. 长沙:湖南科学技术出版社,1996. 513-519.

水土流失的经济损失模型

1 背景

在水土流失经济损失测算中，通常只能测算坡面土壤侵蚀（简称面蚀）的经济损失。李云辉等[1]不仅完成了云南金沙江流域各县（市、区）坡面土壤侵蚀量测算和研究[2]，而且通过系统调查完成了重力侵蚀（崩塌、滑坡、泥石流）的土壤侵蚀量测算与分析[3]，能够同时测算坡面侵蚀和重力侵蚀两个方面的直接经济损失，使水土流失直接经济损失的测算包含了坡面侵蚀和重力侵蚀，将这方面的研究大大地推进了一步。

2 公式

氮素流失损失，即一地的土壤氮素流失量折算成氮肥数量（t）与氮肥市场价格（元/t）的乘积。其计算式为：

$$E_n = L_n \times C_n \times P_n \tag{1}$$

$$L_n = 10^{-6} \times A \times N \tag{2}$$

式中，E_n代表氮素流失损失（元/a），L_n代表氮素流失量（t），A 代表土壤流失量（t/a）[2,3]，N 代表土壤碱解氮平均含量，系由典型分析测算得出；C_n为碱解氮折算成硫酸铵的系数，P_n为硫酸铵价格（元/t）。

磷素流失损失，即一地的土壤磷素流失量折算成磷肥数量（t）与磷肥市场价格（元/t）的乘积。其计算式为：

$$E_p = L_p \times C_p \times P_p \tag{3}$$

$$L_p = 10^{-6} \times A \times P \tag{4}$$

式中，E_p代表磷素流失损失（元/a），L_p代表磷素流失量（t），A 代表土壤流失量（t/a），P 代表土壤速效磷平均含量，C_p为速效。

钾素流失损失，即一地的土壤钾素流失量折算成钾肥数量（t）与钾肥市场价格（元/t）的乘积。其计算式为：

$$E_k = L_k \times C_k \times P_k \tag{5}$$

$$L_k = 10^{-6} \times A \times K \tag{6}$$

式中，E_k 代表钾素流失损失（元/a）；L_k 代表钾素流失量（t）；A 代表土壤流失量，K 代表土壤速效钾平均含量，C_k 为速效钾折算为氯化钾的系数，P_k 为氯化钾价格。

养分流失总损失，即氮、磷、钾3种主要元素流失损失之和。若用 E_N 代表之，则其计算式为：

$$E_N = E_n \times E_p \times E_k \tag{7}$$

计算土壤水分流失的经济损失，实际上就是要计算出能替代流失的土壤水分的补偿工程所需的费用，可用农用水库工程作为替代物，故一地的土壤水分流失的经济损失（元/a）也就是该地所流失的土壤水量（m^3/a）与修建1 m^3 农用水库所需投资费用（元/m^3）的乘积。其计算式为：

$$E_W = L_W \times M \tag{8}$$

$$L_W = 10^3 \times L_a \times D \times B_d \times W \tag{9}$$

式中，E_W 代表水分流失损失（元/a）；L_W 代表土壤水分流失量（t或 m^3，因为水的比重约为1.0 t/m^3）；L_a代表土壤流失面积（km^2）；D 代表所流失的土壤厚度，即侵蚀深度（mm/a）；B_d 代表土壤容重（g/cm^3 或 t/m^3），W 为土壤平均含水量（%）；M 为修建每 m^3农用水库投资费用（元/m^3）。

与上述土壤水分流失损失计算一样，泥沙流失的经济损失亦选用“影子工程”法来计算，只是泥沙流失损失的替代物为拦截泥沙工程的投资费用，亦即一地的泥沙流失经济损失就是该地的泥沙流失量（m^3/a）与拦截1 m^3 泥沙工程所需投资费用（元/m^3）之乘积。其计算式为：

$$E_S = L_S \times G \tag{10}$$

$$L_S = A/B_d \tag{11}$$

式中，E_S 代表泥沙流失损失（元/a）；L_s代表泥沙流失量（m^3）；A 同式（2）；G 代表拦截1 m^3 泥沙工程所需的投资费用（元/m^3）。

水土流失直接经济损失总量即养分流失损失、水分流失损失和泥沙流失损失之和，按下式计算：

$$E_T = E_N + E_W + E_S \tag{12}$$

式中，E_T 代表水土流失直接经济损失总量（元/a）；E_N，E_W，E_S 的计算分别见式（7）、式（8）和式（10）。

应指出，按式（12）计算的结果为水土流失直接经济损失的绝对值，因各地的土地面积大小不相同，难以进行直接对比，故还应在式（12）计算结果的基础上，换算成相对损失量[元/（km^2 · a）]，即单位面积（km^2）的年均水土流失直接经济损失（元），其计算式为：

$$E_a = E_T/L_a \tag{13}$$

式中，E_a为水土流失直接经济损失相对量[元/（km^2 · a）]，E_T的计算同式（12）；L_a为土地总面积（km^2）。

3 意义

应用环境经济评价理论与方法,建立了水土流失的经济损失模型。通过该模型,定量地测算了云南金沙江流域水土流失(包括坡面侵蚀和重力侵蚀两个方面)的直接经济损失,包括养分流失损失、水分流失损失和泥沙流失损失3项内容,并分析了水土流失直接经济损失的区域特征,为该流域水土流失防治提供了基础依据。并且应该以水土流失直接经济损失程度的相对一致性、集中连片并保持县级行政界线的完整性为基本原则,进行水土流失规划。

参考文献

[1] 李云辉,贺一梅,杨子生．云南金沙江流域水土流失直接经济损失测算方法与区域特征分析．山地学报,2002,20(3):36-42.

[2] 杨子生．云南金饮江流域水土流失基本特征分析．山地学报,2002,20(增刊).

[3] 杨子生．云南金沙江流域重力侵蚀量分析．水土保持学报,2002.16(6):4-8.

因灾减产的粮食量公式

1　背景

因灾减产粮食量是反映农业自然灾害强度的重要指标，它既与受灾面积、成灾面积等灾害指标密切相关，又与当地农业生产水平等因素有关，因而是衡量一地农业自然灾害大小（灾损程度）的一项综合性指标[1-2]。测算因灾减产粮食量（包括因灾减产粮食总量和各单项灾害减产粮食量）是一项很复杂的工作，目前尚未见到成熟的方法。为此，拟根据研究工作需要和现有基础资料条件，通过分析和探索，得出一种测算因灾减产粮食量（总量和单项灾害减产量）的实用方法，并具体测算云南省金沙江流域45个县因灾减产粮食总量和各单项灾害减产粮食量。

2　公式

因灾减产粮食量的公式或模型如下：

$$Y_D = [(A_S - A_C) \times C_1 + A_C \times C_2] \times Y_N \tag{1}$$

式中，Y_D为因灾减产粮食量（t），A_S和A_C分别为受灾面积（hm^2）和成灾面积（hm^2）。C_1和C_2分别为因灾减产10%～30%（即一至三成）的那部分受灾面积的平均减产系数和因灾减产30%以上（即三成以上）的成灾面积的平均减产系数。Y_N为正常年粮食单产（t/hm^2）。

确定了式(1)中的各项计算参数后，就可以按式（1）求算各县（市、区）各年度的单项灾害减产粮食量和因灾减产粮食总量。

由表1可见，该流域因灾害减产的粮食量具有明显的地域差异性。

表1　云南金沙江流域分县各单项灾害年均减产粮食量占实际粮食总产量的百分比（%）

县市区	旱灾	水灾	低温霜冻灾	风雹灾	作物病虫害
中甸县	6.55	7.12	1.35	3.46	4.90
德钦县	4.87	6.53	2.04	2.60	4.37
维西县	8.88	7.14	2.00	5.43	6.74

续表

县市区	旱灾	水灾	低温霜冻灾	风雹灾	作物病虫害
丽江县	5.75	3.43	2.21	4.17	5.71
永胜县	6.58	5.35	2.39	3.08	3.21
华坪县	7.20	5.17	2.74	3.89	5.94
宁蒗县	5.40	9.04	2.53	4.97	4.23
鹤庆县	3.79	3.33	3.93	3.68	1.67
洱源县	5.23	2.63	5.10	2.40	3.66
宾川县	9.37	3.09	2.29	1.16	4.79
祥云县	7.83	2.28	3.22	0.87	6.43
楚雄市	6.02	2.30	4.51	2.19	2.44
南华县	9.83	2.49	2.07	1.20	2.55
牟定县	10.30	2.62	3.98	1.03	3.38
姚安县	6.84	3.79	4.50	1.98	6.27
大姚县	7.04	1.82	2.88	1.65	6.97
永仁县	11.95	2.70	1.80	1.45	4.75
元谋县	11.56	2.24	1.00	1.52	2.95
武定县	4.86	2.74	2.26	1.52	2.10
禄丰县	10.34	2.39	2.68	1.13	1.03
西山区	4.95	1.84	3.23	0.95	0.44
官渡区	4.34	1.68	3.14	0.62	0.79
呈贡县	7.36	1.93	4.28	0.62	1.41
晋宁县	3.99	2.45	3.76	1.84	1.87
安宁市	7.42	4.09	2.87	2.06	3.22
富民县	3.26	2.33	3.48	1.17	0.82
嵩明县	9.39	1.88	10.01	3.34	0.59
禄劝县	4.66	2.67	3.33	2.86	0.71
东川区	9.41	2.83	3.21	0.68	1.19

续表

县市区	旱灾	水灾	低温霜冻灾	风雹灾	作物病虫害
寻甸县	7.87	4.28	8.76	3.57	1.33
沾益县	7.72	2.38	9.93	4.09	0.27
马龙县	11.31	4.88	5.74	3.93	0.11
宣威市	9.05	4.66	3.91	5.34	0.34
会泽县	13.08	4.07	5.33	3.62	0.31
昭通市	14.23	8.45	6.75	7.60	0.52
鲁甸县	9.97	9.63	3.03	3.22	1.30
巧家县	13.96	4.90	5.23	2.97	1.42
盐津县	4.39	8.59	1.67	5.53	2.08
大关县	8.01	11.76	4.29	5.82	1.01
永善县	10.19	3.71	3.88	3.81	2.04
绥江县	6.36	7.57	1.52	4.28	3.25
镇雄县	11.73	9.18	3.04	11.73	0.39
彝良县	9.02	9.58	5.36	6.53	2.36
威信县	9.43	6.65	3.65	7.39	0.33
水富县	8.95	10.16	1.54	3.32	2.42
均值	8.41	4.53	4.17	3.78	2.44

3 意义

因灾减产粮食量是衡量农业自然灾害强度的重要指标，通过农业自然灾害因灾减产粮食量测算的思路和方法，建立了因灾减产的粮食量公式。并根据该公式，具体测算了云南金沙江流域45个县(市、区)1979—2007年农业自然灾害因灾减产粮食量，并分析了该流域因灾减产粮食量的特点和时空分异性。此方法可为因地制宜地制定农业自然灾害防治规划和防灾减灾提供科学依据。

参考文献

[1] 李云辉,贺一梅,杨子生．云南省金沙江流域因灾减产粮食量分析．山地学报,2002,20(3):43-48.

[2] 国家防汛抗旱总指挥部办公室,水利部南京水文水资源研究所．中国水旱灾害[M]. 北京:中国水利水电出版社,1997. 434-457.

农业的自然灾害模型

1 背景

云南金沙江流域农业自然灾害种类繁多，既有较为严重的干旱、洪涝、低温霜冻、作物病虫害等灾害，还有日益严峻的坡面侵蚀和滑坡泥石流等水土流失灾害。在单项灾害区划研究[1-3]的基础上，专门对云南金沙江流域农业自然灾害进行综合区划研究，以揭示该流域农业自然灾害强度的地域差异性和灾害组合特征，为该流域制定农业自然灾害防治与减灾规划、国土整治规划等提供依据。

2 公式

选取"综合农业自然灾害指数"（Synthetical Agricultural Natural Disaster Index）作为本区划的基本指标，并用I_1代表之。它是一个描述和衡量各地或各区域综合受灾程度相对大小的定量指标，其确定方法可表示为：

$$I_1 = a \cdot L_a + b \cdot L_b + c \cdot L_c + d \cdot L_d + e \cdot L_e + f \cdot L_f + g \cdot L_g$$

式中，L_a，L_b，L_c，L_d，L_e，L_f，L_g 分别代表7种单项灾害指数，即干旱灾害指数、洪涝灾害指数、低温霜冻灾害指数、风雹灾害指数、作物病虫灾害指数、坡面侵蚀灾害指数、滑坡泥石流灾害指数；a、b、c、d、e、f、g 分别代表上述7种单项灾害指数的权重系数。

上式可简化为：

$$I_1 = w_1 \cdot I_h + w_2 \cdot I_s$$

式中，I_h 为5种常规统计灾害（干旱、洪涝、低温霜冻、风雹、作物病虫害）指数，I_s 为水土流失（包括坡面侵蚀和滑坡泥石流等重力侵蚀）灾害指数，w_1、w_2 分别代表 I_h、I_s 的权重系数。用"样标值法"来确定 I_h 、I_s 。以水土流失灾害指数 I_s 为例，其计算方法为：

$$I_s = M_0 + \frac{E_a - E_{a \cdot \min}}{E_{a \cdot \max} - E_{a \cdot \min}} \times (M_{\max} - M_{\min})$$

式中，I_s 为某县（市、区）的总水土流失灾害指数；M_0为该县（市、区）所在区域总水土流失灾害强度等级的基础分数或最低分数；E_a为该县（市、区）的总水土流失直接经济损失相对量［元/（$km^2 \cdot a$）］；$E_{a \cdot \max}$为某级灾害强度 E_a 的上限值；$E_{a \cdot \min}$ 为该级灾害强度 E_a的下限值；$E_{\max}$ 和 $E_{\min}$ 分别为该级灾害强度所属分数段的最高值和最低值。

3 意义

根据农业的自然灾害模型,选取13个指标,运用模糊聚类方法进行了云南金沙江流域综合农业自然灾害区划。通过农业的自然灾害模型,将该流域划分为3个农业自然灾害区、10个农业自然灾害亚区,揭示了该流域农业自然灾害的地域差异性,为因地制宜地制定农业自然灾害防治规划及减灾防灾措施提供了科学依据。应用GIS技术编制了该流域综合农业自然灾害区划,从而直观地揭示了该流域综合农业自然灾害状况的地域差异性。

参考文献

[1] 杨子生.云南省金沙江流域综合农业自然灾害区划研究.山地学报,2002,20(S1):95-104.
[2] 杨子生.云南省金沙江流域洪涝灾害区划研究[J].山地学报,2002,20(增刊).
[3] 贺一梅,李云辉.云南省金沙江流域低温霜冻灾害区划研究[J].山地学报,2002,20(增刊).

土地利用的动态变化模型

1 背景

进入1990年以来，全球环境变化研究加强了对土地利用/土地覆盖动态变化方面的工作。然而，对三峡地区这方面的研究，却大多局限于土地利用现状的调查工作[1]。巫山县土地利用现状和近30年来土地利用动态变化的研究是深入研究巫山县土地利用/土地覆盖的变化机制及驱动因子的必要条件和前提，对解释土地覆盖的时间和空间变化以及建立土地利用/土地覆盖变化预测模型具有十分重要的意义。

2 公式

以巫山县为例，利用遥感图像和空间数据，在ARC/INFO中生成各个时期的土地利用现状COVERAGE和两期动态变化COVERAGE，并且计算出各个多边形地块的面积。以地块的利用类型属性和动态变化类型属性进行分类，应用ARC/INFO的STATISTICS命令进行统计，可得到1973年、1985年、1995年、2000年各期的各类土地利用类型的总面积(表1)，和1973—1985年、1985—1995年和1995—2000年的各类土地利用变化类型的总面积(表2)。

表1　1973年、1985年、1995年、2000年土地利用类型总面积　单位：hm^2

土地利用类型	森林	其他林地	草地	水域	建设用地	水田	旱地	未利用土地
1973年	40 221	132 312	45 813	3 207	231	2 902	73 251	153
1985年	38 232	128 823	50 624	3 106	253	2 902	74 111	153
1995年	38 006	128 308	49 637	3 311	309	2 599	76 221	132
2000年	38 721	129 322	48 621	2 821	733	2 503	74 932	251

表2　1973—2000年的土地利用变化类型总面积　单位：hm^2

土地变化类型	耕地变为林地	耕地变为城镇工矿建设用地	林地变为耕地	林地变为草地	草地变为耕地	草地变为林地	林地变为城镇工矿建设用地
1973—1985年	58.14	12.20	472.02	5 232.06	42.69	105.97	21.55

续表

土地变化类型	耕地变为林地	耕地变为城镇工矿建设用地	林地变为耕地	林地变为草地	草地变为耕地	草地变为林地	林地变为城镇工矿建设用地
1985—1995 年	421.40	51.32	620.58	8.75	1 384.52	469.50	40.12
1995—2000 年	641.50	303.90	82.53	32.14	150.00	220.22	30.80

根据表 1 可以计算出各类土地利用类型的单一土地利用类型动态度。单一土地利用类型动态度能够反映研究区一定时期范围内某种土地利用类型的数量变化情况,其计算公式如下:

$$K_{ab} = \frac{U_a - U_n}{T \times U_a} \times 100\%$$

式中,K_{ab}为研究区 a 时期到 b 时期内某一土地利用类型的动态度,U_a、U_b 分别为某一时段初期和末期某一土地利用类型的数量,T 为某一时期的时段长。根据公式,可以计算出巫山县各个时期不同土地利用类型的单一土地利用类型动态度(表 3)[2]。

表 3 巫山县各个时期不同土地利用类型的单一土地利用类型动态度

土地利用类型	森林	其他林地	草地	城镇工矿建设用地	水田	旱地
1973—1985 年	-0.40	-0.21	0.73	0.61	0	0.08
1985—1995 年	-0.05	-0.0	-0.20	1.67	-1.15	0.26
1995—2000 年	0.36	0.15	-0.40	11.80	-0.80	-0.29

由表 1 和表 3 可以看出,巫山县的森林和其他林地面积在 1995 年以前逐年减少。林地减少的主要原因是毁林开荒、乱砍滥伐和盗伐现象比较严重,使得大量的林地成为贫瘠的耕地和荒山草坡,也有少部分林地损失是由于城镇发展和交通建设的侵占造成的。

3 意义

根据土地利用的动态变化模型,用 MSS 底片和 TM 图像作为数据源,通过扫描成像、假彩色合成和空间配准形成彩色遥感图像。RS 和 GIS 相结合,从卫星图像解译出土地资源利用类型,利用 ARC/INID 进行自动统计,并输出各类土地面积,对巫山县近 30 年来土地利用动态变化进行研究。通过土地利用的动态变化模型,计算得出巫山县 30 年的土地利用变化和环境变化规律,并对造成这种变化的驱动力进行探讨和分析,为今后更加合理地利用土地和相关土地政策的制定提供了决策支持。

参考文献

[1] 马泽忠,周万村,江晓波．巫山县近30年来土地利用动态变化及过程．山地学报,2002,20(S1):105-110.

[2] 王秀兰,包玉海．土地利用变化方法探讨[J]. 地理科学进展,1999,18(1):81-87.

土壤养分的贫瘠化评价模型

1 背景

土壤养分贫瘠化研究的目的是科学掌握土壤养分贫瘠化的现状,阐明土壤养分的空间分布,指出区域土壤资源开发利用中可能出现的主要养分问题,从而为制定防止养分贫瘠化的措施和策略提供依据,以利于区域土壤的可持续利用。这对于挖掘土壤资源潜力,提高农业生态系统生产力,具有十分重大的意义。地理信息系统作为一门新兴技术,目前已用于涉及地理(空间)信息的几乎所有领域,GIS 与各种分析模型的结合是目前发展的趋势之一[1]。基于 GIS 的区域土壤养分贫瘠化研究,具有空间分析功能强、定量性好的优点,可以避免传统手工操作的种种弊端。

2 公式

在此选择土壤有机质、全氮、全磷、全钾、速效磷和速效钾为指标,将土壤养分的贫瘠化分为肥沃、贫瘠和严重贫瘠(表 1)。

单项评价指标的确定:建立各种评价指标的隶属度函数,计算隶属度值,以表示各种养分所处的贫瘠化状态值。由于 C、N、P、K 这 4 种元素的作物效应曲线为 S 型,所以隶属度函数也采用 S 型,并把曲线型函数转化为相应的折线型函数,以便利于计算[2],其隶属度函数如下:

$$f(x)=\begin{cases}1.0 & x \geqslant x_2 \\ \dfrac{0.9(x-x_1)}{(x_1-x_2)} & x_1<x<x_2 \\ 0.1 & x \leqslant x_1\end{cases}$$

曲线中的转折点取表 1 中严重贫瘠和肥沃两种水平的养分含量。

表 1　土壤养分贫瘠化的划分标准

土地利用方式	贫瘠化等级	有机质(g/kg)	全氮(g/kg)	全磷(g/kg)	全钾(g/kg)	速效磷(mg/kg)	速效钾(mg/kg)
水田	肥沃	>3.0	>0.15	>0.1	>2.5	>15	>100
	贫瘠	1.0~3.0	0.10~0.15	0.04~0.1	1.0~2.5	5~15	50~100
	严重贫瘠	<1.0	<0.10	<0.04	<1.0	<5	<50
旱地	肥沃	>2.0	>0.10	>0.1	>2.5	>15	>100
	贫瘠	1.0~2.0	0.10~0.10	0.04~0.1	1.0~2.5	5~15	50~100
	严重贫瘠	<1.0	<0.05	<0.04	<1.0	<5	<50
林地	肥沃	>4.0	>0.20	>0.1	>2.5	>15	>100
	贫瘠	2.0~4.0	0.10~0.20	0.04~0.1	1.0~2.5	5~15	50~100
	严重贫瘠	<2.0	<0.10	<0.04	<1.0	<5	<50

根据加法法则,在相互交叉的同类指标间采用加法法则进行合成。因此,采用了一个反映土壤养分贫瘠化状况的综合性指标值 *INDI*,其计算公式如下:

$$INDI = \sum_{i=1}^{6} W_i N_i$$

式中,N_i和 W_i分别表示第 i 种养分贫瘠化指标的隶属度值和权重,其计算可参考相关文献。

最后根据上面计算的指标值,绘制土壤养分贫瘠化评价图,确立土壤养分状况。

3　意义

以重庆市为例,在 GIS 技术支持下,利用模糊数学和多元数理统计方法对研究区土壤养分贫瘠化现状进行了综合评价。根据评价结果,采用地理信息系统软件 ARCVIEW 绘制了重庆土壤养分贫瘠化状况的等级图。分析可得,研究区地区土壤养分大多处于中度贫瘠化水平,土壤养分处于轻度、中度和严重贫瘠化的面积比例分别为 17.42%、47.75% 和 34.83%。其中,水田土壤的养分贫瘠化程度相对于林旱地土壤严重。

参考文献

[1]　孙艳玲,郭鹏,刘洪斌,等. 基于 GIS 重庆市土壤养分贫瘠化研究. 山地学报,2002,20(S1):125-128.

[2]　沈汉. 土壤评价中参评因素的选定与分级指标划分[J]. 华北农学报,1990,5(3):63-69.

岩质边坡的屈曲破坏模型

1　背景

岩体的破坏除了岩块的材料破坏,即张破裂和剪破坏外,还存在着“层状结构”的滑移屈曲破坏。黄洪波等[1]根据层状结构岩质边坡的屈曲破坏模式的概念,从力学机理入手建立了相应的力学模型,并求得了其挠曲曲线的精确解,并证明该力学模型及其挠曲曲线的理论解是符合实际工程情况并且切实可行的。同时,此研究有助于深入理解该类边坡的屈曲破坏机理,为采取合理的处治措施提供了力学依据。

2　公式

弹性曲线微分方程的建立,首先假定这种顺层层状结构边坡岩体为:岩层厚度相对坡长较小;岩层走向与边坡走向基本接近;岩层变形较小,故可按小变形理论分析受力并求解;坡面相对于岩层厚度较宽,故可以把岩层的弯曲变形作为平面应变问题来分析。

针对层状结构岩质边坡的破坏模式及上述假定,在研究其滑移屈曲变形破坏的力学机理时,视岩层为放置在斜坡上的单位宽度的板梁,如图 1 所示。设岩层的密度为 ρ,弹性模量为 E,层厚为 b,长度为 L,板梁结构的岩层横截面关于中性轴的惯性矩为 I,岩层间的内摩擦角和内聚力分别为 φ 和 c,顺层边坡的坡角为 θ,并建立图 1 的坐标系。

由于其他层岩体与表层受力情况不同,要多受到其上一层传来的作用力(图 2),故在 x 截面处各取一长度为 $\mathrm{d}x$ 的微元,分别进行分析。

由于该类边坡屈曲破坏通常是从表层开始的,下面先对表层进行受力分析。对于表层层板状结构岩体,其受力如图 2a 所示。该微元除受到自身重力 $\mathrm{d}G=\rho bg\mathrm{d}x$ 外,还在边坡法向上受到下一层对其作用的法向力 $\mathrm{d}N=\mathrm{d}G\cos\theta=\rho bg\cos\theta\mathrm{d}x$ 。顺坡方向上除受到上下微元对其的作用力 F'、F 外,由于各板状结构岩体间存在层间错动,故还受到层间的摩阻力 $\mathrm{d}f=\mathrm{d}N\mathrm{tg}\varphi=\rho bg\cos\theta\mathrm{tg}\varphi\mathrm{d}x$ 及黏聚力 $\mathrm{d}\tau=c\mathrm{d}x$。

故 x 处截面上所受的顺坡向荷载 F 为:

$$
\begin{aligned}
F &= {}_0^x[dG\sin\theta-(\mathrm{d}f+\mathrm{d}\tau)] \\
&= (\rho bg\sin\theta-\rho bg\cos\theta\mathrm{tg}\varphi-c)x \qquad (1)
\end{aligned}
$$

由于摩阻力和黏聚力是作用在板梁的底面上,其等效成轴心力所引起的附加弯矩

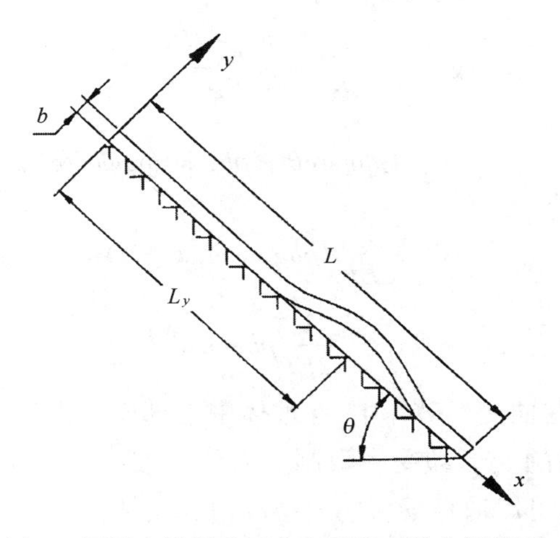

图 1　顺层边坡滑移屈曲变形的力学分析模型

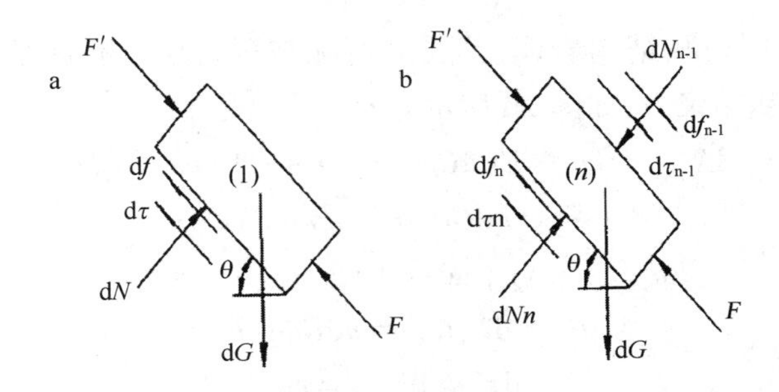

图 2　顺层边坡岩梁的微元受力分析

M'为：

$$M' =_0^x \frac{b}{2}(\mathrm{d}f + \mathrm{d}\tau) = \frac{b}{2}(\rho bg\cos\theta \mathrm{tg}\varphi + c)\,x \tag{2}$$

同时,法向力引起的弯矩 M''为：

$$\begin{aligned} M'' &=_0^x (x - l)\,\mathrm{d}N^2 \\ &=_0^x (x - l)\,\rho bg\cos\theta \mathrm{d}l \\ &= \frac{1}{2}\rho bg\cos\theta x^2 \end{aligned} \tag{3}$$

故 x 处截面上所受的弯矩 M 为：

$$M = M' + M'' = \frac{b}{2}(\rho bg\cos\theta \mathrm{tg}\varphi + c)\,x + \frac{1}{2}\rho bg\cos\theta x^2 \tag{4}$$

则 x 处截面的弹性曲线近似微分方程为：

$$\begin{aligned}\frac{d^2y}{dx^2} &= \frac{F_y - M}{EI} \\ &= -\frac{1}{EI}(\rho bg\sin\theta - \rho bg\cos\theta \mathrm{tg}\varphi - c)x \\ &+ \frac{1}{2EI}b(\rho bg\cos\theta \mathrm{tg}\varphi + c)x \\ &+ \frac{1}{2EI}\rho bg\cos\theta x^2\end{aligned} \tag{5}$$

由于边坡顺层滑移屈曲变形破坏中,在坡体中上部岩层以沿层面倾向方向的滑动变形为主,而沿层面法向方向的变形却受到限制。而位于坡脚的岩层却因无临空的地形条件,其变形受到约束。显然,可以取板梁状的岩层的边界条件为:

$$\begin{cases}x = 0\\ y = 0\end{cases}\text{及}\begin{cases}x = L\\ y = 0\end{cases} \tag{6}$$

对于第 $n(n \geqslant 2)$ 层板状结构岩体,其受力情况与第一层略有区别,较第一层要多受到 $n-1$层传来的摩阻力和黏聚力,如图 2b 所示。有:

$$\mathrm{d}N_{n-1} = (n-1)\mathrm{d}G\cos\theta = (n-1)\rho bg\cos\theta \mathrm{d}x \tag{7}$$

$$\mathrm{d}N_n = n\mathrm{d}G\cos\theta = n\rho bg\cos\theta \mathrm{d}x \tag{8}$$

$$\mathrm{d}f_{n-1} = \mathrm{d}N_{n-1}\mathrm{tg}\varphi = (n-1)\mathrm{d}G\cos\theta \mathrm{tg}\varphi \tag{9}$$

$$\mathrm{d}f_n = \mathrm{d}N_n\mathrm{tg}\varphi = n\mathrm{d}G\cos\theta \mathrm{tg}\varphi \tag{10}$$

$$\mathrm{d}\tau_n = \mathrm{d}\tau_{n-1} = c\mathrm{d}l \tag{11}$$

故 x 处截面所受的顺层向荷载及弯矩为:

$$F = {}_0^x[\mathrm{d}G\sin\theta + (\mathrm{d}f_{n-1} + \mathrm{d}\tau_{n-1}) - (\mathrm{d}f_n + \mathrm{d}\tau_n)] = (\rho bg\sin\theta - \rho bg\cos\theta \mathrm{tg}\varphi)x \tag{12}$$

$$\begin{aligned}M &= {}_0^x[\frac{d}{2}(\mathrm{d}f_{n-1} + \mathrm{d}\tau_{n-1} + \mathrm{d}f_n + \mathrm{d}\tau_n) + (x-1)]\mathrm{d}N \\ &= {}_0^x[\left[n - \frac{1}{2}\right]\rho b^2 g\cos\theta \mathrm{tg}\varphi + bc]x + \frac{1}{2}\rho bg\cos\theta x^2\end{aligned} \tag{13}$$

在第 $n(n \geqslant 2)$ 层中,由于其所受的有利于屈曲发生的轴向力 F 各层相等,而对屈曲的产生起阻止作用的 M 随层数的增加而增大,所以第二层要较其他各层先失稳。故实际分析中只需再研究第二层的稳定性即可。

而第二层所受的轴向力 F 及弯矩 M 均较表层大,故实际分析时应按两者较不利的一个进行计算。

所以第二层 x 处截面的弹性曲线近似微分方程为:

$$\frac{d^2y}{dx^2} = \frac{F_y - M}{EI} = -\frac{1}{EI}(\rho bg\sin\theta - \rho bg\cos\theta \mathrm{tg}\varphi)x + \frac{1}{2EI}(3\rho bg\cos\theta \mathrm{tg}\varphi + 2c)x + \frac{1}{2EI}\rho bg\cos\theta x^2 \tag{14}$$

其边界条件与表层同。

方程(5)和方程(14)的解为：

$$y(x)=\frac{bQ+Nx}{2P}+C_1AiryAi\left[-\left(\frac{P}{EI}\right)^{\frac{1}{3}}x\right]+C_2AiryBi\left[-\left(\frac{P}{EI}\right)^{\frac{1}{3}}x\right] \tag{15}$$

式中，$N=\rho bg\cos\theta$ 为受到的单位长度法向力；C_1，C_2 为待定系数，由边界条件(6)得：

$$C_1=\frac{-\sqrt{3}bQ-\sqrt{3}NL+3^{\frac{2}{3}}bQ\tau\left(\frac{2}{3}\right)AiryBi\left[-\left(\frac{P}{EI}\right)^{\frac{1}{3}}L\right]}{2P\left\{\sqrt{3}AiryAi\left[-\left[\left(\frac{P}{EI}\right)^{\frac{1}{3}}L\right]\right]-AiryBi\left[-\left(\frac{P}{EI}\right)^{\frac{1}{3}}L\right]\right\}} \tag{16}$$

$$C_2=\frac{bQ+NL-3^{\frac{2}{3}}bQ\tau\left(\frac{2}{3}\right)AiryAi\left[-\left(\frac{P}{EI}\right)^{\frac{1}{3}}L\right]}{2P\left\{\sqrt{3}AiryAi\left[-\left[\left(\frac{P}{EI}\right)^{\frac{1}{3}}L\right]\right]-AiryBi\left[-\left(\frac{P}{EI}\right)^{\frac{1}{3}}L\right]\right\}} \tag{17}$$

式中，$AiryAi(x)$，$AiryBi(x)$ 为 Airy 函数，$\Gamma(x)$ 为伽马函数[2]。

对于表层，其 P、Q 的取值分别为：P 为表层受到的单位长度盈余下滑力；其中 $T=\rho bg\sin\theta$，为表层受到的单位长度盈余下滑力；$Q=\rho bg\cos\theta\text{tg}\varphi+c$，为单位长度阻滑力，即单位长度摩阻力和单位长度黏聚力之和。

对于第二层，其 P、Q 的取值分别为：$P=\rho bg\sin\theta-\rho bg\cos\theta\text{tg}\varphi$，为第二层受到的单位长度盈余下滑力；$Q=3\rho bg\cos\theta\text{tg}\varphi+2c$，为第二层受到的单位长度阻滑力的代数和。

此即为该边坡的弹性曲线方程。对于某一给定边坡，应同时考虑表层及第二层的稳定性，按最不利的计算破坏情况。

求临界坡长 L_{cr} 的解。

由于岩体的变形能 V 为：

$$V=\int_0^{L_{cr}}\frac{1}{2}EI\,(y'')^2\mathrm{d}x=\int_0^{L_{cr}}\frac{1}{2}EI\left[-\frac{Fy-M}{EI}\right]^2\mathrm{d}x \tag{18}$$

而外力对岩体所做的功 U 为：

$$U=U_F-U_N-U_M \tag{19}$$

式中，$U_F=\int_0^{L_{cr}}F\frac{1}{2}(y')^2\mathrm{d}x$，为顺坡向力 F(即下滑力)所做的功；$U_N=-\int_0^{L_{cr}}Ny\mathrm{d}x$ 为坡面法线方向力 N 所做的功；$U_M=-\int_0^{L_{cr}}My'\mathrm{d}x$ 为附加弯矩 M 所做的功，L_{cr} 为发生屈曲破坏的临界坡长。

根据能量原理，外力对岩体做的功 U 等于岩体的变形能 V，即：

$$\int_0^{L_{cr}}\frac{1}{2}EI\left[-\frac{Fy-M}{EI}\right]^2\mathrm{d}x-\int_0^{L_{cr}}F\frac{1}{2}[y']^2\mathrm{d}x+\int_0^{L_{cr}}Ny\mathrm{d}x+\int_0^{L_{cr}}My'\mathrm{d}x=0 \tag{20}$$

求解式(20)即可得到发生屈曲破坏的临界坡长 L_{cr},当求得的 $L_{cr}<L$ 时,说明该边坡会发生屈曲破坏;而 $L_{cr}>L$ 时,则不会发生屈曲破坏。

同时,由该类型边坡的破坏模式可知,最后发生屈曲破坏的位置与最初发生挠曲的位置基本相同。而在最初发生挠曲的位置,其弯曲曲线的挠度最大(图3),即该处 $y(x)$ 的导数为零。故在发生屈曲破坏时,可以利用这一性质来求得顺层边坡最初发生屈曲的位置 L_y。

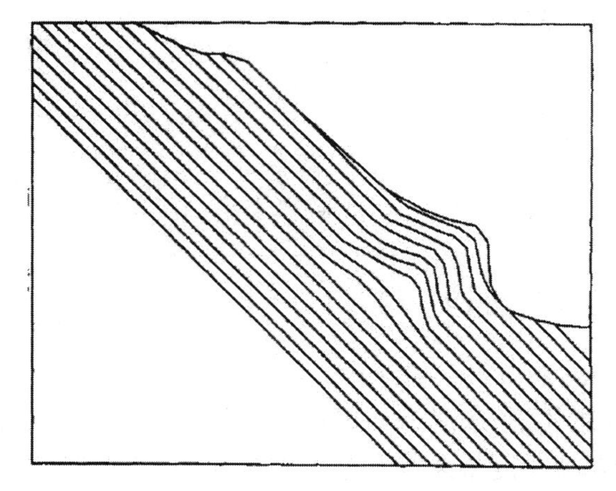

图3　顺层边坡滑移屈曲变形破坏示意图[2]

3　意义

根据多层层状结构岩质边坡的屈曲破坏原理,建立了岩质边坡的屈曲破坏模型,从理论上对这种形式的破坏机理进行了研究,得出了相应力学模型的挠曲曲线的理论解。对具体工程实例的应用表明,研究成果不仅能解决具体工程问题,而且有助于深入理解该类边坡的屈曲破坏机理。但由于此研究只是一个初步研究,需要考虑水和地震的作用力的影响及岩层的黏弹性变形等,这些都有待进一步的研究。

参考文献

[1]　黄洪波,符文熹,尚岳全. 层状岩质边坡的屈曲破坏分析. 山地学报,2003,21(1):96-100.

[2]　李树森,任光明,左三胜. 层状结构岩体顺层斜坡失稳机理的力学分析[J]. 地质灾害与环境保护,1995,6(2): 24-29.

森林植被的生态气候模型

1 背景

长白山位于吉林省东南部的中朝两国交界处，41°23′—42°36′N，126°55′—129°E，是东北地区松花江、鸭绿江和图们江三大河流的发源地，是我国著名的休眠火山。长白山山体高大，基底到顶峰海拔高度相差超过 2 000 m，最高峰白云峰 2 691 m。中国科学院在山下建的长白山气象站测年均温约 2.8℃，而山顶的天池气象站测年均温约-7.3℃。山下长白山气象站测年均降水量为 600~900 mm，而山顶的天池气象站测年均降水量为 1 340 mm，最多年份达 1 809 mm[1]。降水多集中在夏季，6—9 月降水量占全年的 80%。长白山地区气温低、降水多、蒸发量小，气候非常湿润。靳英华和吴正方[1]对长白山森林植被的生态气候学指标展开了研究。

2 公式

利用桑斯威特的温度效率指数（PE）和湿润指数（IM）作为生态气候学的研究指标[2,3]。

PE 计算过程为：

$$PE = 1.6\,(10T/I)^{A}(S/360)$$

$$I = \sum (T/5)^{1.514}$$

$$A = a_1 I^3 + a_2 I^2 + a_3 I + a_4$$

式中，PE(cm)也称为可能蒸散，PE 值决定于月均温 T(℃)，并以月实际日照时数 S(h)的 1/360 做订正系数；当 $T \leq 0$℃时，PE 设定为 0 cm；I 为热量指数，a 为因地而异的常数，$IM = 100(P/PE-1)$，P 为年降水量。

桑斯威特的热量指标不是简单的温度指标，而是由温度决定的可能蒸散能力（PE），即温度效率指数。它可衡量区域具有的潜在蒸散能力。水分指标也没有简单地使用降水量，而是用湿润指数（IM）来估算，它是降水量和可能蒸散能力的函数，即考虑了区域内水分的盈亏。据此，对决定植被类型空间分布的两种气候指标进行生态学上的分类。

根据长白山区 29 个气象站的年均温、降水量计算得到长白山区的温度效率指数和湿润指数，根据桑斯威特的方法划分气候型指标体系，长白山区属潮湿型生态气候型，适合森林植被的生长。不同树种的出现与热量条件有关，水分指标不是限制因子。

在山地气候学中常用方程

$$T = T_0 + B_1 LAT + B_2 LOG + B_3 ELT$$

来计算气温的变化。式中,*LTA* 为地理纬度,*LOG* 为地理经度,*ELT* 为海拔。

3 意义

在全球变化和植被与气候关系的研究中侧重于大尺度、宏观的抽象研究,对小尺度、微观的具体地段植被与气候关系的研究即局地生态气候的研究尚待深入。本研究在生态气候学指标的基础上,建立了森林植被的生态气候模型,应用桑斯威特的方法对长白山森林植被的空间分布进行了定量分析。加强长白山森林植被的生态气候学研究,对区域恢复与重建、改善生态环境具有重要的现实意义,并且为全球气候变化的植被响应研究提供本底资料,并证明桑斯威特的指标生态气候学具有很好的实用价值。

参考文献

[1] 靳英华,吴正方. 长白山森林植被的生态气候学指标. 山地学报,2003,21(1):68-72.

[2] 张新时. 植被的 PE(可能蒸散)指标与植被—气候分类(二):几种主要方法与 PEP 程序介绍[J]. 植物生态学与地植物学报,1989,13(4):197-207.

[3] 张新时. 植被的 PE(可能蒸散)指标与植被—气候分类(一):几种主要方法与 PEP 程序介绍[J]. 植物生态学与地植物学学报,1989,13(1):1-9.

土壤遥感的制图模型

1 背景

土壤遥感制图是土壤分类的一种技术性应用方式,是土壤资源再现的最好形式,通过空间制图把各种分类单元(土壤个体)按照一定的综合原则组合起来,将土壤个体与所处的环境之间的关系以最直观明了的方式展示出来。地形地貌除了个别地区可能是规则的几何形状外,绝大多数是非规则的几何形状,这种非规则的几何形状难以用传统的欧几里得几何学和线性关系进行全面说明,采用分形学理论可以从另一角度去认识土壤及其环境之间的非线性规律[1]。以浙江省龙游县土壤为研究对象,在此尝试利用分形理论研究土壤地理环境,以期寻求一种新的成土因素分析指标的研究方法。

2 公式

分形是指局部与总体具有某种相似的形状,或者说在不同尺度上看起来基本相似的形状,即具有自相似性。所谓自相似是指局部与整体在形态、功能、信息方面具有统计意义上的相似性,是一种既非完全规则,也非完全随机,而是规则性与随机性的组合。

分形不能用通常的长度、面积、体积来表示几何形体,其内部存在着无穷层次,具有由点及面的自相似结构,是局部以某种方式与整体相似的形态。任一变量 $Q(L)$ 是一个与测定标度 L 有关的函数,具体关系如下:

$$Q(L) = LD_Q$$

式中,D_Q就是 $Q(L)$ 的维数,如 $Q(L)$ 是分形,则 D_Q是分数。

基于地理信息系统的空间数据管理功能中提供了关于面积、周长等数据,这些面积、周长所表示的是一种同质体或同质体的集合,对各种图形的几何形状有一个很好的表示,可以以某种算法来表示其分形特征。因此,对上述分形公式的改进,得到分维计算公式为:

$$\log A = D\log P + C$$

式中,A 为面积,D 为分维,P 为周长。该分维大表示越接近所在空间维数,图斑越简单;分维值越小,图斑形状越复杂。

3 意义

土壤的分布及其所处的地理环境都极其复杂,其实质是一种非线性规律存在于自然界中。研究在 ARC/INFO 的支持下,采用改进后的分形算法分析了与土壤形成有关的地理环境要素的分形特点,建立了土壤遥感的制图模型。通过该模型计算得出了各地理环境要素的分维随海拔、森林类型变化的规律,为土壤遥感调查中界线的划分提供了有益的线索。森林植被的分形不仅具有形态学的意义,而且还具有生态学意义,标志着景观格局变化状况。研究区内阔叶林分布复杂,分维值较低,而松林的分布形状规则,分维值较大。

参考文献

[1] 沙晋明,李小梅. 基于 GIS 的土壤地理分形特征. 山地学报,2003,21(1):110-115.

草地生态系统的服务价值模型

1 背景

青藏高原是我国天然高寒草地分布面积最大的一个区域,这里以畜牧业生产为主,天然高寒草地面积 1.28×10^{8} hm^{2}。高寒草地生态系统不仅是发展地区畜牧业,提高农牧民生活水平的重要生产资料,而且对于保护生物多样性、保持水土和维护生态平衡有着重大的生态作用和生态价值[1]。尤其重要的是青藏高原草原生态系统主要分布在黄河、长江等我国主要水系的源头区,对于保护河流源区的生态环境而言,其生态屏障功能是不言而喻的。为此,参考 Constaza 等[2]和 Repetto[3]提出的研究方法,谢高地等[1]对青藏高原高寒草地生态服务价值进行了研究。

2 公式

草地生态系统的单位面积服务价值与其生物量成正比,按单价订立公式,根据生物量订正各类草地生态系统服务单位价值:

$$P_{ij} = (b_j/B)P_i$$

式中,p_{ij}为订正后的单位面积生态服务价值,$i=1,2,\cdots,15$,分别代表气体调节、气候调节、干扰调节、水管理和供应、侵蚀控制和沉积物保存、土壤形成、营养循环、废物处理、授粉、生物控制、栖息地、食物生产、原材料、基因资源等不同类型的生态系统服务价值,$j=1,2,\cdots,17$,分别代表温性草甸草原类、温性草原类、温性荒漠草原类、高寒草甸草原类、高寒草原类、高寒荒漠草原类、温性草原化荒漠类、温性荒漠类、高寒荒漠类、暖性草丛类、暖性灌草丛类、热性草丛类、热性灌草丛类、低地草甸类、山地草甸类、高寒草甸类、沼泽类等 17 种草地类型;P_i为生态系统服务价值参考基准单价,b_j为 j 类草地的生物量,B 为我国草地单位面积平均生物量。

j 类草地生态系统服务总价值:

$$V_j = \sum_{i=1}^{17} A_j P_{ij}$$

式中,V_j为上述 j 类草地生态系统服务总价值,A_j为 j 草地类的面积,P_{ij}为 j 草地类的 i 类生态服务单价。

区域草地生态系统服务价值可表示为：

$$V = \sum_{I=1}^{17} \sum_{J=1}^{18} A_j P_{ij}$$

式中,V 为区域草地生态系统服务总价值。

3 意义

基于 Constaza 等提出的方法,对青藏高原天然草地生态系统的服务价值进行研究,建立了草地生态系统的服务价值模型。在草地生态系统中生物量的基础上,应用草地生态系统的服务价值模型,逐项估算了各种草地类型的各项生态服务价值。根据青藏高原高寒草地生态系统的类型及其生态功能特点进行了评估方法的修正,对青藏高原高寒草地不同类型的生态系统服务的价值进行经济评估。该模型让我们认识到了青藏高原天然草地生态系统在区域生命支持系统中所起的重要作用。

参考文献

[1] 谢高地,鲁春霞,肖玉. 青藏高原高寒草地生态系统服务价值评估. 山地学报,2003,21(1):50-55.

[2] Costanza R, Arge R,Groot R,et al. The value of the world's e-cosystem services and natural capital[J]. Nature, 1997,386:253-260.

[3] Repetto R. Accounting for environmental assets[J]. ScientificAmerican Jour. 1992,64-70.

山地生态系统的优化调控模型

1 背景

三峡库区地形起伏高差大,低山以上的山地约占总面积的74%,平原、坝地仅占总面积的4.3%。它地处我国中西部的结合带上,是我国经济发展水平较低的区域。库区人地矛盾突出,人地关系不协调,突出表现是陡坡垦殖,水土流失严重,经济生产落后[1,2]。三峡工程的兴建对库区生态环境将带来新的影响,百万移民的安置和自身经济发展也将对环境造成更大的压力。陈治谏等[1]就三峡库区山地生态系统优化调控展开了研究。选择三峡库区山地生态系统进行优化调控,对库区实现可持续发展具有积极作用和强烈的现实意义。

2 公式

设决策向量为 $X=(x_1,x_2,x_3,x_4,x_5,x_6,x_7)$,$x_1 \sim x_7$ 分别为坡改梯、中低产田改造、果园、茶园、桑园发展、造林和大于25°坡耕地退耕面积,单位为 $10^4\ \mathrm{hm}^2$。用 $F_k(X)=f_k(x_1,x_2,x_3,x_4,x_5,x_6,x_7)$ 表示第 k 个目标函数,其中,$F_1(X)$ 为粮食总产量,10^4 t;$F_2(X)$ 为种植业(包括粮食作物、经济作物、茶果桑等)和林业总产值,亿元;$F_3(X)$ 为土壤年侵蚀总量,10^4 t;$F_4(X)$ 为资金投入总量,亿元。设有 m 个约束条件 $G_j(X)=g_j(x_1,x_2,x_3,x_4,x_5,x_6,x_7) \leqslant b_j$(或是 $\geqslant b_j$),$b_j \geqslant 0, j=1,2,\cdots,m$,则多目标最优化调控模型可表示如下:

$$\left.\begin{array}{l}\max[F_1(X), F_2(X), -F_3(X), -F_1(X)] \\ s.t.\ G_j(X) \leqslant b_j(\text{或是} \geqslant b_j), b_j \geqslant 0, j=1,2,\cdots,m \\ X \geqslant 0\end{array}\right\} \quad (1)$$

上式的求解较为复杂,有众多的有效解,为模型求解变得简单,将多目标最优化问题转化为模糊最优化问题。根据三峡库区的实际情况和经济发展规划制定的目标,设定在规划时段末目标函数 $F_k(X)(k=1,2,3,4)$ 的理想值为 F_1k,不能接受值为 F_2k,建立各个目标函数对理想状态模糊集的隶属函数 $h_k(X)$:

$$\left.\begin{aligned} h_k(X) &= \begin{cases} 1.0 & F_k(X) > F_k^1 \\ [F_k(X) - F_k^2]/(F_k^1 - F_k^2) & (k = 1,2) \\ 0 & F_k(X) < F_k^2 \end{cases} \\ h_k(X) &= \begin{cases} 1.0 & F_k(X) > F_k^1 \\ [F_k(X) - F_k^2]F_k(X)/(F_k^2 - F_k^1) & (k = 3,4) \\ 0 & F_k(X) < F_k^2 \end{cases} \end{aligned}\right\} \qquad (2)$$

多目标优化模型可转化为模糊最优化模型,由于难以确定资金投入目标 $F_4(X)$ 值应该多大,采用寻求其他目标满意的条件下资金投入最小的优化调控方案。因此,模糊最优化模型为:

$$\left.\begin{aligned} &\min F_4(X) \\ &s.t.\ h_k(X) \geqslant \lambda, 0 \leqslant \lambda \leqslant 1, k = 1,2,3 \\ &G_j(X) \leqslant b_j(\text{或是} \geqslant b_j), b_j \geqslant 0, j = 1,2,\cdots,m \\ &X \geqslant 0 \end{aligned}\right\} \qquad (3)$$

式中,λ 为给定目标满意的隶属度,$0 \leqslant \lambda \leqslant 1.0$。

3 意义

三峡库区山地生态系统优化调控,最基本和核心的问题是协调人地关系,进行土地利用结构调整。为此,以水土流失控制和农林复合系统建设为主线,以坡改梯、中低产田改造,发展果园、茶园和桑园,植树造林和25°以上坡耕地退耕还林、还草等为对策要点,建立了以模糊最优化技术为基础的多目标决策模型,给出了高目标、中高目标、中低目标、低目标的优化调控方案,并对调控方案进行了综合分析与评价,推荐较满意的中低目标方案和低目标方案,供决策者选用。

参考文献

[1] 陈治谏,刘邵权,廖晓勇. 三峡库区山地生态系统优化调控. 山地学报,2003,21(1):85-89.

[2] 陈国阶,陈治谏. 三峡工程对生态与环境影响的综合评价[M]. 北京:科学出版社,1993,115-154.

高山林线的植物群落模型

1 背景

根据气候指标计算结果推断,在中国东部暖温带,达到气候意义的林线只有太白山、五台山和小五台山,另有关帝山接近气候意义的林线。太白山、五台山和小五台山的高山林线已经通过野外植被调查得到证实[1]。因此,需要进一步分析关帝山森林上限附近植被的空间格局和性质,并与其他山地比较。对于关帝山的植被,较早的研究有:唐季林等系统分析了关帝山植物群落与环境梯度的关系[2],郭晋平对整个关帝山林区的景观进行了全面研究[3]等。高山林线是郁闭森林与高山带之间的生态过渡带,被认为是气候变化的敏感指示体。高山林线对气候变化响应的机制一直是全球变化研究的一个重要理论问题。对一些海拔高度接近气候林线的山地的植被性质和空间格局的分析有助于区分气候和地形因子的作用,从而认识高山林线的形成机制。

2 公式

首先按以下方法计算每个物种在样方中的重要值:

重要值=(相对多度+相对盖度+相对高度)/3

在计算过程中,首先对德氏多度进行量化,相对高度的取值统一以营养枝高度为标准。

用 DCA 方法对样方进行排序,同时用 TWINSPAN 方法进行分类。DCA 和 TWINSPAN 均使用 Cornell Ecological Programs 完成。

植物群落内 α-物种多样性指数计算采用 Simpson 指数,计算公式为:

$$D = 1 - \sum P_i^2$$

式中,P_i为植物种 i 在样地内的重要值,将同一海拔的 5 个样方内植物种 i 的重要值取平均,得到植物种 i 在该海拔高度的重要值。

用物种递变率来表示 β-多样性,计算公式为:

$$C_j = j/(a + b - j)$$

将同一海拔的 5 个样方内出现的植物种作为该高度的种类,式中 j 为两个海拔高度共有种数;a 和 b 分别为海拔 A 和 B 的物种数。

Simpson 指数在郁闭林内较高,在郁闭林边缘(2750 m)降至最低,然后逐渐升高,位于石海上的灌丛与草甸的多样性与郁闭林内接近,在山顶,该指数达到最大值(图1)。

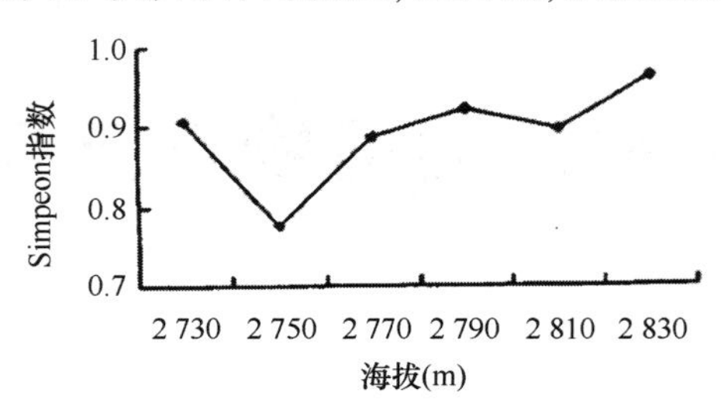

图1 Simpson 指数随海拔高度的变化

从物种递变率的变化可以看出,从郁闭林内过渡到郁闭林缘以及从石海过渡带坡顶,物种递变率较高,石海内部物种递变率较低,充分反映了生境条件的分异对物种分布的影响(图2)。

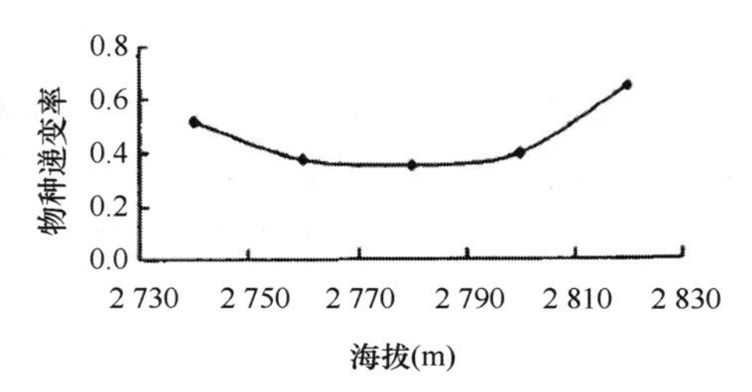

图2 物种递变率随海拔高度的变化

3 意义

山西关帝山是中国暖温带落叶阔叶林区域第四高峰,对气候指标的推算表明,关帝山主峰孝文山有接近气候意义的林线。根据高山林线的植物群落模型,确定了森林上限附近植被空间格局和性质,阐述了中国东部暖温带高山林线的形成机制。通过野外调查和植被数量分析,应用高山林线的植物群落模型,计算得到了关帝山森林上限附近植物群落的类型、植物群落与环境的关系、植物种类多样性的梯度、植被的性质等理论结果,对分析中国东部暖温带高山林线的形成机制具有重要意义。

参考文献

[1] 田军,刘鸿雁,田育红. 山西关帝山森林上限附近植被的性质与空间格局. 山地学报,2002,21(1):63-67.

[2] 唐季林,刘宇林,等. 关帝山植物群落与环境梯度分析[J]. 北京林业大学学报,1993,17(4):36-42.

[3] 郭晋平. 森林景观生态研究[M]. 北京:北京大学出版社,2001. 57-120.

岩溶土壤的退化模型

1 背景

土地利用变化可引起许多自然现象和生态过程的变化,如土壤养分和水分、土壤侵蚀、土地生产力、生物多样性和生物地球化学循环等。近年,国内外注重不同土地利用方式对土地变化的影响[1],但对岩溶环境中土壤退化的研究很少,已有的工作侧重于石灰岩土壤的发生和分类[2]。岩溶环境在我国西南占有较大面积,属典型的生态脆弱区,其景观核心部位的土壤退化应引起重视。选择重庆市有代表性的岩溶山地为研究区域,从时空转换角度分析土地利用变化对土壤属性的影响,试图从中小尺度和生态系统角度阐明土地利用方式与岩溶生境退化过程的关系。

2 公式

土壤质量动态变化研究是以土壤质量动态变化为基础,通过土壤质量指数的时空变化来反映,如美国国家土壤保持局提出的多变量指标克立格法(MVIK)、土壤质量动力学方法和土壤质量综合评价法;国内关于土壤质量动态变化的研究报道较少,王效举和龚子同提出土壤质量相对指数(Relative SoilQuality Index,RSQI)的概念,并用其变化速率评价了不同利用方式对土壤质量演化的影响[3];胡金明和刘兴土提出土壤质量矩阵评价模式[4];为避免各评价指标权重选取时主观因素的影响,陈浮等提出采用修正后的内梅罗(Nemoro)公式计算土壤养分质量指数[5]。

为了定量描述不同土地利用下土壤变化的程度,在已有基础上建立土壤退化指数。土壤退化指数的计算首先是以某种土地利用类型为基准,假设其他的土地利用类型都是由作为基准的土地利用类型转变而来;然后计算各个土壤属性在其他土地利用类型与基准土地利用类型之间的差异(即“土壤相对退化距离”),最后将土壤各个属性的差异加权求和,得到各土地利用类型的土壤退化指数。具体公式如下

$$DI = \frac{n-1}{n} \times \left[\frac{P_1 - P'_1}{P'_1}\omega_1 + \frac{P_2 - P'_2}{P'_2}\omega_2 + \cdots + \frac{P_n - P'_n}{P'_n}\omega_n \right] \times \%$$

式中,DI 为土壤退化指数; P'_1, P'_2,…, P'_n 为基准土地利用类型下土壤属性 1,属性 2,…,属性 n 的值; $P_1,P_2,\cdots,P_n$ 为不同土地利用类型下土壤各属性值,n 为选择的土壤属性数;

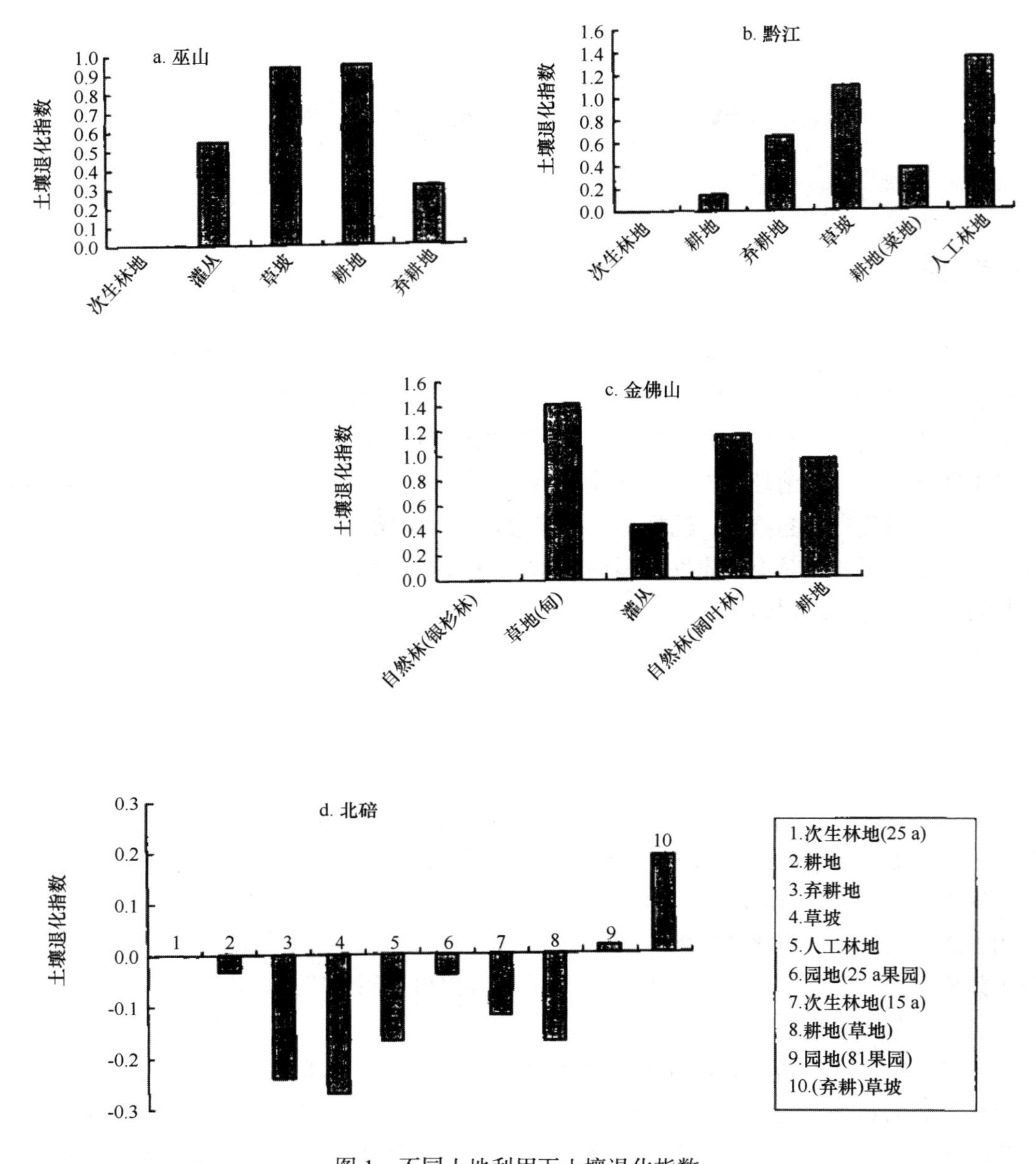

图 1　不同土地利用下土壤退化指数

ω_i为各属性指标的权重，$\sum\omega_i = 100\%$。该式突出了土壤属性因子中最差因子对土壤质量的影响，反映了生态学中限制植物生长的最小因子定律；同时参评的因子越多，$(n-1)/n$ 的值越大，可信度越高。以各地点的林地作为基准的土地利用类型，选择的土壤属性包括土壤容重、有机质、全氮、全磷、全钾、有效氮、有效磷、有效钾、交换性盐基总量、pH 值、大于 0.25 mm 水稳性团聚体数量。一般说来，较高的土壤容重表明土地有退化的趋势，所以实际的计算中采用了容重差值的相反数；对生态效应呈正态分布的指标，如 pH 值，根据生态效应的退化恢复确定其相对差异的正负号。土壤退化指数是正数时表明土壤质量有所提高，是负数时表明土壤退化。

图 1 是不同土地利用下土壤退化指数。在巫山岩溶山地，各利用方式的土壤质量也明显好于以马尾松为主的次生林地（图 1a）；图 1b 是黔江岩溶山地各利用方式相对于马尾松林地土壤质量变化的结果；在金佛山（图 1c），各利用方式的土壤质量由高至低相对顺序是草甸、落叶阔叶林地、耕地、灌丛、银杉林地；图 1d 是北碚鸡公山不同土地利用方式下的土壤退化指数及与多年生次生林地比较的结果。

3　意义

根据岩溶土壤的退化模型，在重庆市有代表性的岩溶山地北碚、黔江、金佛山、巫山选择 10 种典型利用方式、26 个样地，研究土地利用方式对处于岩溶脆弱生境核心部位的土壤质量性状的影响。应用岩溶土壤的退化模型，计算结果表明，在较大区域内土地利用方式对岩溶山地土壤属性的影响不显著，而小区域内不同土地利用方式下土壤质量、有机质、全氮、全钾、全磷、速效氮、速效磷存在显著差异。同时，人工造林改善土地质量状况需要较长时间的演替，简单的退耕还林很难使土壤质量得到恢复。

参考文献

[1]　李阳兵，高明，魏朝富．土地利用对岩溶山地土壤质量性状的影响．山地学报，2003，21(1)：41-49.

[2]　顾也萍，冯学钢．安徽省石灰岩风化物发育土壤的特性和系统分类[J]．土壤学报，1998，35(3)：303-312.

[3]　王效举，龚子同．红壤丘陵小区域不同利用方式下土壤变化的评价和预测[J]．土壤学报，1998. 35(1)：134-139.

[4]　胡金明，刘兴土．三江平原土壤质量变化评价与分析[J]．地理科学，1999，19(5)：417-421.

[5]　陈浮，濮励杰，曹慧．近 20 年太湖流域典型区土壤养分时空变化及驱动机理[J]．土壤报，2002，39(2)：236-245.

岩体质量的评价模型

1 背景

我国于 1995 年颁布了《工程岩体分级标准》，以 BQ 公式作为各类工程岩体分级的国标。它采用定性和定量相结合、经验判断和测试计算相结合的办法，首先按岩石坚硬程度和岩体完整程度来定义“岩体基本质量”，然后针对各类型工程岩体的特点，分别考虑其他因素进行修正，最后确定工程岩体的级别。一些学者利用《工程岩体分类标准》，经过适当修正对岩体质量进行了评价研究，如对清江水布垭水电站地下洞室围岩[1]和清江隔河岩坝基岩体[2]。如何利用《工程岩体分级标准》，建立适合不同工程的围岩质量分类体系，值得深入探讨。

2 公式

王朋华等[3]就溪洛渡水电站地下厂房岩结构和围岩分类展开了讨论。

根据围岩工程地质分段原则和岩体结构类型划分方案，对地下洞室进行了岩体结构类型划分，按洞长进行统计分析的结果见图 1。

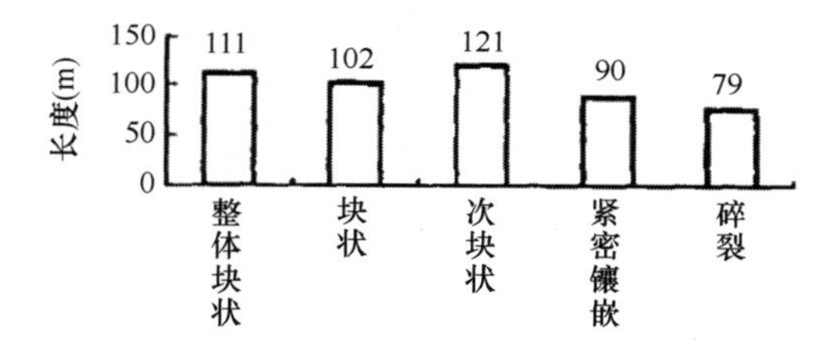

图 1　岩体结构类型统计结果

由于层内错动带具有集中成带发育的特征，而且局部地段性状较差，仅通过完整性系数很难反映错动带对各段岩体稳定性的影响，必须考虑错动带的强度参数。试验结果显示，错动带岩体内聚力极低，因而摩擦系数在整个系统中发挥着极其重要的作用。根据溪洛渡水电站地下厂房洞室群的实际条件，特提出以下公式作为洞室围岩岩体质量的分类指标：

$$BQ_{XLD} = (90 + 3R_C + 250K_V) - 100(K_1 + K_2 + K_3) - 100K_4 \tag{1}$$

式中,BQ_{XLD}为洞室围岩质量指标,K_1为地下水状态修正系数,K_2为初始应力状态修正系数,K_3为工程轴线与主要软弱结构面方位修正系数,K_4为缓倾角错动带强度修正系数。

用错动带与围岩的摩擦系数之间的差异程度来考虑缓倾角错动带的影响,故 K_4定义为:

$$K_4 = 1 - f_c/f_R \tag{2}$$

式中,f_c、f_R分别为错动带和岩体的摩擦系数。

3 意义

岩体结构特征研究是洞室稳定性分析的基础,围岩分类实质就是应用工程地质类比法进行围岩稳定性评价。根据岩体质量的评价模型,计算结果表明了溪洛渡水电站地下厂房区围岩岩体结构特征,并建立了适合本工程的围岩分类体系。通过岩体质量的评价模型,确定了洞室围岩总体较完整,岩体结构类型以块状和整体块状为主,其次为次块状和紧密镶嵌结构,碎裂结构极少。

参考文献

[1] 徐卫亚,谢守益,蒋晗,等. 清江水布垭水电站地下厂房岩体质量评价及反馈设计研究[M]. 工程地质学报. 2000. 8(2):191-196

[2] 徐卫亚,喻和平,谢守益. 清江隔河岩坝基工程岩体质量评价研究[J]. 工程地质学报. 1999. 7(2):105-111

[3] 王明华,冯文凯,刘汉超. 溪洛渡水电站地下厂房岩体结构特征及围岩分类. 山地学报,2003,21(1):101-105.

降雨侵蚀力的估算公式

1 背景

逐日雨量是目前我国公开发布的气象站最详细雨量整编资料。鉴于次降雨过程资料很难得到,同时也为精确地估算降雨侵蚀力,章文波等[1]以1971—1998年约600个气象站逐日雨量资料为基础、采用一种新方法估算全国降雨侵蚀力,分析全国降雨侵蚀力的空间变化特征。雨滴击溅及由降雨产生的径流是土壤侵蚀的主要动力,研究评价气候因素——降雨对土壤水蚀的潜在作用,对定量预报土壤流失、制定水土保持规划等具有重要意义。

2 公式

利用日雨量计算降雨侵蚀力采用下式:

$$M_i = a \sum_{j=1}^{k} (D_j)^{\beta} \tag{1}$$

式中,M_i表示第 i 个半月时段的侵蚀力值[MJ · mm/(hm^2 · h)];α 和 β 是模型参数;k 表示该半月时段内的天数;D_j表示半月时段内第 j 天的日雨量,要求日雨量 12 mm,否则以 0 计算,12 mm 与侵蚀性降雨标准对应[2],P_{d12}表示日雨量 12 mm 的日平均雨量,P_{y12}表示日雨量 12 mm 的年平均雨量。参数 α 和 β 反映了区域降雨特征,根据逐日雨量资料按式(2)和式(3)估算不同测站的 α 和 β 值:

$$\beta = 0.8363 + \frac{18.144}{P_{d12}} + \frac{24.455}{P_{y12}} \tag{2}$$

$$\alpha = 21.586\beta^{-7.1891} \tag{3}$$

利用公式(1~3)计算逐年各半月的降雨侵蚀力,经汇总统计得到年降雨侵蚀力。最后采用 Kriging 内插方法[3],将各离散测站的降雨侵蚀力值进行空间内插,得到空间连续分布的降雨侵蚀力值,并绘制降雨侵蚀力等值线图、进行降雨侵蚀力分区等。

从图 1 可以看出,中热带、北热带、南亚热带和藏南亚热带的 R 值年内分配曲线的峰顶比较宽平,R 值分布主要集中在 5—10 月;北亚热带和中亚热带 R 值年内分配曲线的变化比较和缓,并存在一个不很突出的钝峰。

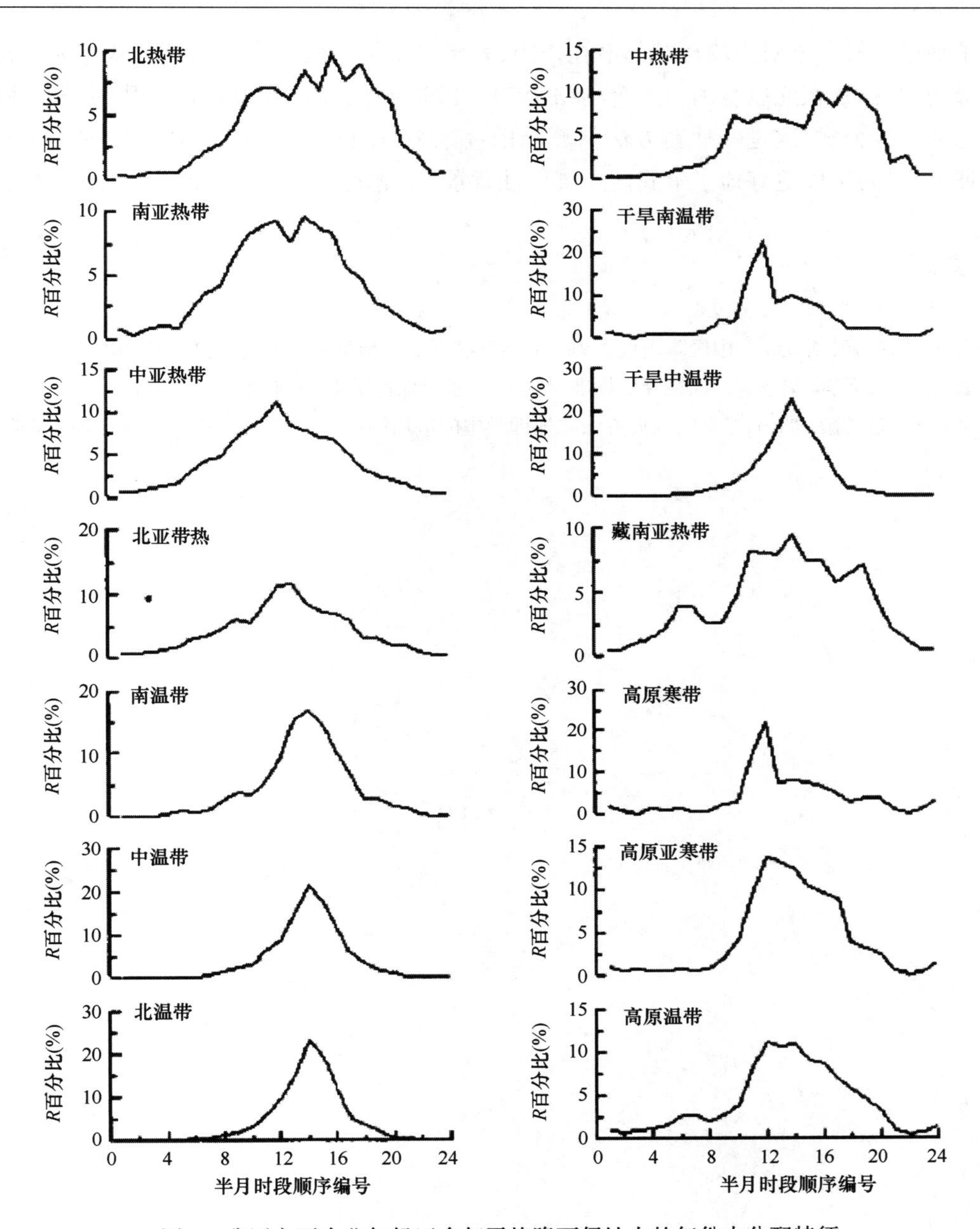

图 1　我国主要农业气候区多年平均降雨侵蚀力的年份内分配特征

3　意义

降雨是导致土壤侵蚀的主要动力因素，通用土壤流失方程(USLE)中降雨侵蚀力因子 *R*

反映了降雨气候因素对土壤侵蚀的潜在作用,并建立了降雨侵蚀力的估算公式。为更精确估算降雨侵蚀力,在此以全国 564 个测站 1971—1998 年的逐日降雨资料为基础,采用降雨侵蚀力的估算公式,这是一种新方法估算降雨侵蚀力,计算得到了全国降雨侵蚀力空间变化特征。这样,可以更好地了解我国土壤侵蚀背景,为制定水土保持规划等提供科学依据。

参考文献

[1] 章文波,谢云,刘宝元. 中国降雨侵蚀力空间变化特征. 山地学报,2003,21(1):33-40.
[2] 谢云,刘宝元,章文波. 侵蚀性降雨标准研究[J]. 水土保持学报,2000,14(4):6-11.
[3] 王广德,过常龄. "Krige"空间内插方法在地理学中的应用[J]. 地理学报,1987,42(4):366-374.

流域产业结构的评价模型

1 背景

针对流域产业结构特点,传统的经济系统分析方法[1-2]在进行相似比较时难于取得满意的结果,而目前国内外尚没有成熟的方法对流域产业结构进行分析评判。张文国等[1]通过官厅水库流域的实例,从水资源作为产业结构变化内在驱动力角度出发,试图从流域产业结构与水资源利用的关系中寻找深层次的原因,采用新的指标体系和评价模型对流域产业结构进行分析,研究水库水质恶化同产业结构的内在联系,提出流域产业结构调整方案,探讨流域水资源可持续利用的新途径,为流域可持续发展决策提供依据。

2 公式

产业结构合理化是一个相对概念,它是在国民经济效益最优的目标下,根据地理环境、资源条件、经济发展阶段、科学技术水平、人口规模等特点,通过对产业结构的调整,使之达到与上述条件相适应的各产业协调发展的状态[2]。衡量产业结构是否合理,通常有以下几种方法[3]:比重法,类比法,速度法,协调法。实践中,这些方法都存在局限性。为准确把握流域产业结构现状,综合分析流域产业结构与水资源利用的内在关系,这里尝试采用 Fuzzy 评价方法分析流域产业结构。

流域产业结构 Fuzzy 评价模型[4]:设 n 个有待优选的目标,反映目标结构性质的指标有 m 个,构成目标的指标集 X:

$$X = \begin{bmatrix} x_{11} & x_{12} & \cdots & x_{1m} \\ x_{21} & x_{22} & \cdots & x_{2m} \\ \cdots & \cdots & \cdots & \cdots \\ x_{n1} & x_{n2} & \cdots & x_{nm} \end{bmatrix} = (x_{ij}) \tag{1}$$

首先对指标进行规格化处理。对已知的 m 项指标,若指标越大,该指标对产业结构优的隶属度(相对优属度)r_{ij}越大,有:

$$r_{ij} = \frac{x_{ij}}{\bigvee_i x_{ij} + \bigwedge_i x_{ij}} \tag{2}$$

指标越大,对产业结构优的隶属度越小,则:

$$r_{ij} = 1 - \frac{x_{ij}}{\bigvee_i x_{ij} + \bigwedge_i x_{ij}} \tag{3}$$

由此得到 n 个目标 m 项指标对产业结构优的相对隶属度矩阵:

$$R = \begin{bmatrix} r_{11} & r_{12} & \cdots & r_{1m} \\ r_{21} & r_{22} & \cdots & r_{2m} \\ \cdots & \cdots & \cdots & \cdots \\ r_{n1} & r_{n2} & \cdots & r_{nm} \end{bmatrix} = (r_{ij}) \tag{4}$$

式中,x_{ij}为第 i 个目标第 j 项指标的特征值;r_{ij}为第 i 个目标第 j 项指标对产业结构优的相对隶属度;$\wedge$ 、$\vee$ 分别为取大、取小运算符;$\bigvee_i x_{ij}$、$\bigwedge_i x_{ij}$ 分别表示目标 $i=1,2,\cdots,n$,对指标 j 的指标取大、取小。

设第 i 个目标对产业结构优的相对隶属度为 u_i;m 个指标的权重向量为 $W=(w_1, w_2,\cdots,w_m)^T$,满足归一化条件,即根据模糊集理论可将隶属度定义为权重,则加权广义距离为:

$$D(r_i) = u_i^p \sqrt{\sum_{j=1}^{m} (w_j |r_{ij} - 1|)^p} \tag{5}$$

其完善地描述了目标 i 距产业结构优的距离。为求解 u_i的最优值,建立目标函数:

$$\min\{F(u_i) = u_i^2 \left[\sum_{j=1}^{m} (w_j |r_{ij} - 1|)^p\right]^{2/p} + 2^{\left[\sum_{j=1}^{m} (w_j \times r_{ij})^p\right]^{2/p}}\} \tag{6}$$

对 u_i求偏导数并使之等于零 $\left[\frac{\mathrm{d}F(u_i)}{\mathrm{d}u_i} = 0\right]$,解得:

$$u_i = \frac{1}{1 + \left[\frac{\sum_{j=1}^{m} (w_j |r_{ij} - 1|)^p}{\sum_{j=1}^{m} (w_j * r_{ij})^p}\right]^{2/p}} \tag{7}$$

式(7)即是可应用于若干目标对产业结构评价的模糊优选理论模型。

根据最大隶属度原则,可得到所有目标对产业结构的相对隶属度的相对排序。相对隶属度值越大,则该产业为流域相对适宜发展产业;反之,该产业在流域内应限制发展。

3 意义

以官厅水库流域为例,从宏观经济学角度出发,将流域水资源利用中存在的污染、浪费问题与产业结构的合理性结合起来进行研究,建立了流域产业结构的评价模型。这是采用

Fuzzy 分析得到的模型,通过流域产业结构的评价模型,对流域产业结构进行分析,计算结果表明,导致流域水资源利用问题的深层原因在于产业结构不合理。根据流域产业结构的评价模型及流域现状,提出了产业结构的调整方案,为流域可持续发展决策提供了依据。

参考文献

[1] 张文国,杨志峰,伊锋. 基于水资源可持续利用的流域产业结构分析. 山地学报,2003,21(2):187-194.

[2] 高洪深. 经济系统分析导论[M]. 北京:中国审计出版社. 1998,101-126.

[3] 袁嘉新,等. 经济系统分析[M]. 北京:社会科学文献出版社. 1997,189-196.

[4] 陈守煜. 工程模糊集理论与应用[M]. 北京:国防工业出版社. 1998,122-127.

岩石的主应力效应模型

1 背景

以八面体单元为模型,认为岩石破坏的危险状态与八面体剪应力 τ_8 有关,并考虑了岩石的静水压力 σ_m 效应和中间主应力效应,许多人为此提出了多种形式的八面体剪应力强度理论(准则)。研究者们越来越认识到中间主应力对岩石极限抗压强度的影响具有一定的规律性,并为此对中间主应力效应进行了深入细致的研究。徐德欣[1]利用相关方程对岩石中间主应力效应的理论展开了分析。

2 公式

2.1 八面体剪应力强度理论

冯·米赛斯强度准则,强度准则形式为:

$$\tau_8 \leqslant \tau_s$$

$$\tau_8 = \frac{1}{3}\sqrt{(\sigma_1 - \sigma_2)^2 + (\sigma_2 - \sigma_3)^2 + (\sigma_3 - \sigma_1)^2} \tag{1}$$

$$\tau_8 = \frac{\sqrt{2}}{3}R \tag{2}$$

式中,R 为岩石单向受力时达到危险状态的主应力(kPa)。

茂木清夫进一步发展冯·米赛斯强度准则而提出的如下形式的破坏准则[2,3]:

$$\tau_8 = f(\sigma_1 + \sigma_3)$$

或

$$\tau_8 = f(\sigma_1 + \sigma_3 + a\sigma_3) \tag{3}$$

而高延法、陶振宇提出的强度准则为:

$$\tau_8 = f(\sigma_m) + f(\mu_0) \tag{4}$$

式中,$\mu_0 = \dfrac{2\sigma_2 - \sigma_1 - \sigma_3}{\sigma_1 - \sigma_3}$ 是洛德参数。

进一步假定 τ_8是 σ_m 和 u_σ 的二次函数,而提出了以下 4 种形式的八面体剪应力强度准则:

$$GT-1 \quad \tau_8 = b_0 + b_1\sigma_m + b_2\sigma_m^2 + b_3u_o + b_4u_0^2 \tag{5}$$

$$GT-2 \quad \tau_8 = b_0 + b_1\sigma_m + b_2\sigma_m^2 + b_3u_o \tag{6}$$

$$GT-1 \quad \tau_8 = b_0 + b_1\sigma_m + b_2\sigma_m^2 \tag{7}$$

$$GT-1 \quad \tau_8 = b_0 + b_1\sigma_m \tag{8}$$

2.2 双剪应力强度理论

双剪应力强度理论,该理论首先由西安交大的俞茂宏教授提出。以十二面体单元为模型,假定当作用于单元体上的两个较大主剪应力以及相应的正应力函数达到某一极限值时,岩石发生破坏。数学表达式为:

$$F = \tau_{13} + \tau_{12} + \beta(\sigma_{13} + \sigma_{12}) = C \quad [当(\tau_{12} + \beta\sigma_{12}) \geqslant (\tau_{13} + \beta\sigma_{23})时] \tag{9}$$

$$F' = \tau_{13} + \tau_{23} + \beta(\sigma_{13} + \sigma_{23}) = C \quad [当(\tau_{12} + \beta\sigma_{12}) \geqslant (\tau_{13} + \beta\sigma_{23})时] \tag{10}$$

式中,

$$\tau_{13} = \frac{\sigma_1 - \sigma_3}{2}, \sigma_{12} = \frac{\sigma_1 + \sigma_2}{2}, \tau_{12} = \frac{\sigma_1 - \sigma_2}{2},$$

$$\sigma_{23} = \frac{\sigma_2 + \sigma_3}{2}, \tau_{23} = \frac{\sigma_2 - \sigma_3}{2}, \sigma_{13} = \frac{\sigma_1 + \sigma_2}{2},$$

β 和 C 由岩石的抗拉极限强度 R_t 和抗压极限强度 R_c 确定,即:

$$\beta = \frac{R_c - R_t}{R_c + R_t}, \qquad C = \frac{2R_C R_t}{R_c + R_t}$$

高延法、陶振宇对上述理论的数学表达式进行了简化(取 $\beta=0$),并认为 C 是岩石静水压力 σ_m 的二次函数,而将上式化为:

$$\tau_{13} + a\tau_{12} + b_o + b_1\sigma_m + b_2\sigma_m^2 = 0 \quad (\tau_{12} \geqslant \tau_{23}) \tag{11}$$

$$\tau_{13} + a\tau_{23} + b_o + b_1\sigma_m + b_2\sigma_m^2 = 0 \quad (\tau_{12} < \tau_{23}) \tag{12}$$

再进行进一步简化,提出了下列4种形式的双剪应力强度准则:

$$GT-5 \quad \tau_{13} = b_0 + b_1\sigma_m + b_2\sigma_m^2 + b_3u_o$$

$$(当\tau_{12} < \tau_{23}时,取\tau_{12} = \tau_{23}) \tag{13}$$

$$GT-6 \quad \tau_{13} = b_0 + b_1\sigma_m + b_2\sigma_m^2 + b_3\tau_{12}$$

$$(当\tau_{12} < \tau_{23}时,取\tau_{12} = \tau_{23}) \tag{14}$$

$$GT-7 \quad \tau_{13} = b_0 + b_1\sigma_m + b_2\tau_{12} \tag{15}$$

$$GT-8 \quad \tau_{13} = b_0 + b_1\sigma_m + b_2\tau_{23} \tag{16}$$

基于各强度理论所做的假定的不同,上述各种形式的八面体剪应力强度理论和双剪应力强度理论在应用上各有优缺点。例如,冯·米赛斯强度准则只适用于拉压强度相等的材料,而岩石是拉、压强度不相等的材料;文献[2]提出的破坏条件未能给出 $f(\sigma_1+\sigma_3)$ 或 $f(\sigma_1+\sigma_2+a\sigma_3)$ 的确切形式,在实际工程中是很难应用的;文献[4]对以上两种强度理论各提

出了 4 种简化形式,并推荐了两种三参数强度准则,即:

$$\tau_8 = b_0 + b_1\sigma_m + b_2 u_0$$

$$\tau_{13} = b_0 + b_1\sigma_m + b_2\tau_{23}$$

虽应用方便,但由于其用来进行回归分析的岩石真三轴压力试验数据不多,故代表性不强,且回归分析得到的复相关系数 R 较低[4]。综上所述,建立一个既应用方便,又符合岩石极限强度变化律的强度准则具有重要意义。

综合多参数强度准则,可得:

$$\tau_{13} + a\tau_{12} + \sum_{i=0}^{n} b_i\sigma_m^i + \sum_{j=0}^{k} c_i u_\sigma^j = 0 \quad (\tau_{12} \geqslant \tau_{23}) \tag{17}$$

为应用方便,其中 n、k 取值不大于 3,并进一步简化,得到 36 种强度准则,可将文献[3]中的 4 种简化形式强度准则包括在内。

3 意义

全面系统地收集了九种岩石真三轴压力试验资料,并对其进行了深入细致的理论分析,建立了岩石的主应力效应模型。通过模型的计算结果表明,岩石中普遍存在着中间主应力效应,增大中间主应力值可以提高岩石的极限抗压强度,且提高的程度因岩石种类和主应力值大小等因素的不同而在 14%~44%范围内变化。在此对现有的岩石强度理论进行了细致的分析,并以各种岩石强度理论特别是八面体剪应力强度理论和双剪应力强度理论为基础,结合试验资料,推荐了一个既应用方便、又与试验数据吻合性好的六参数强度准则。

参考文献

[1] 徐德欣 . 岩石中间主应力效应的理论分析 . 山地学报,2003,21(1):246-251.

[2] 茂木清夫. 一般三轴压缩下岩石的流动和破坏[J]. 岩石力学,1980,(1):1-14.

[3] MogiK. Fracture and Flow of Rocks,Tectonophys,1972,13,541-568.

[4] 高延法,陶振宇 . 岩石强度准则的真三轴压力试验检验与分析[J]. 岩土工程学报,1993,(4):26-22.

岩质滑坡的稳定性模型

1　背景

拉月滑坡为典型的高位岩质滑坡,受构造活动影响的岩体节理裂隙十分发育,由于节理、裂隙组合特征的不同,形成具有不同特征的岩体块状结构,特别是不同结构特征的岩石块体相互嵌合,又形成具有不同稳定状况的岩体结构,且控制了滑坡的发生。应用块状岩体稳定性分析方法对岩质滑坡进行分析,是判别岩质滑坡稳定性非常有效的方法[1]。拉月滑坡是一个典型的岩质滑坡,这类滑坡在西藏与整个西南地区都十分普遍,因此,通过对拉月滑坡的分析,可对以后岩质滑坡的稳定性分析产生很好的借鉴作用,对滑坡灾害防治也有较大的帮助。

2　公式

可动性块体的判别方法是利用全空间赤平投影,以一个结构面的全空间赤平投影为大圆,其圆内域相当于结构面上盘岩体,圆外域相当于下盘岩体。各结构面所组合成的块体就可以在赤平投影圆上得到直观反映,代表各结构面的大圆相交将全空间赤平投影圈划分成若干区域,每个区域各代表一个非空块体。

设 kt 为被结构面分割的块体,且块体为有限的;kp 为以临空面为界的岩体半空间所构成的块体,即块体完全由临空面切割而成;SP 为以临空面为界的没有岩体一侧的半空间,即为 kp 以外的空间。

块体可动的充分必要条件是:

$$kt \neq \Phi$$

Φ 是空集,为结构面构成块体的投影未落在投影大圆内,且

$$kt \cap kp = \Phi$$

kt 和 kp 构成的块体为空集。

位于斜坡和陡岩上的块体可动条件各不相同,块体间相互嵌合的紧密程度也不相同。因此,当块体受到重力、地下渗水压力、摩擦力等因素作用时,必然有一些块体在力作用下首先向外发生位移,成为块体变形破坏的关键块体[2]。

由力平衡方程可知,位于坡面上可动块体的运动方向(D)与各结构面不平行,则该块体

满足平衡方程的充分必要条件是:

$$D=R(\text{即运动方向与主动力合力方向一致})$$

式中,D 为块体运动方向,R 为块体合力方向。

如前所述,拉月塌方(滑坡)块体活动主要是沿顺坡向的 B_3结构面活动,所以关键块体的位移方向 D 与 B_3结构面平行,则该块体满足平衡方程的充分必要条件是:

$$D=D_{B_3}$$

且

$$e_{B_3}\cdot R\leqslant 0$$

式中, D_{B_3} 为 R 在结构面 B_3上的投影;e_B为结构面 B 指向块体内部的单位法线矢量。

当块体沿结构面 B_3发生位移时,位移方向 D 与主动力合力方向 R 在结构面上的投影方向 D_{B_3} 一致,即:

$$D=D_{B_3}$$

$$D_{B_3}=\frac{n_i\quad R\quad n_i}{|n_i\quad R|}$$

式中,n_i为结构面 B 的单位法线矢量。

3 意义

拉月滑坡位于东久河左岸,为典型的高位岩质滑坡。1967 年 8 月 29 日拉月一带山体突然发生特大型滑坡,体积超过千万立方米,是川藏公路线上著名的“拉月大塌方”灾害。在此应用块状岩体稳定性分析方法,建立了岩质滑坡的稳定性模型,对同结构岩石块体相互嵌合、形成具有不同稳定状况的岩体结构且控制滑坡发生的特点进行了计算,证明该模型对判别岩质滑坡的稳定性是非常有效的。岩质滑坡在西藏与西南地区都十分普遍,因此,通过岩质滑坡的稳定性模型,对拉月滑坡块状破坏过程进行计算,对其他岩质滑坡的稳定性判别具有很好的借鉴作用。

参考文献

[1] 孔纪名,张小刚,强巴. 川藏公路拉月滑坡的块状破坏特征. 山地学报,2003,21(2):228-233.

[2] 孔纪名,滑坡稳定性判别的非计算方法[J]. 山地学报,2001,19(5):446-451.

水体的泥沙含量公式

1 背景

泥沙含量是土壤侵蚀、水土保持、水文研究、河流泥沙检测的重要内容。含沙量的现场快速、实时准确测量对于土壤侵蚀等动态过程的研究十分重要。γ 射线在含沙水溶液中发生康普敦-吴有训效应[1]，可以利用 γ 射线衰减与水体中泥沙含量的关系推求泥沙含量。与其他传统方法相比，它的优势是测量简便、精度较高。雷廷武等[2]尝试运用数学回归分析的方法，推导质量吸收系数的回归估计公式，以消除随机因素的影响，提高泥沙含量的测量精度，并分析质量吸收系数变化对泥沙含量测量精度的影响。

2 公式

2.1 单点法及多点(回归法)质量系数计算公式

2.1.1 单点法

泥沙含量与质量吸收系数及 γ 射线透射强度间的理论计算公式[3]为：

$$C_2 = C_1 + \frac{\ln(I_1/I_2)}{\mu_{msco}L} \tag{1}$$

式中，I_1、I_2为 γ 射线穿过被测物质前、后的强度，n/s；C_1为初始泥沙含量，kg/m^3；C_2为结束时刻泥沙含量，kg/m^3；μ_{msco}为泥沙质量吸收系数，cm^2/g；L 为被 γ 射线透射物质厚度，cm。

式(1)应满足清水(含沙量为0)的情况。在式(1)中，设初始泥沙含量为0，结束时刻为任意时刻，式(1)可变形为：

$$C_i = \frac{\ln(I_{00}/I_i)}{\mu_{msco}L} \tag{2}$$

在式(2)中，进一步选取含沙率为100%(即为1，干土，含水率为0)的情况，代入式(2)并重新排列，得到：

$$\mu_{msco} = \ln(I_{00}/I_{100})/L \tag{3}$$

式中，I_{00}为射线穿透清水后射线的强度，n/s；I_{100}为射线穿透干土后(含水率为0)射线的强度，n/s。

式(3)表明，测量得到射线在清水(含沙量为0)及完全干土(含沙量为100%)(两个单点)中的透射强度 I_{00} 及 I_{100} 后,即可计算得到质量吸收系数。

2.1.2 估计质量吸收系数多点回归法

在测量径流泥沙含量的实验中,我们得到一组伽马射线的透射强度及相应的含沙量,为 $I_i, C'_i(I=1,\cdots,N)$。将伽马射线透射强度代入径流泥沙含量理论计算公式(2),可得 C_i 为:

$$C_i = \frac{\ln(I_{00}/I_i)}{\mu_{msco}L} \tag{4}$$

用最小二乘法时,所需的测量值和由式(4)所得计算值间的误差平方和为:

$$q(\mu_{msco}) = \sum_{i=2}^{n}[C_i - C_i']^2 = \sum_{i=2}^{n}\left[C_i' - \frac{\ln(I_0/I_i)}{\mu_{msco}L}\right]^2 \tag{5}$$

式中,$q(\mu_{msco})$ 为以 μ_{msco} 为自变量的函数。

为使 $q(\mu_{msco})$ 达到最小值,必须有:

$$\frac{d[q(\mu_{msco})]}{d\mu_{msco}} = 0 \tag{6}$$

由式(5)、式(6),并整理得:

$$\sum_{i=2}^{n} C_i' - \frac{1}{\mu_{msco}L}\left[\ln\left(I_{00}^{n-1}/\prod_{i=2}^{n} I_i\right)\right] = 0 \tag{7}$$

于是得到回归法确定伽马射线质量吸收系数的表达式:

$$\mu_{msco} = \frac{1}{L\sum_{i=2}^{n} C_i'}\ln\left(I_{00}^{n-1}/\prod_{i=2}^{n} I_i\right) \tag{8}$$

用单点法和多点回归法求得的 μ_{msco} 分别是 0.03701 和 0.03857。将两种方法所得质量吸收系数带入泥沙含量的理论计算公式,得到的泥沙含量及其各自与标准溶液的含沙量之间的误差见图 1。

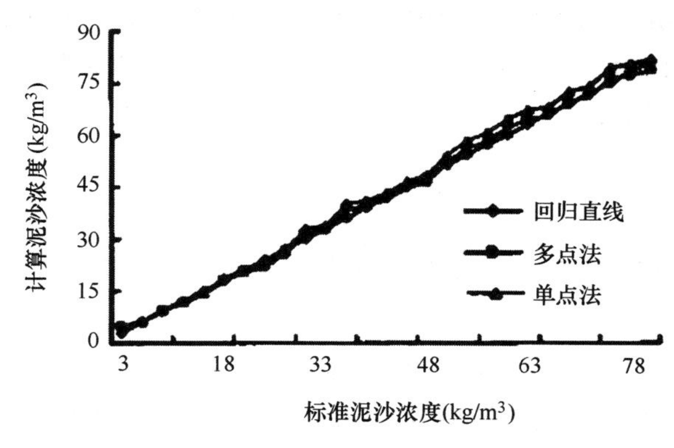

图 1 用单点法、多点回归法估计的质量吸收系数计算的含沙量结果对比

图1为用单点法、多点回归法求得的质量吸收系数计算泥沙含量结果比较。结果表明，用单点法和多点回归法估计的质量吸收系数计算泥沙含量，均能很好地与标准泥沙含量一致。

2.2 质量吸收系数变化与泥沙含量测量精度（误差）的关系

质量吸收系数估计的误差将导致用式(2)计算的泥沙含量的误差。以下分析这两种误差之间的相互关系。

因

$$C = \ln(I_{00}/I)/(\mu_{msco}L) \tag{9}$$

$$\frac{dC}{d\mu_{msco}} = -\frac{\ln(I_{00}/I)}{\mu_{msco}^2 L} \tag{10}$$

根据微积分理论[4]：

$$\Delta C = \frac{dC}{d\mu_{msco}}\Delta\mu_{msco} = -\frac{\ln(I_{00}/I)}{\mu_{msco}^2}\cdot\Delta\mu_{msco} \tag{11}$$

故

$$\left|\frac{\Delta C}{C}\right| = \left|\left(-\frac{\ln(I_{00}/I)}{\mu_{msco}^2 L}\cdot\mu_{msco}\right)\Big/\left(\frac{\ln(I_{00}/I)}{\mu_{msco}L}\right)\right| = \left|\frac{\Delta\mu_{msco}}{\mu_{msco}}\right| = \frac{\Delta\mu_{msco}}{\mu_{msco}} \tag{12}$$

若用变化百分数$A(>0)$表示$\Delta\mu_{msco}$的相对改变量，即$\Delta\mu_{msco}=A\cdot\mu_{msco}$，于是式(12)可变形为：

$$\left|\frac{\Delta C}{C}\right| = \frac{\Delta\mu_{msco}}{\mu_{msco}} = A \tag{13}$$

由式(13)表明，泥沙含量的相对误差与质量吸收系数的相对误差相等，即两者成正比例关系，且比例系数为1。所以质量吸收系数的一定相对误差引起泥沙含量测量的等量相对误差，质量吸收系数对泥沙含量测量精度的影响是线性的。

3 意义

根据对多点回归法的分析，提出了确定质量吸收系数的回归方法，推导了水体的泥沙含量公式，这是由大量（多点）试验数据计算质量吸收系数的回归公式。采用大量实测数据由回归公式确定的质量吸收系数准确且精度较高，能在很大程度上消除随机误差的影响。而单点法通过几个特殊的取值点（单点）来估算质量吸收系数，具有参数确定快速、物理概念明确的优点。此外从理论上分析了质量吸收系数变化对泥沙含量测量精度的影响，从而可知吸收系数的相对变化与泥沙含量的相对变化成正比例关系，且比例系数为1。

参考文献

[1] 中国科学院原子能研究所．放射性同位素应用知识．北京:科学出版社,1959.
[2] 雷廷武,刘清坤,黄兴法,等．伽马射线测量径流泥沙含量算法中质量吸收系数优选及其对测量误差影响的分析．农业工程学报,2003,19(01):51-53.
[3] 雷廷武,赵军,袁建平,等．利用 γ 射线透射法测量径流含沙量及算法．农业工程学报,2002,18(1):18-21.
[4] 数学手册编写组．数学手册．北京:高等教育出版社,194-200.

作物生产潜力的估算模型

1 背景

作物生产潜力是指在理想生产条件下所能达到的最高理论产量,研究作物生产潜力对作物生产规划与合理开发利用农业自然资源等具有重要意义。早期的作物生产潜力研究多集中在光温水三要素上,即气候生产潜力,20 世纪 60 年代后的研究较为深入,利用量子效率提出了生物产量与太阳总辐射间的估算模式[1],随着研究的深入,大量算法问世,计算参数也逐渐精确。周治国等[2]以江苏省为区域案例,以县市为单元,研究分析不同层次的作物生产潜力。

2 公式

根据作物生产潜力形成机理和产量形成过程,利用因子逐步衰减方法建立作物生产潜力的估算方法:

$$\begin{aligned} Y_G &= Q \cdot f(Q) \cdot f(T) \cdot f(W) \cdot f(S) \cdot f(M) \\ &= Y_Q \cdot f(T) \cdot f(W) \cdot f(S) \cdot f(M) \\ &= Y_T \cdot f(W) \cdot f(S) \cdot f(M) \\ &= Y_W \cdot f(S) \cdot f(M) = Y_S \cdot f(M) = Y_M \end{aligned}$$

式中,Y_G为作物生产潜力;Y_Q为作物光合生产潜力;Y_T为作物光温生产潜力;Y_W为作物气候生产潜力;Y_S为作物光温水土生产潜力,即土地生产潜力;Y_M为作物社会生产潜力,即作物单产潜力;Q 为单位时间、单位面积上的太阳总辐射;$f(Q)$、$f(T)$、$f(W)$、$f(S)$、$f(M)$分别为光合、温度、水分、土壤、社会有效系数。

2.1 光合生产潜力(Y_Q)

Y_Q的计算方法选用下列公式计算:

$$Y_Q = Q \cdot \varepsilon \cdot \alpha \cdot (1-\beta) \cdot (1-\gamma) \cdot (1-\omega) \cdot \Phi \cdot (1-X)^{-1} \cdot H^{-1}$$

式中,ε 为生理辐射系数,取 0.49;α 为辐射吸收率,取 0.10;β 为辐射漏射率,取 0.07;γ 为光饱和限制率,取 0;ω 为呼吸消耗率,取 0.3;Φ 为量子转化效率,取 0.224;X 为植株含水率,取 0.14;H 为质能转化系数,取 1.78×10^7 J/kg;Q 为到达地面的太阳总辐射强度,J/cm^2。

某地 Q 值可用日照时数来计算[3]:

$$Q = (0.25 + 0.45n/N) R_a$$

式中,R_a为大气上界辐射量,取 1 395 W/m^2;n 为实际日照时数,h;N 为可能日照时数,h。经计算,上述公式可转化为:

$$Q = 348.75 + 627.75n/N$$

其中,N 可使用 Goudriaan 和 Van Laar 提出的公式计算[3]:

$$N = 12[1 + (2/\pi) \cdot a \cdot \sin(a/b)]$$

$$a = \sin\lambda \cdot \sin\delta \qquad b = \cos\lambda \cdot \cos\delta$$

$$\sin\delta = -\sin(\pi 23.45/180) \cdot \cos[2\pi \times (t_d + 10)/365]$$

式中,t_d为日序,d;λ 为纬度;δ 为太阳相对于赤道的倾角。

2.2 光温生产潜力(Y_T)

Y_T是 Y_Q 经 $f(T)$ 校正后得到,与 Y_Q计算公式相对应的 $f(T)$ 计算分为喜凉作物和喜温作物[4,5]。

对于喜凉作物:

$$f(T) = e^{\alpha_T\left(\frac{T-T_0}{10}\right)^2}$$

式中,T_0为作物生长的最适温度,取20℃;T 为作物生长实际温度,℃;α_T为与温度有关的参数。当 $T<T_0$,$\alpha_T=-1$;当 $T \geq T_0$,$\alpha_T=-2$。

对于喜温作物:

$$f(T) = \begin{cases} 0.027T - 0.162 & 6℃ \leq T < 21℃ \\ 0.086T - 1.14 & 21℃ \leq T < 28℃ \\ 1.0 & 28℃ \leq T < 32℃ \\ -0.083T + 3.67 & 32℃ \leq T < 44℃ \end{cases}$$

2.3 气候生产潜力(Y_W)

Y_W由 Y_T经 $f(W)$ 校正后得到,$f(W)$ 可用农田蒸散量和供水量(降水)来确定:

$$f(W) = P_m/E_0$$

式中,P_m为月降水量,mm;E_0为月蒸发量,mm。

2.4 土地生产潜力(Y_s)

Y_s由 Y_W经 $f(S)$ 校正后得到,$f(S)$ 与土壤性状、土壤养分、土地条件等密切相关。

2.5 灌溉生产潜力(Y_I)和化肥生产潜力(Y_F)

Y_W、Y_s是分别在完全雨养、土壤肥力状况下获得的,没有考虑灌溉和施用化肥对作物生产的影响,引入 $f(I)$ 和化肥增产效力来估算 Y_I和 Y_F。Y_I是在 Y_s基础上,经 $f(I)$ 校正后获得。

$$f(I) = \begin{cases} 1/f(W) & E_0 \leq I_0 + P_y \\ 1 + I_0/[E_0 \cdot f(W)] & E_0 > I_0 + P_y \end{cases}$$

$$I_0 = 549S_I/S_t \qquad Y_I = f(I) \cdot Y_S$$

式中，P_y为年降水量，mm；I_0为年灌溉量，mm；E_0为年蒸发量，mm；S_I为有效灌溉面积，hm^2；S_t为作物播种面积，hm^2。

可利用下列公式计算化肥增产效力[6]，再估算 Y_F。

$$\Delta Y_F = 2.2875X \cdot (6.58e^{-0.047991X} + 1.08)$$

$$Y_F = Y_I + \Delta Y_F$$

式中，ΔY_F为化肥增产效力，kg/hm^2；X 为化肥折纯量，kg/hm^2。

2.6 社会生产潜力

作物生产潜力的实现受社会生产条件、经济状况、生产水平等因素制约，选择既能综合表示社会效应、又可定量表达的因子，建立因子层次结构，利用层次分析法来确定各项因子对作物生产有效性贡献的权重，建立社会因子分级评分体系，计算$f(M)$及 Y_M。

$$f(M) = \sum_{i=1}^{10} W_i \cdot A_i$$

$$Y_M = f(M) \cdot Y_F$$

式中，W_i为第 i 个社会因子的权重系数；A_i为第 i 个社会因子的评分值。

以江苏省为案例，根据公式，选择社会生产条件（单位面积农机总动力、人均用电量、机械化程度、农村劳动力）、社会经济状况（人均社会总产值、人均农业总产值）、社会生产水平（劳均耕地、劳均粮食总产量、劳均农业总产值、复种指数）共 3 类 10 项社会因子，以 1999 年江苏省分县市作物生产数据库为基础，建立社会因子层次结构（图略），确定因子有效性贡献的权重（表略），评估各县市社会因子的优劣，建立社会因子分级评分体系（表 1），计算社会有效系数及社会生产潜力。

表 1　社会因子分级及评分体系

分级	生产条件				经济状况		生产水平				评分
	单位面积农机动力	农村人均用电量	综合机械化程度	农村劳动力比例	人均农业总产值	人均社会总产值	劳均耕地面积	劳均粮食总产量	劳均农业总产值	复种指数	
1	≥1.50	≥3.50	≥1.50	≥1.30	≥1.10	≥1.50	≥1.50	≥1.50	≥1.50	≥1.20	1.0
2	1.25~1.50	1.50~3.50	1.25~1.50	1.15~1.30	0.95~1.10	1.25~1.50	1.25~1.50	1.25~1.50	1.25~1.50	1.10~1.20	0.9
3	1.00~1.25	0.65~1.50	1.00~1.25	1.00~1.15	0.80~0.95	1.00~1.25	1.00~1.25	1.00~1.25	1.00~1.25	1.00~1.10	0.8
4	0.75~1.00	0.35~0.65	0.75~1.00	0.85~1.00	0.65~0.80	0.75~1.00	0.75~1.00	0.75~1.00	0.75~1.00	0.90~1.00	0.7
5	0.50~0.75	0.20~0.35	0.50~0.75	0.70~0.85	0.50~0.65	0.50~0.75	0.50~0.75	0.50~0.75	0.50~0.75	0.80~0.90	0.6
6	<0.50	<0.50	<0.50	<0.70	<0.50	<0.50	<0.50	<0.50	<0.50	<0.80	0.5

注:表中数据系社会因子当量值。

3 意义

通过光、温、水、土、施肥、灌溉、社会等因子的逐步衰减，基于 GIS 的作物生产潜力的估算方法，建立了作物生产潜力的估算模型，并定量分析江苏地区作物单产潜力、潜力系数和总产潜力及区域作物生产的开发优势。随着政策、科技、经济等的变化，应对提出的作物单产潜力和总产潜力赋予适宜的校正系数，以提高潜力估算的现实性与可信度。分析不同层次的作物生产潜力，进行作物生产开发优势分级，为区域作物生产的管理规划提供理论依据。

参考文献

[1] Goudriaan J, Van Laar H H. Modelling potential crop growth processes . Kluwer Academic Publishers, 1994.

[2] 周治国，曹卫星，王绍华，等．基于 GIS 的区域作物生产系统潜力分析．农业工程学报，2003，19(1)：124-128.

[3] 韩湘玲．作物生态学．北京：气象出版社，1991.

[4] 陈明荣，龙斯玉．我国气候生产潜力区划的探讨．自然资源，1984，3：72-79.

[5] 于沪宁，赵丰收．光热资源和农作物的光热生产潜力．气象学报，1982，40(3)：327-323.

[6] 高如嵩，张嵩午．稻米品质气候生态基础研究．西安：陕西科学技术出版社，1994.

水果尺寸的检测模型

1 背景

水果尺寸检测主要涉及水果的大小形状和水果表面的损伤程度这两个方面的内容，二者均为水果分级的重要依据之一，在世界各国的水果评级标准中有严格的规定。在计算机视觉检测水果尺寸过程中，由于各种原因而造成的误差还是比较大的，这样有可能引起误判，影响水果的实际分级效果，带来不必要的经济损失。饶秀勤和应义斌[1]以球体代替实际水果进行分析，而对于其他瓜果如黄瓜等，其剖面也近似圆形，因此其分析结果也有一定的借鉴意义。

2 公式

2.1 标定误差

此类误差的形成原因如下：如图 1a 所示，O_1为透镜光心，O_2为水果形心，A_1B_1为标尺，A_1在像平面的投影为 A'_1，水果表面上的点 $A(A_1B_1=AB)$在像平面的投影为 A'。实测时，往往直接用 OA'_1代替 OA'，如图 1a 所示，由于 AB 和标尺 A_1B_1的物距不同，因此会产生误差。图 1a 中，h 为 A 点到载物台之间的垂直高度，H 为光心到载物台之间的垂直高度。根据它们之间的几何关系，存在：

$$\frac{OA'}{OA_1'}=\frac{H}{H-h} \tag{1}$$

由此而引起的相对误差为：

$$E=\frac{h}{H-h} \tag{2}$$

由于 h 的大小取决于 A 点在球面上的位置，因此相对误差的大小与 A 点的位置有关。相对误差的最大值在球面的顶点处，此时 $h=2R$，有：

$$E_{\max}=\frac{2R}{H-R} \tag{3}$$

实际设计光照箱时，如果不希望在测试数据中对该误差予以修正，可根据系统对误差的要求及水果的平均直径来确定光心的位置：

$$H = R\left(1 + \frac{2}{E}\right) \tag{4}$$

当 E 取 1%时，$H=201R$，可见，$H \gg R$。

由此可见，由于水果外形呈球状，表面上各点的物距不尽相同，使得成像后，像平面上的点所对应的标尺长度不尽相同，而在实际生产中，常常将标尺放在载物台上进行标定，必然带来误差。我们称之为标定误差。

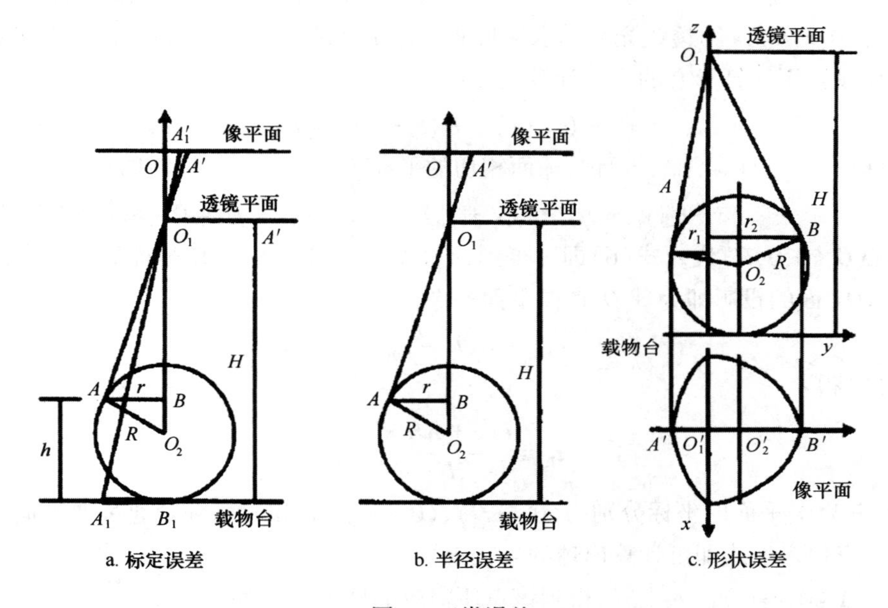

图 1　三类误差

2.2　半径误差

如图 1b 所示，透镜光心和水果形心在像平面的投影重合。在水果表面上取一点 A，使 A 点成为 OA 与球面在 A 点的切点，由于光线只能直线传播，A'点就成为水果在像平面投影的外周上的点，实测时，常常用该点到形心的距离作为水果的半径 R。

根据几何关系，在 ΔAO_1O_2 中有：

$$R = r\sqrt{1 + \frac{R^2}{(H-R)^2 - R^2}} = r\sqrt{1 + \frac{1}{\left(\frac{H}{R} - 1\right)^2 - 1}} \tag{5}$$

可见水果的实际尺寸与测量值之间存在误差，这项误差是由于成像时，光线无法从水果最大截面点处通过而形成的，称为半径误差。

根据标定误差对光照系统的要求，只有当 $H \gg R$，可得：

$$R = r \tag{6}$$

2.3 形状误差

如图 1c 所示,透镜光心 O_1 和水果形心 O_2 在像平面的投影不重合,这更符合水果尺寸检测的一般情况。通过光心 O_1 的光线与水果 O_2 的切点分别为 A、B,它们在像平面的投影分别为 A'、B',由图 1c 可见,由于投影关系的变化,水果在像平面的投影不再是一个标准的圆,这种由于透镜光心和水果形心在像平面的投影不重合而产生的误差,我们称为形状误差。以 O'_1 为原点,$A'B'$ 轴为 Y 轴,建立如图 1c 所示三维直角坐标系,则 O_1 的坐标为 $(0,0,H)$,球心的坐标为 $(0,e,R)$,e 为透镜光心和水果形心在像平面的投影之间的距离,球心偏心量,可通过像平面投影用计算形心的方法计算出。球 O_2 的方程为:

$$x^2 + (y - e)^2 + (z - R)^2 = R^2 \tag{7}$$

通过球面上一点 (x_0,y_0,z_0) 且与球面相切的平面为:

$$xx_0 + yy_0 + zz_0 - e(y + y_0) - R(z - z_0) + e^2 = 0 \tag{8}$$

将光心 $O_1(0,0,H)$ 代入式(6)即可得到通过光心且与球 O_2 相切的球面上的点的坐标,这些点在 XOY 面的投影即为球 O_2 在像平面的像。

$$Hz_0 - ey_0 - R(H - z_0) + e^2 = 0 \tag{9}$$

解式(9)得:

$$z_0 = \frac{ey_0 + RH - e^2}{H - R} \tag{10}$$

A'、B' 在 XOY 平面的坐标分别为 $(0,e-r_2)$、$(0,e+r_1)$,r_2 和 r_1 可分别通过像平面计算出,将其中任一点代入上式即可计算出球的半径 R。

这里将 $A'(0,e-r_2)$ 代入上式,得到该点所对应的球上 A 点的 Z 坐标:

$$z_0 = \frac{RH - er_2}{H - R} \tag{11}$$

将点 $A(0,e-r_2,z_0)$ 代入球面方程式,得:

$$e^2 + \left(\frac{RH - er_2}{H - R} - R\right)^2 = R^2 \tag{12}$$

根据标定误差对光照系统的要求,$H \gg R$,可得:

$$R = e\sqrt{1 + \left(\frac{r_2}{H}\right)^2} \tag{13}$$

3 意义

根据水果尺寸的检测模型,考虑水果成像时水果、摄像机透镜、水果图像三者之间的相互关系,运用几何光学理论分析了尺寸检测中的各种误差及其原因。水果成像时,由于水果表面各点的高度变化,水果图像上各点所代表的实际长度不尽一致,形成标定误差;水果与摄像机透镜光心之间的距离不可能无穷远，成像后，水果图像的边缘点到形心的距离并不能真正代表水果的半径，形成半径误差；水果中心与摄像机光心偏离后，得到的图像存在形状误差。通过水果尺寸的检测模型，给出了标定误差的计算公式和半径的估算公式。

参考文献

[1] 饶秀勤，应义斌．基于机器视觉的水果尺寸检测误差分析．农业工程学报，2003，19(01)：121-123.

汽车排气的结构方程

1 背景

排气催化转化器是现代汽车控制排气污染物排放的关键装置,不仅要求其转化效率要高,而且使用寿命要长,气体流动阻力要小。如何减少载体内气流速度分布的不均匀度和降低催化器的压力损失是催化器结构设计的两个关键。刘军和刘清祖[1]建立了催化转化器的结构和流动分析模型,采用 ANSYS/FLOTRAN CFD 软件进行数值计算,并研究进气引流和出口过渡结构、进口气流速度、催化转化器的载体位置等因素对催化器的压力损失和速度分布的影响。

2 公式

计算流体力学运用数值计算方法直接求解各类主控方程和边界条件来解决具有强烈非线性特征的大量流动现象。催化转化器内部结构布置受到气体动力学、整个排气系统的结构和性能以及催化转化性能等要求的约束,在对催化转化器的数值计算中,采用的基本方程包括:

(1)质量守恒方程

$$\frac{\partial \rho}{\partial t} + \frac{\partial(\rho V_x)}{\partial x} + \frac{\partial(\rho V_y)}{\partial y} + \frac{\partial(\rho V_z)}{\partial z} = 0 \tag{1}$$

式中,V_x,V_y,V_z 表示气流速度分量,ρ 为气流密度,x、y、z 为坐标分量,t 表示时间。对于理想气体,$\frac{\partial \rho}{\partial t} = \frac{\partial \rho}{\partial P}\frac{\partial P}{\partial t} = \frac{1}{RT}\frac{\partial P}{\partial t}$,$P$ 为气体压力。

(2)动量守恒方程

$$\begin{aligned} &\frac{\partial(\rho V_x)}{\partial t} + \frac{\partial(\rho V_x V_x)}{\partial x} + \frac{\partial(\rho V_y V_x)}{\partial y} + \frac{\partial(\rho V_z V_x)}{\partial z} \\ &= \rho g_x - \frac{\partial P}{\partial t} + R_x + \frac{\partial}{\partial x}\left(\mu_e \frac{\partial V_x}{\partial y}\right) + \frac{\partial}{\partial y}\left(\mu_e \frac{\partial V_x}{\partial y}\right) + \frac{\partial}{\partial z}\left(\mu_e \frac{\partial V_x}{\partial z}\right) + T_x \end{aligned} \tag{2}$$

式中,下标 x、y、z 互换,即可得到 3 个相对于不同坐标轴动量方程。式中的 T_x,T_y,T_z表示黏性损失项,当流体为不可压缩、定常特性时,可不考虑。

(3)不可压缩流体的能量守恒方程

$$\frac{\partial}{\partial t}(\rho C_P T) + \frac{\partial}{\partial x}(\rho V_x C_P T) + \frac{\partial}{\partial y}(\rho V_y C_P T) + \frac{\partial}{\partial z}(\rho V_z C_P T) = \frac{\partial}{\partial x}\left(K\frac{\partial T}{\partial x}\right) + \frac{\partial}{\partial y}\left(K\frac{\partial T}{\partial y}\right) + \frac{\partial}{\partial z}\left(K\frac{\partial T}{\partial z}\right) + Q_V \tag{3}$$

(4)湍流

如果气体的惯性作用远大于黏性作用时,气流会产生湍流,意味着流场中各点的速度由两部分组成:

$$V = \bar{V} + \Delta V \tag{4}$$

式中,$\bar{V}$ 和 ΔV 为平均速度和速度波动。将上式代入上述方程组,各方程将取时间平均,而波动项的时间平均为 0,一方面为使波动项的时间平均为零,积分的时间间隔要取得足够大,另一方面为了保证真实的瞬态效果也不能取得太大。

催化转化器的压力损失:

$$\Delta p = \Delta p_1 + \Delta p_2 = \alpha\mu L/d^2 \cdot V + \beta\rho \cdot V^2 \tag{5}$$

式中,V 为通道中气体的平均流速;μ 为气体动力黏度;L 为载体长度;d 为通道等效直径;ρ 为气流密度;α 为摩擦阻力系数,与载体壁面的粗糙度等有关;β 为过渡阻力系数,与载体的开口百分率有关。图 1 为该催化转化器压力分布着色云图和催化转化器载体进、出口处压力损失等值图,可见压力损失主要出现在载体的进口和出口,即载体通道的进口和出口处由于流通截面的突变而产生的过渡压力损失 Δp_2 是催化转化器对排气产生阻力的主要因素。

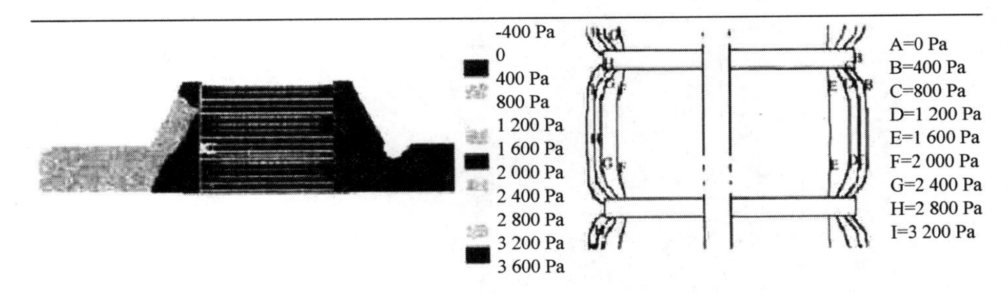

图 1 催化转化器压力损失(V_m = 15.2 g/s)

3 意义

运用汽车排气的结构方程和计算流体动力学对汽车排气催化转化器气流特性开展数值模拟。对 4 种不同的催化转化器结构的气流特性和压力损失特性进行对比,采用平滑过渡的引流结构,压力损失最小。对不同排气流速的气流场分布和压力损失进行了模拟和分析。根据汽车排气的结构方程,计算表明排气流经催化转化器的压力损失主要是由排气流进、流出载体通道时产生的,由于载体通道入口对气流的阻碍作用,使得气体流入载体各通道的流速趋向一致。通过试验证明采用计算流体动力学开展催化转化器气流分布、压力损失的优化是可行的。

参考文献

[1] 刘军,苏清祖. 排气催化转化器气流分布的数值模拟和试验. 农业工程学报,2003,19(01):95-98.

仓房空间的贮藏公式

1 背景

种子贮藏过程中,贮藏温度和种子水分是影响种子寿命和质量的最重要因素。随着种子产业现代化的发展,世界各国都兴建了商品种子的贮藏仓房,并规定了仓房的温湿度条件。我国近年来也兴起了一种新型商品种子仓储建筑,由于其采用门式钢架结构,暂称为钢结构组合式种子仓房。此种仓房具有跨度大,贮藏量多,便于机械操作等优点。但目前还没有相应的建设标准,主要参考粮食仓房的建设工艺和建筑形式,是否能满足种子贮藏的需要,还缺少相关检测,陈明秋等[1]对它进行相关测试研究。

2 公式

图 1 表示测试期间逐日仓内外空气温度日变化。试验表明,测试期间,仓内气温低于 27.5℃,且在仓外空气温度变化较大的情况下,仓内空气温度无论是日变化还是日际变化都很小,十分稳定。图 2 表示测试期间逐日仓内不同点空气平均温度日变化。图 2 中,仓内种堆外空气温度为种堆外 5 个测点温度的均值,种堆通道空气温度为种堆通道 3 个测点温度的均值。还对各测点的空气温度进行统计分析,求算空间变异系数 C_i[2]:

$$C_i = S_i/X$$

式中,$S_i = \sqrt{(X_{ij} - \bar{X}_i)^2/(n-1)}$,$n$ 为布点数,X 为总平均值,X_{ij}为各点测试值,X_i为各测点测试值平均值。

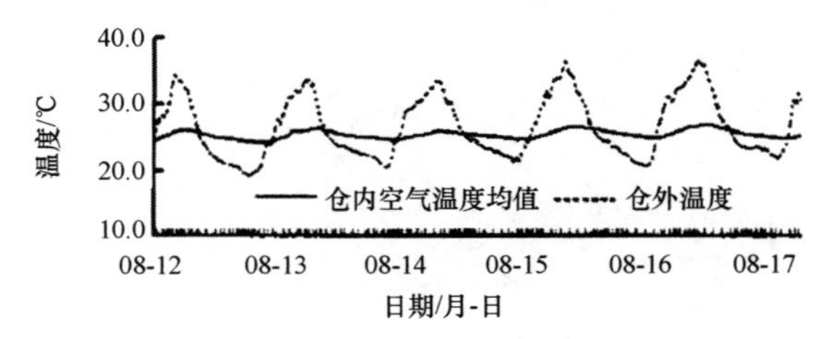

图 1 仓内外空气温度

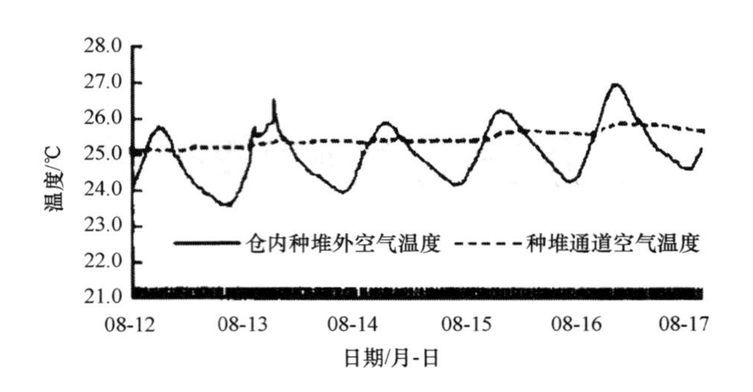

图 2　仓内不同点空气平均温度

3　意义

根据仓房空间的贮藏公式,对北京地区钢结构组合式种子仓房夏季的温湿度及其分布进行计算。计算结果可知,种子库采用了钢结构组合仓房,此种仓房外围护结构采用复合保温板,隔热性能好,仓内气温和种堆温度均在 30℃ 以下,种子呼吸作用微弱,可以保证玉米、小麦等种子的安全贮藏。仓房空间变异系数为仓房的安全贮藏提供理论依据,避免仓房的温度过高而引起损失,使建立安全仓房成为可能。

参考文献

[1]　陈明秋,彭高军,张劲柏,等．北京钢结构组合式种子仓房夏季温湿度环境测试分析．农业工程学报,2003,19(02):190-193.

[2]　科克 W. 仓房密封实践[A].路茜玉译．粮食储藏气调与熏蒸[M],1986.

根系的吸水模型

1 背景

根系吸水规律的定量描述是土壤-植物系统中土壤水分运移规律模拟研究的基础。由于根系吸水速率分布 $S(z,t)$ 尚无法实际测定，为了获取根系吸水模型中的参数，常常采用优化或反求方法来推求 $S(z,t)$ 在时空上的分布。在分析总结两种现有根系吸水速率反求方法的基础上，左强等[1]提出了一种新的数值迭代反求方法，该方法给出了一种思路，应用所提出的思路，从实用的角度出发，对土柱实验中冬小麦(苗期)根系吸水速率的变化规律做简要分析。

2 公式

植物生长条件下，土壤水分运移方程可表示为(取地表为原点，z 向下为正)：

$$C(h)\frac{\partial h}{\partial t}=\frac{\partial}{\partial z}\left[K(h)\left(\frac{\partial h}{\partial t}-1\right)\right]-S(z,t) \tag{1}$$

$$h(z,0)=h_0(z) \qquad \leqslant z\leqslant L \tag{2}$$

$$\left[-K(h)\left(\frac{\partial h}{\partial t}-1\right)\right]_{z=0}=-E(t) \qquad t>0 \tag{3}$$

$$h(\mathrm{L},\mathrm{t})=h_l(t) \qquad t>0 \tag{4}$$

式中，$C(h)=\mathrm{d}\theta/\mathrm{d}h$ 表示容水度，cm^{-1}，θ 为体积含水率，$\mathrm{cm}^3/\mathrm{cm}^3$；$h$ 为土壤水基质势，cm；$K(h)$ 为非饱和水力传导度，cm/d；$S(z,t)$ 为根系吸水速率，表示植物根系单位时间从单位土体中吸收的水分体积，$\mathrm{cm}^3/(\mathrm{cm}^3\cdot\mathrm{d})$；$h_0(z)$ 为初始时刻基质势在剖面上的分布，cm；$E(t)$ 为土面蒸发强度，cm/d；L 为模拟区域垂向总深度，cm，且 $L\geqslant Lr$，Lr 为最大扎根深度，cm；$h_l(t)$ 为不同时间下边界实测基质势值，cm；z,t 为空间(垂直)坐标(cm)和时间坐标(d)。

若已知 0、T 时刻土壤含水率剖面的实测值 $\theta(z,0)$ 和 $\theta(z,T)$，应用左强等[1]指出的方法，可估算出 $0\rightarrow T$ 时段内的平均根系吸水速率 $\bar{S}(z,T)$，即：

$$\bar{S}(z,T)=\frac{1}{T}\int_0^T S(z,t)\,\mathrm{d}t \tag{5}$$

2.1　实测含水率剖面的处理

假定剖面上共设置有 N 个实测点 $z_1, z_2, \cdots, z_n$，为了保证实测含水率剖面分布 $\theta(z_i, T)$ 连续可导，采用最小二乘法多项式拟合公式对实测值 $\theta(z_i, T)$ 进行拟合，公式如下：

$$P_m(z) = a_1 + a_2(z - \bar{z}) + a_2(z - \bar{z})^2 + \cdots + a_m(z - \bar{z})^{m-1}$$

$$\bar{z} = \frac{1}{N}\sum_{i=1}^{N} z_i \tag{6}$$

式中，$P_m(z)$ 为 $\theta(z,T)$ 的 $m-1$ 次多项式；$a_1, a_2, \cdots, a_m$ 为拟合参数。拟合过程中，式(6)中的指数 m 从 3 开始逐次增加，至全部实测值与拟合值间的最大绝对误差 $PMAE$ 小于量测仪器的精度 ε_p 为止，即：

$$PMAE = \underset{i=1,2,\cdots,N}{Max} P_m(z_i) - \theta(z_i, T) \leqslant \varepsilon_P \tag{7}$$

2.2　数值实验步骤

输入水分运移参数，初始、边界条件及理论根系吸水速率函数为 $S(z,t)$。$S(z,t)$ 采用如下较为通用的形式：

$$S(z,t) = \gamma(h)\, S_{\max}(z,t) = \gamma(h)\, \frac{T_p}{L_r} L_{nrd}(z) \tag{8}$$

$$\gamma(h) = \begin{cases} 0 & h(\mathrm{z},\mathrm{t}) \leqslant h_1 \\ 1 - \left[\dfrac{h(z,t) - h_2}{h_1 - h_2}\right]^{\rho} & h_1 < h(z,t) < h_2 \\ 1 & h(\mathrm{z},\mathrm{t}) \geqslant h_2 \end{cases} \tag{9}$$

$$L_{nrd}(z) = \frac{Y(z)}{\dfrac{1}{Lr}\displaystyle\int_0^{Lr} Y(z)\,\mathrm{d}z} \tag{10}$$

$$Y(z) = \begin{cases} Y(0)\exp\left[-\dfrac{z^2}{\beta}\right] & z < Lr \\ 0 & z \geqslant Lr \end{cases} \tag{11}$$

式中，$\gamma(h)$ 为水分胁迫条件下根系吸水速率的衰减因子；h_1、h_2 为衡量水分对根系吸水速率影响的两个基质势阈值，单位为 cm，当基质势低于 h_2 时，$\gamma(h)$ 随 $h(z,t)$ 的降低而逐渐减小，当基质势降至 h_1 时，根系吸水将不再发生，即 $\gamma(h)=0$；$S_{\max}(z,t)$ 表示无水分胁迫条件下的最大根系吸水速率，d^{-1}；T_p 为潜在蒸腾强度，cm/d；$Y(z)$ 为根长密度，$\mathrm{cm/cm^3}$；$Y(0)$ 为地表处的根长密度；ρ、$\beta(\mathrm{cm^2})$ 为优化参数；$L_{\mathrm{nrd}}(z)$ 为相对根密度分布函数。

考虑到实际过程中测量误差的存在，含水率"实测值"$\theta(z_i, T)$ 按如下方式产生：

$$\theta(z_i, T) = \theta^*(z_i, T) + rand[\varepsilon_p] \qquad (i = 1, 2, \cdots, N) \tag{12}$$

式中，ε_p 为土壤水分测定装置（如 TDR、中子仪、负压计等）的量测精度；$rand$ 为随机算子，

$-\varepsilon_p \leqslant rand[\varepsilon_p] \leqslant \varepsilon_p$。

2.3 平均根系吸水速率理论分布与模拟值的误差

平均根系吸水速率理论分布 $\bar{S}(z,T)$ 与模拟值 $\bar{S}^*(z,T)$ 间的误差可以用两种方式来表示：

其一为最大绝对误差 MAE，即：

$$MAE = \max_{i=1,2,\cdots,N} \bar{S}^*(z_i,T) - \bar{S}(z_i,T) \tag{13}$$

其二为总体相对误差 ORE，即：

$$ORE(T) = \left|\frac{T_a^*(T) - T_a(T)}{T_a(T)}\right| = \left|1 - \frac{T_a^*(T)}{T_a(T)}\right| \tag{14}$$

$$T_a(T) = \int_0^{Lr} \bar{S}(z,T)\,\mathrm{d}z = \frac{1}{T}\int_0^{Lr}\int_0^{Lr} S(z,t)\,\mathrm{d}t\mathrm{d}z \tag{15}$$

$$T_a^*(T) = \int_0^{Lr} \bar{S}^*(z,T)\,\mathrm{d}z \tag{16}$$

式中，$T_a(T)$、$T_a{}^*(T)$ 为 $0 \to T$ 时段内平均蒸腾强度的理论值和模拟值，cm/d。

3 意义

影响模型准确性、稳定性和收敛性的因素众多，但最重要的为实测时间间隔(T)和实测空间步长(SI)，在 T 和 SI 的不同取值条件下，平均根系吸水速率模拟值有误差效应。从实际应用角度出发，若设定平均根系吸水速率的最大绝对误差不大于 0. 0015 d^{-1}，总体相对误差不大于 15%，则 T 和 SI 的选取最好能限制在如下范围之内：$5\ \mathrm{d} \leqslant T < 15\ \mathrm{d}$，$SI < 20\ \mathrm{cm}$。应用根系的吸水模型，对两种水分胁迫条件下土柱实验中苗期冬小麦的根系吸水进行了模拟，计算可知持续的水分胁迫将显著地降低冬小麦根系的吸水速率，抑制其根系的生长；当上部土层水分供应不足时，小麦的自我调节功能可导致根系扩大其吸水范围，向下部土层生长。

参考文献

[1] 左强，王东，罗长寿．反求根系吸水速率方法的检验与应用．农业工程学报，2003，19(02)：28-33.

皮棉的杂质含量模型

1 背景

BP 神经网络(简称 BP 网络)是人工神经网络中最常用的一种,已经广泛应用于模式识别、函数逼近、信号处理和系统控制等领域[1]。BP 网络可以看成是一个从输入到输出的高度非线性映射,BP 算法把一组样本的 I/O 问题变成一个非线性优化的问题。丁天怀等[2]引入了基于人工神经网络模型的数据处理方法,应用在皮棉杂质含量的研究方面。通过现有杂质含量数学统计模型,旨在解决数理统计模型中回归方程不精确的问题,与数理统计方法比较测量精度有明显提高。

2 公式

如果输入结点数为 n,输出结点数为 m,则网络是从 R^n 到 R^m 的映射,即:

$$F:R^n \rightarrow R^m \qquad \vec{Y} = F(\vec{X}) \tag{1}$$

对于样本集合输入 $\vec{X}$ 和输出 $\vec{Y}$,可以认为存在某个映射满足:

$$y_i = G(x_i) \qquad i = 1,2,\cdots,k \tag{2}$$

因此可利用 BP 网络的映射关系来处理皮棉杂质实验数据,使 F 是 G 的最佳逼近。根据这一思路建立的皮棉杂质含量 BP 网络模型如图 1 所示。

BP 网络由 3 层组成,其中输入层的两个节点分别对应杂质平均面积和杂质平均个数,输出层对应皮棉杂质含量,中间层包含了 5 个隐层节点。网络中第 k 层第 j 个神经元的输入输出关系为:

$$I_j^k = \sum_{i=1}^{N} w_{ij}^k x_i^{k-1} - \theta_j^k \tag{3}$$

$$y_j^k = f(I_j^k) \tag{4}$$

式中,y_j^k 为第 k 层第 j 个神经元的输出,$w_{ij}^k x_i^{k-1}$ 为从第$(k-1)$层第 i 个神经元到第 k 层第 j 个神经元之间的连接权值,θ_j^k 为阈值,$f(I)$ 为激活函数,选用了 sigmoid 函数:

$$f(I) = 1/[1 + \exp(-I)] \tag{5}$$

针对 BP 算法学习速度慢,容易陷入局部最小的缺点,实际算法中引入了动量项,减少

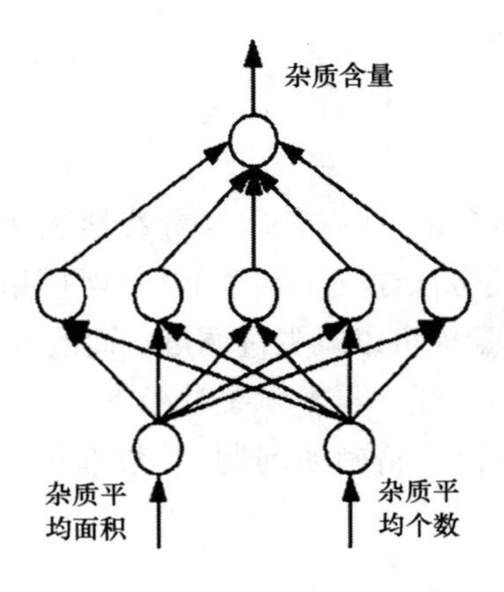

图 1　杂质含量 PB 神经网络模型

了过调量,从而改善了收敛性。改进的 BP 算法计算公式为:

$$\Delta w_{ij}(n) = a\Delta w_{ij}K(n - 1) + \eta\delta_j(n) y_i(n) \tag{6}$$

上式中右边第 2 项为常规 BP 算法的修正量,第 1 项即为动量项,a 为学习率,η 为学习步长。改进的 BP 算法框图如图 2。

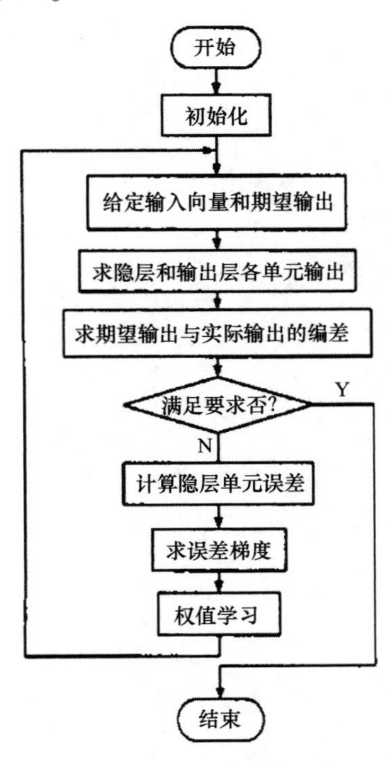

图 2　改进 BP 算法框图

3 意义

根据皮棉含杂质的影响因素多,现有杂质含量数学统计模型不精确,且有测量精度不高等缺点,在此用人工神经网络方法建立了基于 BP 神经网络的皮棉杂质含量数学模型,在 BP 网络的学习过程中,引入动量项可以减少过调量从而改善网络收敛性。此模型改进了因皮棉含杂质的影响因素多、现有杂质含量数学统计模型不精确和测量精度不高的缺点。并解决了数理统计模型中回归方程不精确的问题,与数理统计方法比较测量精度有明显的提高。

参考文献

[1] 王雪,丁天怀,刘旭平．基于遗传模糊神经网络算法的棉花轧花过程智能监控方法研究．农业工程学报,1998,14(1):204-208.

[2] 丁天怀,李勇,苗君哲,等．基于 BP 神经网络的皮棉杂质在线检测方法．农业工程学报,2003,19(02):137-139.

双绕线圈滚筒的电磁场模型

1　背景

介电式种子分选机在种子和谷物分选过程中的优势已被大量实验验证。它是依靠种子在电场中极化而产生的静电引力、重力等作用,将种子及谷物按其内部特征分离开来。对种子实施介电分选,在我国已有多年研究。米双山等[1]针对前人建立的双绕线圈滚筒电磁场模型的不足之处,将相邻以至远邻电极的影响考虑在内,建立了双绕线圈滚筒所产生的电磁场模型。

2　公式

电场中的任一点(如图 1 中的 P 点)不仅受到相邻两个电极、而且还有次邻以及远邻电极形成的电场的作用,因此,分析该电磁场时必须考虑这些因素。

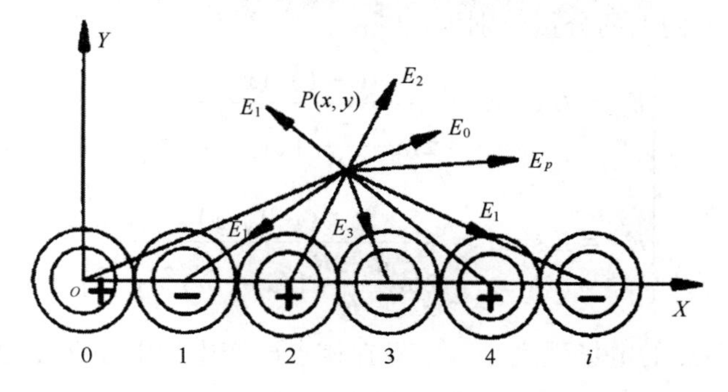

图 1　双绕线圈电场中 P 点的电场强度

2.1　无限长导线所产生的电磁场

由高斯定理可知,无限长单根导线在介质 ε_1 中某点处的电场强度为:

$$E=\frac{\lambda}{2\pi\varepsilon_0\varepsilon_1 r}\tag{1}$$

式中,λ 为导线的电荷线密度,C/m;r 为导线轴线到该点的矢径,m;ε_0 为真空中的介电常数,8.85×10^{-12} F/m;ε_1 为介质的相对介电常数。

2.2 双绕线圈表面的电磁场

依次为0、1、2、…、i、…$n-1$,建立如图1所示的坐标系。在某一瞬间,设第0个电极为正电荷,余为正负交错,则由此可推导出双绕线圈表面上任一点P的电场强度。

由图1可以看出,P点距离第$i(i=0,1,2,\cdots,n-1)$个电极中心的距离为:

$$r=\sqrt{(x-ia)^2+y^2}$$

式中,a为相邻两电极的中心距,在尺寸上它等于电极的外径。

由公式(1),且$\lambda=\dfrac{\pi\varepsilon_0\varepsilon_1 V}{\ln\dfrac{a-R}{R}}$,该电极在$P$点所产生的电场强度为:

$$E_i=\frac{V}{2\ln\dfrac{a-R}{R}\sqrt{(x-ia)^2+y^2}}$$

式中,R为电极的铝芯半径,V为加在电极上的电压。

设P点与第i个电极中心的连线与水平方向形成的夹角为α_i,则有:

$$\begin{cases}\cos\alpha_i=\dfrac{x-ia}{r}=\dfrac{x-ia}{\sqrt{(x-ia)^2+y^2}}\\ \sin\alpha_i=\dfrac{y}{r}=\dfrac{y}{\sqrt{(x-ia)^2+y^2}}\end{cases}$$

则E_i在X和Y方向上的分量分别为:

$$\begin{cases}E_{ix}=E_i\cos\alpha_i=\dfrac{(-1)^i(x-ia)V}{2\ln\dfrac{a-R}{R}[(x-ia)^2+y^2]}\\ E_{iy}=E_i\sin\alpha_i=\dfrac{(-1)^i yV}{2\ln\dfrac{a-R}{R}[(x-ia)^2+y^2]}\end{cases}$$

由于电场中任一点的电场强度是各电极在该点所产生的电场强度的叠加,由此可得:

$$\begin{cases}E_{px}=\dfrac{V}{2\ln\dfrac{a-R}{R}}\displaystyle\sum_{i=0}^{n-1}\dfrac{(-1)^i(x-ia)}{(x-ia)^2+y^2}\\ E_{py}=\dfrac{V}{2\ln\dfrac{a-R}{R}}\displaystyle\sum_{i=0}^{n-1}\dfrac{(-1)^i y}{(x-ia)^2+y^2}\end{cases}\tag{2}$$

$$\vec{E}_p=\vec{E}_{px}+\vec{E}_{py}\tag{3}$$

式中,E_{px}、E_{py}为P点电场强度在X和Y方向上的分量,E_p为P点的合成电场强度,i为在滚筒的轴向截面上自原点O起始的电极序号,n为分选滚筒电极缠绕的圈数。

3 意义

利用双绕线圈滚筒所产生的电磁场模型对影响电磁场的各个因素进行了分析,得出了电磁场随各参数变化的规律,并提出了改进分选效果、提高分选机性能的措施,改进了整体结构,使其更加紧凑,外观更漂亮;优化了电源,减少了高压电场的振荡;改进了调速装置,使调速更加灵活可靠;改进了传动机构,使传动更加平稳;速度、电压均以数字形式显示。由此可知新建的模型克服了前人所建模型的缺点,更符合实际情况,它对分析各因素对电磁场的影响规律以及在介电式种子分选机的参数设计时更具有指导意义。

参考文献

[1] 米双山,吴鹏英,刘迅芳. 介电式种子分选机电磁场的研究. 农业工程学报,2003,19(02):97-101.

耕地地力的评价模型

1 背景

我国是一个人口大国，土地资源十分有限，人均土地资源占有量远远低于世界平均水平。因此，评价耕地地力等级对于实现农业持续稳定发展相当重要。耕地地力评价因子较多，主要包括气候、地形部位、地面坡度、耕层质地、农田基础设施、土壤理化性状、交通便捷度、经济开发程度和产量水平等。张海涛等[2]以江汉平原后湖农场流塘分场为样区，利用RS和GIS对其土壤类型、土壤肥力状况进行调查取样，对该地区自然地力进行评价。

2 公式

样区耕地评价定级指标和指数见表1。

表 1　样区耕地评价项目、定级指标和指数

评价指标和指数	耕地地力评价项目											
	剖面构型	土体厚度（cm）	耕层厚度（cm）	耕层质地	pH 值	速效钾（mg/kg）	速效磷（mg/kg）	速效氮（mg/kg）	全氮（g/kg）	全磷（g/kg）	全钾（g/kg）	排灌保证率
指标	$Ap-Bp-B_{r1}-B_{r2}$ $A_{p1}-A_{p2}-W_r$	>100	20~5	壤质	6.5~7.5	>140	>15	>150	>2.25	>2	>25	有保证
指数	6	12	10	10	5	5	7	5	5	5	5	14
指标	$A_{p1}-A_{p2}-(W_r)$ $Ap-Bp-Br$	60~100	15~20	砂壤 黏壤	7.5~8.5	100~140	10~15	100~150	1.5~2.25	1.5~2	21~25	尚能保证
指数	4.5	9	8	8	4	4	6	4	4	4	4	10
指标	$A_{p1}-A_{p2}-W_r-(S)$ $A_{p1}-A_{p2}-W_r-G$	30~59	10~15	砂土 黏土	<5.5， 8.5	50~100	5~10	60~100	1.0~1.5	1~1.5	19~21	较差
指数	3	6	6	6	3	3	5	3	3	3	3	6
指标	$A_p-(B)-C_{q4}$	<30	<10， >25	粗骨土	5.5~6.5	<50	<5	<60	<1.0	<1.0	<19	困难
指数	1.5	3	4	4	4	2	4	2	2	2	2	2

确定了约束层和指标层的权重系数后,就可以最终计算出每一个指标对耕地地力的权重,将每一个指标对相应约束层的权重系数乘以约束层对耕地地力的权重系数,得到每个指标的权重(表2)。

表2　各评价因子的权重

层次 P	层次 C				组合权重 C_iP_i
	$C_1=0.535\ 7$	$C_2=0.178\ 6$	$C_3=0.107\ 1$	$C_4=0.178\ 6$	
剖面构型	0.652 2				0.349 4
土体厚度	0.130 4				0.069 8
耕层厚度	0.217 4				0.116 5
耕层质地		0.875 0			0.156 3
pH 值		0.125 0			0.022 3
速效钾			0.412 2		0.044 1
速效磷			0.206 1		0.022 1
速效氮			0.137 4		0.014 7
全氮			0.103 0		0.011 0
全磷			0.058 9		0.006 3
全钾			0.082 4		0.008 8
排灌保证率				1.000	0.178 6

利用各指标的等级量值和权重系数,用如下综合指数和模型[3]计算评价单元耕地自然地力综合指数:

$$idx = \sum_{i=1}^{n} w_i \times C_i$$

式中,idx 为指数值;w 为指标量值;C 为对应指标的权重;i 为某因子的指标数。

3　意义

利用 GIS 和 RS 技术可以快速准确地获取评价数据、确定评价单元。同时,在研究中建立起来的耕地资源数据库,可以通过遥感资料和各种监测数据及时进行数据更新。通过耕地地力的评价模型,可获得变化了的耕地资源信息和专题图片,相对于传统的耕地资源调查研究大大节省了人力、物力和财力,提高了效率。耕地地力的评价模型为制订有关农业政策,实行地力补偿培肥制度,综合治理中、低产土壤,建设高产稳产农田以及为土地的征用和转让等提供依据,促进用地养地、培肥地力、提高单产,从而实现农业持续稳定健康发展。

参考文献

[1] 刘卫东. 土地资源学. 上海:上海百家出版社,1994,17-81.
[2] 张海涛,周勇,汪善勤,等. 利用 GIS 和 RS 资料及层次分析法综合评价江汉平原后湖地区耕地自然地力. 农业工程学报,2003,19(02):219-223.

水果的水分分布模型

1　背景

CT 在医学领域的应用已十分广泛，技术比较成熟，主要用于人体内部组织器官的病理检测，以得到其内部物质状态的信息。张京平等[1]希望利用 X 射线来检测水果中的水分分布，这样就可以更好地分析水果中水分的内部分布形态。通过试验研究来得到 X 射线特征值(CT 值)与对应点含水率值之间的关系，再将 CT 照片扫描输入计算机，研究其图像的 RGB 值与 CT 值之间的对应关系，从而建立起含水率、CT 值、RGB 值三者之间的相互关系。

2　公式

当一束单色 X 射线束通过一个密度均匀的小物体时，衰减量由以下方程决定：

$$I = I_0 e^{-\mu l}$$

式中，I 为穿过均匀物体时透射的强度，I_0为入射的强度，l 为穿过均匀物体的路径长度，μ 为线性衰减系数。

将 CT 照片经扫描仪输入计算机中，通过 PHOTO-SHOP 软件，读取 RGB 值，计算得到每小块 RGB 的平均值，从而得到 CT 值与 RGB 值的试验数据(见表 1)。画出 CT 值与 R 值、G 值、B 值间关系的散点，如图 1 所示。

从图 2 我们可以看出，小块的含水率和 CT 值在数值上有明显的线性关系，根据这种特点，在此运用回归分析的方法进行分析。首先，把小块的含水率与其 CT 值分别设为非随机的自变量 $X\%$和对应的应变量 Y。根据回归分析的理论，一元回归方程的公式为：

$$Y = A + BX$$

式中，$B=L_{xy}/L_{xx}$，$A=\bar{Y}-B\bar{X}$，相关系数 $r=L_{xy}/\sqrt{L_{xx}L_{yy}}$。

表 1　CT 值及其图像对应 RGB 值

序号	R 值	G 值	B 值	RGB 值	CT 值
1	53	62.7	69.7	185.4	-189
2	102	98.78	116.33	317.11	-89.6

续表

序号	R 值	G 值	B 值	RGB 值	CT 值
3	24.9	28.4	28.6	81.9	-330.8
4	143.2	157.5	176.6	477.2	48.9
5	86.82	78.77	95.22	260.81	-148.6
6	141.3	157	177.6	475.9	-7.3
7	29.5	33.8	36.9	100.2	-354.7
8	49.4	62.4	67.9	179.7	-255.1
9	145.2	167.8	184	497.3	-39.6
10	109	123.08	119.58	351.66	-58.6
11	22	25.1	24.73	71.83	-329.5

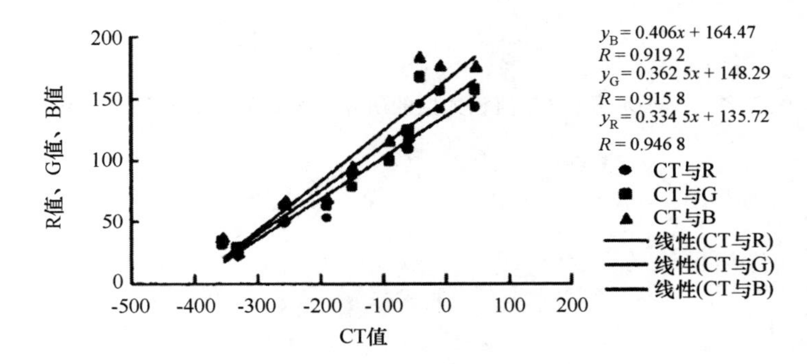

图 1　CT 值分别与其 R 值、G 值、B 值的对应关系

通过 PHOTOSHOP 对 CT 照片的扫描图进行 RGB 值读取，分别处理分析了 R 值、B 值、G 值和 RGB 总值与 CT 值之间的相互关系。并分别通过一元线性回归分析发现其线性相关性是十分显著的，得到具体回归方程，并且四个方程趋势一致。

3　意义

利用 CT 图像上各点的 CT 值来检测苹果中的对应各点的含水率，找到一条检测苹果含水率分布的新途径，建立了水果的水分分布模型。通过水果的水分分布模型，计算得到苹果内各点的含水率与其在 CT 图像上对应点的 CT 值之间的相互关系。并通过一元线性回归分析发现其线性相关性是显著的，得出一个具体的回归方程，确定了水果中水分的含量

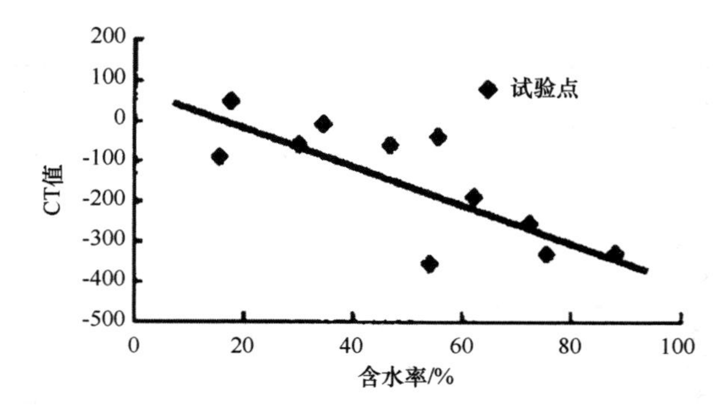

图 2　苹果(红富士)含水率对 CT 值的影响

及其分布形态,这对水果有着重要的意义。利用 X 射线来检测水果中的水分分布,这样就可以更好地分析水分的内部分布形态,对研究水果加工、储藏、保鲜、干燥有着重要的现实意义。

参考文献

[1]　张京平,彭争,汪剑. 苹果水分与 CT 值相关性的研究. 农业工程学报,2003,19(02):180-182.

物料颗粒的流动模型

1 背景

对撞流干燥是一种新兴的具有广阔应用前景的干燥技术。对对撞流干燥器内部传热传质规律的研究还不多见,而干燥过程中的质热传递与对撞流干燥过程中的流动特性是密切相关的。段续和朱文学[1]通过对颗粒物料在对撞流中运动规律的研究揭示其流动特性。干燥器采用有机玻璃制成,酱糟颗粒在对撞室的运动过程采用高速摄影进行拍摄,然后利用分析放映机对影像进行分析,得出颗粒的运动规律,并与颗粒的动力学模型计算结果进行比较,验证模型的准确程度。

2 公式

在对撞流中有如下几种力作用于悬浮颗粒:① 重力;② 摩擦力;③ 离心力;④ 浮力,平行于重力,方向相反;⑤ 空气阻力,平行于颗粒运动方向,方向相反。颗粒在对撞流中可简化为如图 1 所示圆周运动,且与空气阻力相比其他类型的力可忽略,根据牛顿定律,有:

$$m_p \frac{\mathrm{d}u_p}{\mathrm{d}t} = -\frac{1}{2}C_f\rho_a A_p u_p - u_a(u_p - u_a) \tag{1}$$

式中,m_p为物料质量,kg;ρ_a为空气密度,kg/m^3;C_f为空气阻力系数;A_p为颗粒在垂直于运动方向的平面投影面积,m^2;u_a,u_p为气流和颗粒速度矢量,m/s。

将 $m_p = (\pi/6)d_p^3\rho_p$,$A_p = (\pi/4)d_p^2$,代入式(1),有:

$$\frac{\mathrm{d}u_p}{\mathrm{d}t} = -\frac{0.75C_f\rho_a}{\rho_p d_p}u_p - u_a(u_p - u_a) \tag{2}$$

式中,ρ_p为颗粒密度,kg/m^3;d_p为颗粒直径,m。

空气阻力系数的一般表达式为[2,3]:

$$C_f = A/\mathrm{Re}_p^m \qquad (0 \leqslant m \leqslant 1)$$

式中,A、m 为待定常数、指数,其值取决于流动状态,流动状态是按雷诺数 Re_p划分的。

颗粒运动的雷诺数为:

$$Re_p = \frac{d_p u_p - u_a}{v_a}$$

式中,v_a为空气运动黏度,m^2/s。

对于气流速度和颗粒运动速度方向相反的减速运动,有:

$$u_p - u_a = u_a + u_p \tag{3}$$

对于气流速度和颗粒运动速度方向相同的加速运动,有:

$$u_p - u_a = u_a - u_p \tag{4}$$

(1)第一减速段

图 1 中点 2 与点 3 之间,当颗粒在点 2 以 u_{p2}的速度进入减速段后,受到迎面而来的气流作用连续减速,到达点 5 处时速度消失,将式(3)及 C_f代入式(2),得到:

$$\frac{\mathrm{d}u_p}{\mathrm{d}t} = -k\,(u_a + u_p)^2 \tag{5}$$

式中,$k = 0.33\left(\frac{\rho_a}{\rho_p d_p}\right)$。

点 2 处的初始条件为:$t=0$,$u_p=u_{p2}$,$x=0$,于是可得出颗粒在该段中的飞行时间 t_d及飞行距离 x_d:

$$t_d = \frac{1}{k}\left(\frac{1}{u_a + u_p} - \frac{1}{u_a + u_{p2}}\right) \tag{6}$$

$$x_d = \frac{1}{k}\left[\ln\left(\frac{u_a + u_{p2}}{u_a + u_p}\right) + u_a\left(\frac{1}{u_a + u_{p2}} - \frac{1}{u_a + u_p}\right)\right] \tag{7}$$

(2)第一加速段

从图 1 点 3 处开始,停滞的颗粒被加速,利用式(2),C_f,式(4),且点 3 处的初始条件:$t=0$,$u_p=0$,$x=0$,可得颗粒在该加速段中的飞行时间 t_{ac}和飞行距离 x_{ac}:

$$t_{ac} = \frac{1}{k}\left(\frac{1}{u_a - u_p} - \frac{1}{u_a}\right) \tag{8}$$

$$x_{ac} = \frac{1}{k}\left(\frac{u_p}{u_a - u_p} - \ln\frac{u_a}{u_a - u_p}\right) \tag{9}$$

利用迭代法对上述方程进行求解,可得出实际颗粒的运动速度及停留时间。

加载状态以颗粒浓度 μ 表示,颗粒进入对撞流产生的影响可用下面的无因次分析结果的比值 η 进行流体动力学分析:

$$\eta = Eu_p/Eu_a = \Delta P_p/\Delta P_a \tag{10}$$

$$\mu = W_p/W_a \tag{11}$$

式中,Eu_p为气流中有颗粒时的欧拉数;Eu_a为气流中无颗粒时的欧拉数;ΔP_p为气流中有颗粒时的压力降,Pa;ΔP_a为气流中无颗粒时的压力降,Pa;W_p为颗粒的质量流量,kg/s;W_a为空气的质量流量,kg/s。

试验结果见图 2,结果表明:η-μ 是线性关系,且下面的等式成立:

$$\eta = 0.3733\mu + 0.9992$$

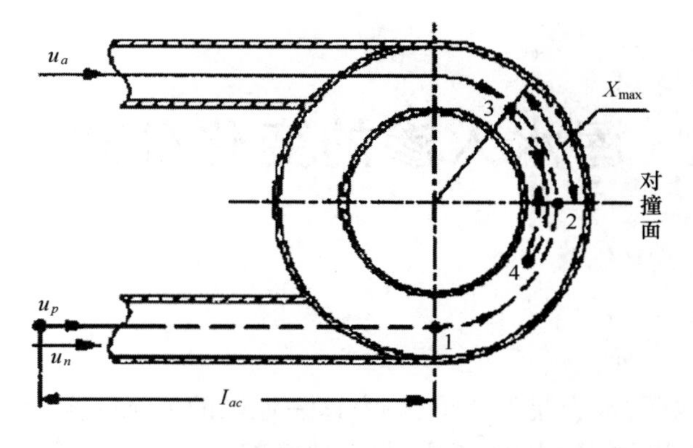

图 1　颗粒在对撞流中的运动示意图

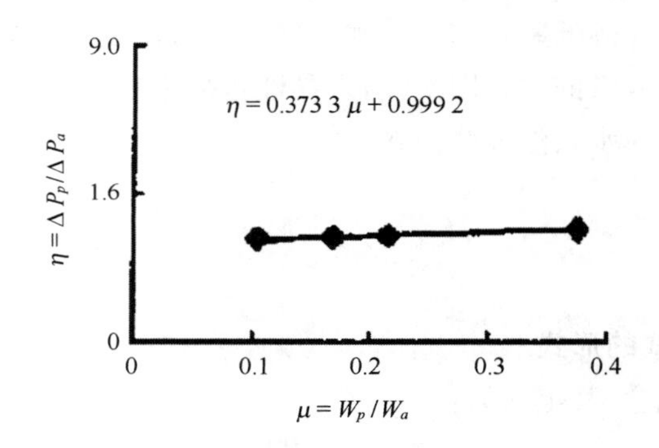

图 2　η 和 μ 的关系曲线

3　意义

在此建立了物料颗粒的流动模型,计算得到颗粒在对撞室内的穿透深度。颗粒动力学模型计算结果与试验结果基本吻合,能较好地反映颗粒在对撞区内的流动特性,该模型可预测颗粒在对撞区中各位置的速度值,进而可用来确定加速管长度和端面距离、颗粒滞留时间等重要参数。通过公式可充分认识对撞现象,为进一步研究对撞流的干燥特性打下基础,为干燥器的设计提供理论依据。

参考文献

[1]　段续,朱文学．圆环形对撞流干燥器的流体动力学特性分析．农业工程学报,2003,19(03):46-49.

[2]　周乃如,朱风德．气流输送原理与设计计算．郑州:河南科学技术出版社,1987.

[3]　Preey R H ,Chilton C H. Chemical engineer hand book. 5th edition. McGraw-Hill,1973.

浑水入渗的变化公式

1 背景

我国西北黄土地区，水土流失严重，研究这一地区的流域降雨产汇流和土壤侵蚀机理问题都涉及浑水入渗问题；同时由于我国北方地区部分河流夏季含沙量大，在研究浑水灌溉问题中也同样涉及这类问题。白丹和李占斌[1]进一步探讨浑水入渗规律，特别是入渗浑水中物理性黏粒含量对入渗的影响问题。并根据浑水入渗试验资料，认为入渗时间和物理性黏粒含量是影响浑水入渗的主要因素，引入黏性指数来反映浑水中物理性黏粒含量的大小，在此基础上，提出了浑水入渗经验公式。

2 公式

2.1 浑水入渗经验公式的形式

引入黏性指数的概念，其定义为：

$$M = \frac{100}{100 + \rho S} \tag{1}$$

式中，M 为黏性指数；ρ 为浑水含沙率，%；S 为浑水中小于 0.01 mm 粒径颗粒含量的百分数。

黏性指数反映了物理性黏粒含量的大小，其值与物理性黏粒含量大小成反比，在清水中 $M=1$。根据图 1，取一固定入渗时间（如 $T=10$ min），在双对数坐标中，绘出黏性指数与累积入渗量关系线，如图 2 所示。

在图 1 的双对数坐标中，累积入渗量与入渗时间呈直线关系；在图 2 的双对数坐标中，累积入渗量与黏性指数呈直线关系，即在三维空间中，当累积入渗量、入渗时间和黏性指数均取对数坐标时，三者呈直线关系。

$$\ln I = \ln C + r\ln M + s\ln T \tag{2}$$

式中，I 为累积入渗量，mm；T 为入渗时间，min；C，r，s 为待求参数。

根据式(2)有：

$$I = CM^{r}T^{s} \tag{3}$$

2.2 应用遗传算法计算经验公式中的待求参数

以累积入渗量的估计值 $\hat{I}_i$ 和实测值 I_i 的剩余平方和 Q 最小为目标函数：

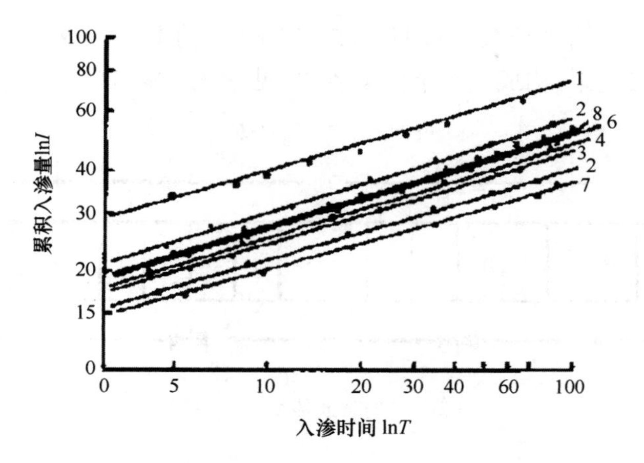

图 1　累积入渗量和时间的关系

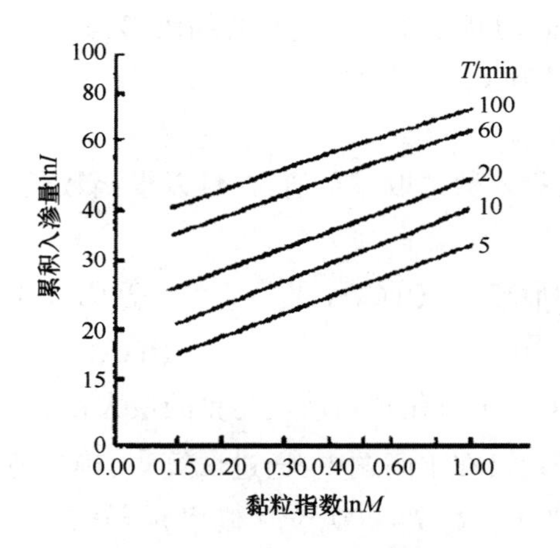

图 2　累积入渗量和黏粒指数的关系

$$\min Q = \sum_{i=1}^{m}(I_i - \hat{I}_i)^2 = \sum_{i=1}^{m}(I_i - CM_i^r T_i^s)^2 \tag{4}$$

以待求参数为优化变量,确定其参数取值范围后,这一优化问题则为只含上、下限约束的最优化问题。遗传算法[2]对解决这类问题是比较容易的。对于这一问题,遗传算法的构造过程如下。

(1)编码

二进制编码的码精度为:

$$\delta = \frac{U_{\max} - U_{\min}}{2^L - 1} \tag{5}$$

式中,δ 为参数编码精度,$U_{\max}$、$U_{\min}$ 为参数取值范围,L 为参数二进制编码长度。依据各参数

(C,r,s)解的精度要求(有效位数),按照式(5)求得其二进制码位数(m_1,m_2,m_3),将这3个二进制位串顺序连接起来,构成一个个体染色体(见图3),编码总位数为:

$$m = m_1 + m_2 + m_3 \tag{6}$$

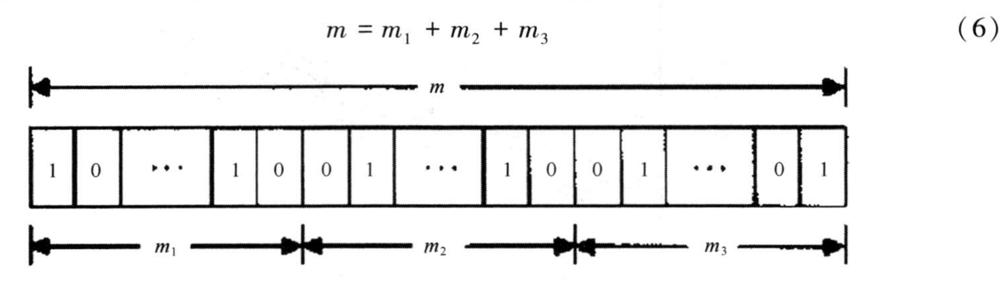

图3 二进制遗传编码示意图

(2)解码

将m位长的二进制编码切断为3个二进制的编码串,其长度分别为m_1,m_2和m_3,然后转换成为十进制变量值C,r和s。

(3)确定个体评价方法

在这一优化问题中,目标函数总取非负值,并且以求函数最小值为优化目标,则适应度按照下式计算:

$$F(x) = \begin{cases} Q_{\max} - Q(C,r,s) & Q(C,r,s) < Q_{\max} \\ 0 & Q(C,r,s) \geq Q_{\max} \end{cases} \tag{7}$$

式中,$F(x)$为适应度函数,$Q_{\max}$为进化到当前代为止的最大目标函数值。

确定遗传算法的运行参数,在本问题中,通过试算[2],确定遗传算法各项运行参数取值为:群体大小$M=30$,终止进化代数$T=200$,交叉概率$pc=0.5$,变异概率$pm=0.02$。其他运行参数见表1,3个变量构成一个34位个体染色体。计算得目标函数值$Q=79.98$,经验公式的各参数计算值见表1,代入公式(3),有:

$$I = 22.46M^{0.350}T^{0.252} \tag{8}$$

表1 其他运行参数和计算结果

待求参数	$U_{\min}$	$U_{\max}$	δ	L	计算值
C	0	100	0.01	14	22.46
r	0	1.00	0.001	10	0.350
s	0	1.00	0.001	10	0.252

2.3 经验公式精度分析

用经验公式计算的相对误差按下式计算:

$$\Delta = \frac{I_r - I}{I_r} \times 100\% \tag{9}$$

式中,Δ 为相对误差,%;I_r为累积入渗量实测值,mm;I 为累积入渗量计算值,mm。

用试验方案的实测数据来验证式(8)的计算值,其结果见表 2。

表 2　相对误差

T(min)	16	20	38	48	56	65	80	100
I_r(mm)	31.50	33.89	35.26	41.24	41.80	45.20	45.40	52.21
I(mm)	30.49	32.29	37.91	40.21	41.80	43.40	45.73	48.37
Δ(%)	3.24	4.84	7.51	2.51	0.00	3.99	0.72	7.35

2.4　浑水入渗速度

对式(2)中 T 求导,即求得浑水入渗速度:

$$i = \frac{\mathrm{d}I}{\mathrm{d}T} = CsM^r T^{s-1} \tag{10}$$

式中,i 为浑水入渗速率,mm/min。

式(10)中 Cs 值的物理意义为清水入渗时在第 1 min 末的入渗速度。

2.5　浑水中黏粒含量对入渗的影响

浑水中物理性黏粒含量为:

$$m = \rho S \tag{11}$$

式中,m 为浑水中物理性黏粒含量百分数,%。

由式(1)、式(3)和式(11)得:

$$I = C\left(\frac{100}{100 + m}\right)^r T^s \tag{12}$$

对上式 m 求导得:

$$\frac{\mathrm{d}I}{\mathrm{d}m} = -\frac{Cr}{100}\left(\frac{100}{100 + m}\right)^{r+1} T^s \tag{13}$$

因 $\mathrm{d}I/\mathrm{d}m<0$,反映出在连续入渗过程中,浑水中物理性黏粒含量越大,累积入渗量越小。

3　意义

根据对影响浑水入渗主要因素的分析,提出了浑水入渗试验方案。根据浑水入渗试验资料,认为入渗时间和物理性黏粒含量是影响浑水入渗的主要因素,引入黏性指数来反映浑水中物理性黏粒含量的大小,在此基础上,提出了浑水入渗经验公式。应用遗传算法,以浑水入渗经验公式中待求参数为优化变量,采用二进制编码,拟合这些待求参数。从而可知拟合的浑水入渗经验公式精度较高；浑水与清水入渗的差异主要是由浑水中物理性黏粒的存在引起的；浑水中物理性黏粒含量越大,累积入渗量就越小。

参考文献

[1] 白丹,李占斌．应用遗传算法拟合浑水入渗经验公式．农业工程学报,2003,19(03):76-79.

[2] 周明,等．遗传算法原理及应用．北京:国防工业出版社,1999.

膜孔单向交汇的入渗模型

1 背景

膜孔灌溉是在地膜上输水,通过作物孔和专用灌水孔入渗进行灌溉的一种节水型地面灌溉新技术。根据农业地膜栽培和种植规格,膜孔入渗可以分为3种类型:第1种为作物的行距和株距都很大的膜孔自由入渗;第2种为在膜孔入渗过程中,膜孔单向交汇入渗;第3种则在入渗过程中的膜孔多向交汇入渗。膜孔交汇入渗是膜孔灌技术研究的基础,也是覆膜旱地农业雨水高效利用的基础。费良军和李发文[1]通过室内膜孔单向交汇入渗试验资料,分析了膜孔单向交汇入渗特性。

2 公式

2.1 膜孔单向交汇入渗特性

图1表示土壤质地为粉土,膜孔直径为36 mm、膜孔间距S为24 cm、土壤初始质量含水率为1.94%条件下的膜孔单向交汇入渗与同条件下的膜孔自由入渗量曲线。

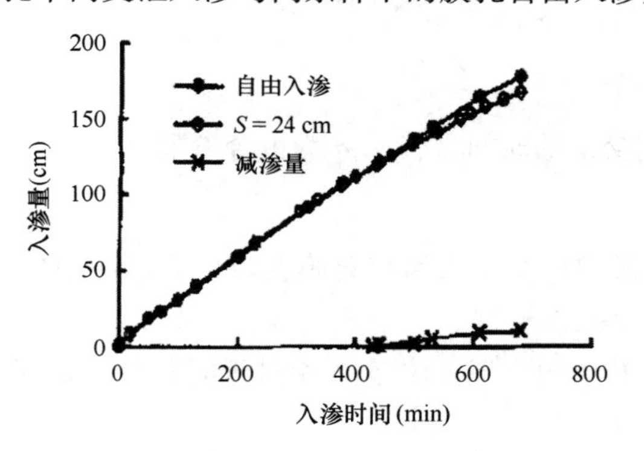

图1　粉壤膜孔自由入渗与交汇入渗量曲线

分析表明膜孔单向交汇入渗较膜孔自由入渗的减渗量与入渗时间之间符合幂函数关系,即:

$$\Delta Z = a\,(t - t_0)^{b} \qquad t \geqslant t_0 \tag{1}$$

式中,ΔZ为膜孔单向交汇入渗相对自由入渗的减渗量,cm;t为膜孔入渗时间,min;t_0为膜孔发生单向交汇入渗的时间,min;a、b 为拟合参数。

2.2 膜孔单向交汇入渗数学模型

膜孔单向交汇入渗不同于膜孔自由入渗,膜孔单向交汇入渗包括自由入渗和膜孔交汇入渗两个阶段,费良军根据膜孔单向交汇入渗特性和已知资料情况,提出3个膜孔单向交汇入渗数学模型。

2.2.1 模型1

该模型是建立在膜孔单向交汇入渗相对膜孔自由入渗的减渗量参数 a、b 和膜孔自由入渗参数 k、a 已知条件下的一个入渗模型。

膜孔自由入渗满足 Kostiakov 幂函数规律[2],设

$$Z_0 = kt^a \tag{2}$$

式中,Z_0为膜孔自由入渗量,cm;k、a 为拟合参数,由试验资料确定。

则膜孔单向交汇入渗量曲线可以分段表示为:

$$Z = \begin{cases} Z_0 = kt^a & t < t_0 \\ Z_0 - \Delta Z = kt^a - a\,(t - t_0)^b & t \geq t_0 \end{cases} \tag{3}$$

式中,t_0为膜孔发生单向交汇的时间,a、b 为拟合参数。

2.2.2 模型2

根据膜孔单向交汇入渗包括自由入渗和交汇入渗两个过程,提出两阶段模型。经分析膜孔单向交汇入渗两阶段的入渗量曲线均符合幂函数规律,则膜孔单向交汇入渗量可分段表示为:

$$Z = \begin{cases} kt^a & t < t_0 \\ ct^d & t \geq t_0 \end{cases} \tag{4}$$

式中,t_0为膜孔发生单向交汇的时间,k、a、c、d 为拟合参数。

2.2.3 模型3

该模型是建立在膜孔单向交汇入渗相对膜孔自由入渗减渗率 η 以及膜孔自由入渗参数 k、a 已知条件下的一个入渗模型。

定义减渗率 η 为膜孔单向交汇入渗量 Z 相对于同条件下相同入渗历时的膜孔自由入渗量 Z_0减小的百分数,即:

$$\eta = \frac{Z_0 - Z}{Z_0} \times 100\% \tag{5}$$

在已知膜孔单向交汇入渗相对同条件下膜孔自由入渗的减渗率 η 和膜孔自由入渗量参数 k 和 a 条件下,膜孔单向交汇入渗量 Z 为:

$$Z = (1 - \eta)\,Z_0 = (1 - \eta)\,kt^a \tag{6}$$

式中,η 为膜孔单向交汇入渗相对膜孔自由入渗的减渗率,%;k、a 为膜孔自由入渗参数。经

分析膜孔交汇入渗的减渗率 η 与入渗时间 t 之间符合幂函数规律，设

$$\eta = a' (t - t_0)^{b'} \qquad t \geqslant t_0 \tag{7}$$

式中，a'、b'为拟合参数；t_0为膜孔入渗发生单向交汇的时间，min。

则式(6)可以表示为：

$$Z = (1 - \eta) Z_0 = (1 - \eta) kt^a = [1 - a' (t - t_0)^{b'}] kt^a \tag{8}$$

3 意义

根据不同的数据资料，在此提出了相应的3个膜孔单向交汇入渗数学模型，其中模型1是建立在膜孔单向交汇入渗相对膜孔自由入渗的减渗量参数和膜孔自由入渗参数已知条件下的一个入渗模型，模型2建立在膜孔单向交汇入渗的自由入渗阶段和交汇入渗阶段的入渗参数均为已知的基础上，模型3建立在膜孔单向交汇入渗相对膜孔自由入渗减渗率和自由入渗参数为已知的基础上。这样，得到了膜孔单向交汇的入渗模型。通过膜孔单向交汇的入渗模型，计算结果表明，3个模型均为计算膜孔单向交汇入渗量的有效模型，这一研究成果可为膜孔灌技术研究提供参考。

参考文献

[1] 费良军，李发文．膜孔灌单向交汇入渗数学模型研究．农业工程学报，2003，19(03)：68-71.

[2] 吴军虎．膜孔灌溉入渗特性与技术要素实验研究．西安理工大学，2000.

散热管道的热工性能公式

1 背景

现代化的大型温室,通常是占地面积较大的连栋温室。冬季,为保证温室内作物的正常生长,温室内需设置供热系统,以维持温室内合适的温度。温室供热系统常采用两种形式:一种是热水供热系统,另一种是热风供热系统。热水供热系统常采用散热管道作为散热元件,它具有蓄热量大,热稳定性好,温室内温度场较均匀等优点。蔡龙俊和冯哲隽[1]对温室热水供热系统散热管道的热工性能进行理论分析和计算。

2 公式

2.1 基本计算公式

散热管的散热特性与供暖散热器的放热特性有相同之处,也有不同之处。相同之处是管外表面以自然对流放热为主,不同之处是散热器辐射换热占的比例较少。根据文献[2],圆管的 K 值计算式为:

$$K=\frac{1}{\frac{1}{\alpha_w}+\frac{1}{\lambda}\left[\frac{1}{2\pi}\ln\left(\frac{D}{d_n}\right)\right]+\frac{1}{\alpha_n}} \tag{1}$$

式中,α_w为散热管外表面的复合换热系数,W/(m^2·K);α_n为散热管内表面的对流换热系数,W/(m^2·K);D 为散热管道外径,m;d_n为散热管道内径,m;λ 为散热管导热系数,W/(m·K)。

对于薄壁的散热管,根据传热学的基本原理,可认为:

$$K \approx \alpha_w$$

散热管外表面的复合换热系数为:

$$\alpha_w=\alpha_c+\alpha_r \tag{2}$$

式中,α_c为对流换热系数,α_r为辐射换热系数。

2.2 对流换热系数的分析与计算

散热管外是自然对流换热。对流换热系数 α_c可根据下式计算:

$$\alpha_c=Nu_w\frac{\lambda_w}{D} \tag{3}$$

式中，Nu_w为管外空气的努谢尔特准则，无因次；λ_w为空气导热系数，W/(m·K)。

根据文献[2]推荐的关联式：

$$Nu_w = C\,(Gr_w \cdot Pr_w)^n \tag{4}$$

式中，Gr_w为管外空气的格拉肖夫准则，无因次，表征自然对流的流态对换热的影响；Pr_w为管外空气的普朗特准则，无因次；C、n为实验确定的常数。

2.3 辐射换热系数的分析与计算

辐射换热系数α计算式如下：

$$\alpha_r = \varepsilon C_b \frac{T_{am}^4 - T_{w2}^4}{t_{f2} - t_{w2}} \times 10^{-8}$$

式中，ε为管道外壁与周围环境间的相当发射率；C_b为黑体辐射系数；t_{w2}为散热管外壁温度，取设计供、回水的算术平均值；t_{f2}为管外空气温度。

2.4 散热管热工性能的实验室测试

按文献[3]的结论，在相同流体的3个以上点测量散热量时，应将结果整理成以下形式：

$$K' = a\,(\Delta t)^b = a\,(t_{pj} - t_n)^b \tag{5}$$

式中，K'为在实验条件下，散热管的传热系数，W/(m²·℃)；a、b为由实验确定的系数；Δt为散热管热媒与室内空气的平均温差，℃，$\Delta t = (t_{pj} - t_n)$；$t_{pj}$为散热管进出口热媒的平均温度，℃：

$$t_{pj} = \frac{t_g + t_h}{2}$$

式中，t_g为散热管进口处热媒温度，℃；t_h为散热管出口处热媒温度，℃；t_n为室内温度，℃。

系数a和b是将$\log K$看作$\log(t_{pj} - t_n)$的函数，通过最小二乘法求得。

K'值的实验室计算方法如下：

先测量进水温度t_g、出水温度t_h、室内温度t_n、热水流量G，然后由下式计算K值：

$$K = \frac{Q}{F \cdot \Delta t} = \frac{GC(t_g - t_h)}{F(t_{pj} - t_n)}$$

式中，F为散热管总表面积，m²；G为热水流量，kg/s；C为水的定压比热，J/(K·kg)。

3 意义

通过散热管道的热工性能公式，计算得到了农业温室最常用的以热水为热媒、以管道为散热设备的供热系统的热工性能参数，为农业温室供热系统的设计提供经济、可靠的技术参数。应用散热管道热工性能公式计算的结果表明，辐射因素引起的散热，在外表面换热总量中，占较大比例。因此，对管道表面涂镀发射率较高的材料，以增强辐射换热，是提高散热管热工性能的有效方法。由此可知 K 值的实验公式是可信的,可作为散热管道的设计依据。

参考文献

[1] 蔡龙俊,冯哲隽. 连栋温室热水供热系统散热管道传热系数的计算与测试. 农业工程学报,2003,19(03):196-199.

[2] 章熙民. 传热学(第 3 版). 北京:中国建筑工程出版社,1995.

[3] 蔡龙俊,鲁雅萍,蔡志红. 农业温室供热系统的研究和设计能源研究与信息. 2000. 12.

渠道水利用的估算公式

1　背景

灌区渠道水利用系数是指经由某级渠道向下游同时放出的总水量与进入该渠首的总水量之间的比值，该值的大小综合反映出渠道水量损失的状况和对该级渠道进行管理的水平。白美健等[1]针对黄河下游引黄灌区干渠以下各级渠道的实际情况和特点，将野外试验测定与理论计算相结合，应用回归分析法建立概化分类后的各级渠道渗漏水量损失与渠道流量间的相关关系，给出依据渠道流量估算渠道水利用系数的经验公式。

2　公式

2.1　压力入渗仪法

压力入渗仪法是采用圭尔夫渗透仪就地实测渠底的土壤饱和导水率 K_s。该设备主要由供水与量测系统、入渗测头和支架等组成。实测中将入渗测头放入预制的测孔内，孔深可根据欲施测的土壤位置予以确定。可使用单水头或双水头方法测定土壤达到稳定入渗状态下的速率，然后根据相应的公式计算土壤饱和导水率。其中单水头下计算土壤饱和导水率的公式为[2]：

$$K_s = C \cdot A \cdot R/[2\pi \cdot H^2 + \pi \cdot C \cdot a^2 + (2\pi \cdot H/\alpha^*)] \tag{1}$$

式中，C 为无量纲形状系数，其大小取决于 H 和 a 值，即 $C=f(H/a)$；H 为测孔中水的稳定深度，cm；A 为渗透仪储水容器的截面积，cm^2；R 为渗透仪储水容器内水位下落的稳定速率，cm/s；a 为测孔半径，cm；α^* 为土壤质地结构参数，cm^{-1}，取值依土壤质地状况在 0.01、0.04、0.12 和 0.36 中进行选择。

双水头下计算土壤饱和导水率的公式为[2]：

$$\begin{gathered} K_s = G_2 \cdot Q_2 - G_1 \cdot Q_1 \\ G_2 = H_1C_2/\{\pi[2H_1H_2(H_2 - H_1) + a^2(H_1C_2 - H_2C_1)]\} \\ G_1 = G_2(H_2C_1)/(H_1C_2) \\ Q_1 = AR_1 \\ Q_2 = AR_2 \end{gathered} \tag{2}$$

式中，C_1、C_2为相应水头下的无量纲形状系数，其大小取决于 H_1、H_2和 a 值；H_1、H_2为相应水头下测孔中水的稳定深度，cm；R_1、R_2为相应水头下渗透仪储水容器内水位下落的稳定速率,cm/s;其余变量的物理意义同上。

2.2 静水法

采用静水法在特定的渠道水位下实测从初渗到稳定入渗过程中的渠道渗漏水量损失。采用水位下降法计算渠道渗漏水量 ΔV:

$$\Delta V = L[h_1 - h_2 + P] \cdot [b + m(h_1 + h_2 - P)] \tag{3}$$

式中,L 为渠段长度,m;h_1、h_2为时段初和时段末的渠内水位,m;P 为该时段内的降雨量,m;b 为渠底宽,m;m 为渠道边坡。

2.3 动水法

动水法是通过测量渠道上、下游两个测流断面间的流量,利用水量平衡方程来计算某时段内的渠道渗漏水量 S:

$$S = W_u - W_d \tag{4}$$

式中,W_u为某时段内流入上游断面的水量,m^3;W_d为某时段内流出下游断面的水量。

2.4 渠床土壤渗透系数

静水试验下当渠道进入稳定渗漏阶段后,依据观测得到的每米渠长日渗漏量,可利用 MS 解析模型和 GA 公式反求土壤饱和导水率。其中 MS 解析模型考虑了地下水位抬升对渠道渗漏的顶托影响,用于计算入渗水流锋面到达地下水位以后第 t 时刻单位渠长的日渗漏量:

$$q_t = q_0\left(1 - \frac{h_0}{H_0 + h}\right) \tag{5}$$

$$q_0 = K_s \cdot W\frac{H_0 + h}{H_0} \tag{6}$$

式中,W 为渠面宽度,m;h 为渠道水深,m;H_0为初始地下水位,m;h_0为第 t 时刻距离渠底中心处的地下水位上升高度,m;K_s为土壤饱和导水率,m/d;q_0为入渗水流锋面到达地下水位时每米渠长日渗漏量,$m^3/(d \cdot m)$;q_t为入渗水流锋面到达地下水位后第 t 时刻每米渠长日渗漏量,$m^3/(d \cdot m)$。

2.5 地下水顶托修正系数

地下水顶托修正系数应为渠道顶托入渗下的渗漏量与渠道自由入渗下的渗漏量之比值。由于式(5)中的 q_0为入渗水流锋面到达地下水位时每米渠长日渗漏量,而该时刻渠道仍处于自由入渗阶段,当 q_t为顶托渗漏下每米渠长日渗漏量时,则可利用该式计算地下水顶托修正系数 β:

$$\beta = \frac{q_t}{q_0} = 1 - \frac{h_0}{H_0 + h} \tag{7}$$

2.6 相关系数的验证

在确定了渠床土壤渗透系数的情况下,可利用修正的 Kostiakov 理论公式计算顶托渗漏条件下每米渠长日渗漏量:

$$q = \beta K\left(b + 2\gamma h\sqrt{1 + m^2}\right) \tag{8}$$

式中，q 为每米渠长日渗漏量，$m^3/(d \cdot m)$；K 为渠床土壤渗透系数，m/d；b 为渠底宽度，m；h 为渠道水深，m；m 为渠道边坡；γ 为考虑渠坡侧向毛管渗吸的修正系数，通常在 1.1~1.4 范围内取值；β 为地下水顶托修正系数，对自由渗漏 $\beta=1$，对顶托渗漏 $\beta=0.46$。

2.7 单位渠长渗漏流量与渠道流量间的关系

渠道流量采用如下公式求算：

$$Q = \frac{1}{n}AR^{2/3}i^{1/2} \tag{9}$$

式中，n 为糙率系数；A 为过水断面，$A=h(b+m \cdot h)$，m^2；R 为水力半径，$R=A/\chi$，m；χ 为湿周，$\chi = b + 2h\sqrt{1 + m^2}$，m；$i$ 为渠底纵坡；其他变量同前。

图 1 列举出相应于支渠底宽分别为 2 m、3 m 和 4 m 下单位渠长渗漏流量与渠道流量间的关系曲线，相应的拟合参数等参见表 1。

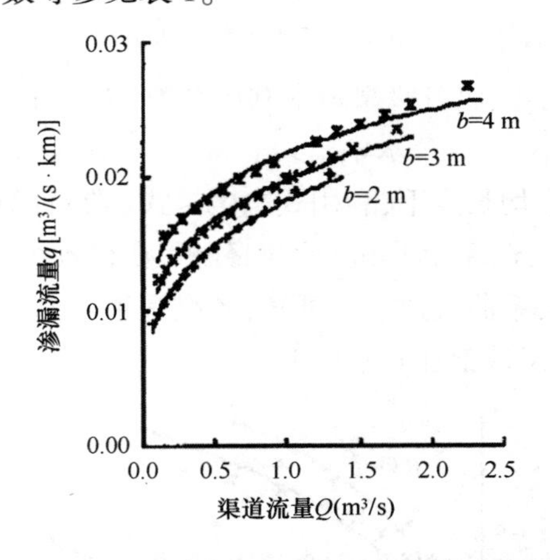

图 1　概化分类支渠的单位渠长渗漏流量与渠道流量间的关系

表 1　各级概化分类渠道的单位渠长渗漏流量与流量间的相关分析结果

渠道类型	底宽(m)	A	B	R^2
支渠	4.0	0.023 6	0.194	0.961 3
	3.0	0.021 4	0.231	0.986 4
	2.0	0.019 7	0.278	0.991 8
斗渠	2.0	0.028	0.278	0.991 8
	1.4	0.028 5	0.314	0.995 5
	0.8	0.030 2	0.355	0.998 7

续表

渠道类型	底宽(m)	A	B	R^2
农渠	0.8	0.055 5	0.337	0.997 7
	0.6	0.057 8	0.354	0.998 9
	0.4	0.062 0	0.374	0.999 7

2.8 渠道水利用系数与渠道流量间的关系

根据渠道水利用系数的概念,灌区各级渠道水利用系数可采用下式求算:

$$\eta_{支} = 1 - q_{支} \bar{L}_{支} / Q_{支} \tag{10}$$

$$\eta_{斗} = 1 - q_{斗} \bar{L}_{斗} / Q_{斗} \tag{11}$$

$$\eta_{农} = 1 - q_{农} \bar{L}_{农} / Q_{农} \tag{12}$$

式中,$\eta_{支}$、$\eta_{斗}$、$\eta_{农}$为灌区支、斗、农各级渠道水利用系数,$\bar{L}_{支}$、$\bar{L}_{斗}$、$\bar{L}_{农}$为灌区支、斗、农各级渠道的平均长度。

在已知灌区各级渠道平均长度下,利用式(10)~式(12)计算各级渠道下相应于不同流量的渠道水利用系数,对(Q,η)数据点进行回归分析,获得各级渠道水利用系数与流量间的经验关系。从拟合得到的关系曲线(图2)可知,各级渠道水利用系数与流量间的关系呈幂函数形式,且两者间的相关系数都在0.9以上:

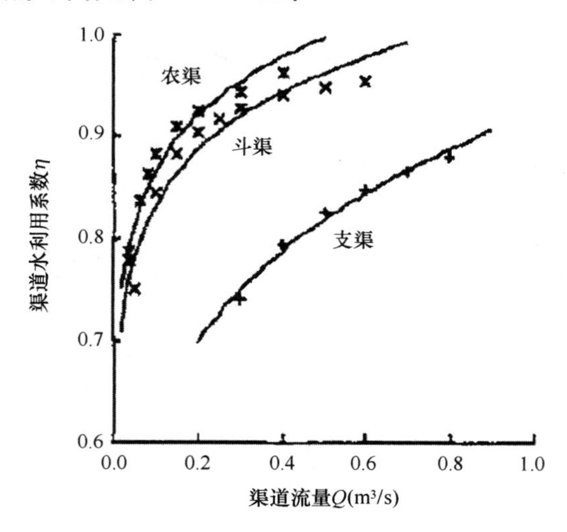

图2 各级渠道水利用系数与流量间的关系

$$\eta_{支} = 0.917 Q_{支}^{0.1901} \tag{13}$$

$$\eta_{斗} = 1.029Q_{斗}^{0.1006} \tag{14}$$

$$\eta_{农} = 1.062Q_{农}^{0.0958} \tag{15}$$

3 意义

在此建立了渠道水利用的估算公式,这是在计算得到渠床土壤渗透系数和地下水顶托修正系数的基础上,利用回归分析方法建立了灌区干渠以下各级渠道单位渠长渗漏流量与渠道流量间的关系,给出了依据渠道流量估算渠道水利用系数的经验公式。由于该渠道水利用的估算公式仅根据渠道流量即可估算相应的渠道水利用系数,故具有简便可行、实用性强的显著特点,为黄河下游灌区制定灌溉输配水计划提供了合理依据。

参考文献

[1] 白美健,许迪,蔡林根,等. 黄河下游引黄灌区渠道水利用系数估算方法. 农业工程学报,2003,19(03):80-84.

[2] Elrick D E,Reynolds W D,Tan K A. Hydraulic conductivity measurements in the unsaturated zone using im-proved well analyses. Ground Water Monit,1989,9:184-193.

灌区盐分的均衡方程

1 背景

农田排水是我国北方地区盐碱地改良与次生盐碱化防治的主要措施之一。对于新疆等干旱地区而言,地下水与土壤蒸发强烈,而且潜水矿化度较高。因此随着淋洗与蒸发过程的转换,土壤积盐与脱盐过程发生剧烈变化。叶海燕等[1]根据地下水埋深与蒸发量关系,确定了不同时期的地下水动态临界深度;分析在埋深一定情况下,矿化度与土壤含盐量之间的变化规律,并以此来进一步分析和讨论土壤含盐量的垂直分布特征。

2 公式

2.1 盐分均衡方程

土壤盐分变化量可表示为灌区盐分流入、流出之差[2],公式为:

$$\Delta S = Sr + Sg + Si + Sm - Sd - Sp - Sc \tag{1}$$

式中,Sr 为降雨带入盐量,10^4 t;Sg 为地下水带入盐量,10^4 t;Si 为灌溉水带入盐量,10^4 t;Sm 为从土壤矿物质溶解出来的盐分,10^4 t;Sd 为排水排走的盐量,10^4 t;Sp 为沉淀在根层的盐量,10^4 t;Sc 为被收获作物所带走的盐量,10^4 t;ΔS 为灌区累积储盐量,10^4 t。

为了便于分析,上述盐分平衡方程可以简化为:

$$\Delta S = Si - Sd \tag{2}$$

2.2 盐分均衡计算

灌溉引水带入盐量(Si)和排水渠排出盐量(Sd)计算式为:

$$Si = Wi \times Ci \times 10^{-3}$$

$$Sd = \sum Wdi \times Cdi \times 10^{-3} = Wd \times Cd \times 10^{-3} \tag{3}$$

式中,Wi 为灌区来水量,$10^4 m^3$;Ci 为来水离子总浓度,g/L;Wdi 为第 i 个排水渠排水量,$10^4 m^3$;Cdi 为第 i 个排水渠的离子总浓度,g/L;Wd 为排水渠总排水量,$10^4 m^3$;Cd 为排水平均离子浓度,g/L。

根据实测,式(3)中各项结果如表 1 所示。

表 1　灌区盐分均衡分析

年份	Wi (10^4 m^3)	Ci (g/L)	Si (10^4 t)	Wd (10^4 m^3)	Cd (g/L)	Sd (10^4 t)	ΔS (10^4 t)
1997	278 179	0.43	119.61	38 067	3.94	150.07	−30.46
1998	266 291	0.34	90.28	43 068	4.84	208.53	−118.25
1999	251 519	0.40	101.77	48 962	4.91	204.18	−138.41
2000	223 842	0.40	89.49	33 106	5.45	180.43	−90.94
2001	250 658	0.41	102.62	34 609	6.00	207.50	−104.88

3　意义

根据水盐平衡原理,建立了灌区盐分的均衡方程。利用田间实测资料,通过灌区盐分的均衡方程,确定了渭干河灌区的水盐动态特征和灌区积、脱盐状况与排水效果。应用灌区盐分的均衡方程,分析了用主要代表性离子浓度代替离子总浓度进行土壤盐分动态特征评价的合理性以及土壤含盐量的影响因素以及地下水埋深、矿化度与土壤含盐量的相关关系,为从宏观角度来分析与判定灌区水盐平衡特征与排水效率提供参考。

参考文献

[1]　叶海燕,王永平,王金栋,等. 渭干河灌区水盐均衡特征分析. 农业工程学报,2003,19(04):92-96.
[2]　鲁四光. 灌溉水质. 冼鼎芳译. 北京:水利电力出版社,1983.

黄瓜干物质的积累模型

1 背景

光合作用是植物最基本的生理过程,因而光合作用模拟模型是作物干物质积累和产量模型的基础。根据"源-库"理论,温室黄瓜冠层干物质积累直接来源于冠层的光合作用,光合生产是干物质积累的核心。李娟等[1]在借鉴国外温室蔬菜作物光合生产和干物质积累模拟模型研究方法的基础上,根据我们的温室黄瓜实验数据,确定有关模型参数,建立适合于我国本土环境的温室黄瓜光合生产和干物质积累模拟模型。

2 公式

2.1 温室黄瓜单叶光合作用模型

叶片光合速率可以简便地以单位叶面积上的光合速率来表示。其代表性的方法是以叶片所吸收的太阳辐射的指数曲线来描述叶片光合作用对所吸收光的反应。这里以负指数模型来描述单叶的光合作用特征:

$$P_g = P_{g,\max}[1 - \exp(-\varepsilon I/P_{g,\max})] \tag{1}$$

式中,P_g为单叶光合速率,kg/(hm^2 · h);$P_{g,\max}$为单叶最大光合速率,kg(hm^2 · h),是本模型中有待确定的参数之一;ε 为光转换因子,即吸收光的最大初始利用率,温室内弱光照下的 ε 较为稳定,可认为是一常数,李娟等研究取值 ε=0.45 kg/(hm^2 · h) · (J · m^{2}s);I 为吸收的光合有效辐射,J/(m^2 · s)。

2.2 温室黄瓜冠层光合作用模型

李娟等依据 Goudriaan 每日冠层总光合作用的计算方法,将黄瓜冠层分为 4 层,将按以下公式求出各层截获的光合有效辐射 I_i[J/(m^{2}s)](i= 1,2,3,4)。

$$I_1 = I_0[1 - \exp(-kLAI_1)] \tag{2}$$

$$I_2 = I_0\exp(-kLAI_1)[1 - \exp(-kLAI_2)] \tag{3}$$

$$I_3 = I_0\exp[-k(LAI_1 + LAI_2)][1 - \exp(-kLAI_3)] \tag{4}$$

$$I_4 = I_0\exp[-k(LAI_1 + LAI_2 + LAI_3)][1 - \exp(-kLAI_4)] \tag{5}$$

式中,I_0为冠层顶部光合有效辐射,J/(m^{2}s);k 为消光系数,依温室黄瓜生育期、群体密度及株型不同而有所变化,这里取值为 0.8;LAI_i为冠层顶部至深度 i 处所累积叶面积指数(i=

1,2,3,4)。

利用公式(1)求出相应冠层光合速率 F_{gi}[kg/(hm^2·h)],整个冠层的光合速率 F_g[kg/(hm^2·h)]为:

$$F_g = \sum F_{gi} \qquad (i = 1,2,3,4) \tag{6}$$

每日冠层的总光合量 *FDTGA*[kg/(hm^{2}d)]为:

$$FDTGA = F_g \times DL \tag{7}$$

式中,*DL* 为日长,h,它通过光周期影响发育速率。它是一年中时序(1 月 1 日时为 1,以下类推)和所处地理纬度的函数。

2.3 叶面积指数

叶片是进行光合作用的主要器官,叶片制造的光合产物对干物质的形成起着决定性的作用。叶面积指数(leaf area index,LAI)以单位面积土地上冠层绿叶面积来表示(m^2/m^2)。叶面积的增长与叶片质量的增长密切相关,模拟叶面积增长最简便的方法为比叶重(SLW),即单位叶面积的叶片干重(g/m^2)。因此叶面积(LA,m^2)表示为:

$$LA = LW/SLW \tag{8}$$

式中,*LW* 为绿叶干重,g。

2.4 温室黄瓜呼吸作用模型

维持呼吸与维持植物的生命活动有关,其强度与植株生物量成正比,同时对温度较敏感。计算方法为:

$$RM = Rm(T_o) \times FDTGA \times Q_{10}^{(T_{mean}-T_o)/10} \tag{9}$$

式中,*RM* 为维持呼吸消耗量,kg/(hm^{2}d);*FDTGA* 为每日冠层总同化量,kg/hm^2;T_o为呼吸的最适温度,对于温室黄瓜 T_o=25℃;Q_{10}为呼吸作用的温度系数,取 $Q_{10}=2$;T_{mean}为日平均气温;$Rm(T_o)$为 T_o时的维持呼吸系数,温室黄瓜取 $Rm(T_o)$为 0.015(g/g CO_2)。

作为 C_3植物的黄瓜光呼吸明显,并且光呼吸导致同化损失随着温度的升高和光照度增大而增加。其计算方法为:

$$RP = FDTGA \times R_P(T_o) \times Q_{10}^{(T_{day}-T_o)/10} \tag{10}$$

式中,*RP* 为光呼吸消耗量,kg/(hm^2·d);*FDTGA* 为每日冠层总同化量,kg/(hm^2·d);$RP(T_o)$为温度 T_o 时的光呼吸系数,取值为 0.33(g/g CO_2);T_{day}为白天平均温度,℃。

2.5 温室黄瓜干物质积累模型

冠层净同化量(PND)等于光合作用生产量减去呼吸作用消耗量。计算如下式:

$$PND = FDTGA - RM - RP \tag{11}$$

光合作用生产的最初同化物主要为葡萄糖和氨基酸,二者经一系列生化过程转化成植株干物质,因此在 CO_2转化成碳水化合物及干物质的过程中,存在着几个转换系数。冠层干物质的日增量公式可表示为:

$$TDRW = \xi \times C_f \times PND/(1 - 0.05) \tag{12}$$

式中，*TDRW* 为温室黄瓜植株干物质的日增量，kg/(hm^2d)；ξ 为 CO_2与碳水化合物(CH_2O)的转换系数，ξ= (CH_2O)分子量/CO_2分子量= 30/44 =0.682；C_f为碳水化合物转换成干物质的系数，是本模型中待定参数；0.05 为干物质中的矿物质含量。

3 意义

根据“源-库”理论及黄瓜生理学和作物生态学的基本原理，建立了温室黄瓜冠层光合生产和干物质积累模拟模型，模型由叶面积动态、光合作用、呼吸作用、干物质积累等子模型组成，模型中参数由相关文献和试验资料确定。通过收集国产温室黄瓜各生育时期干物质积累量，应用黄瓜干物质的积累模型，计算结果表明，以光合作用为基础的干物质积累量模拟值与实测值的相对误差在-3.0%~10.0%之间，说明所建立的模拟模型具有较高的精确性、机理性和实用性。此模型为温室黄瓜生长和产量预测及黄瓜的栽培管理调控提供了理论依据。

参考文献

[1] 李娟，郭世荣，罗卫红．温室黄瓜光合生产与干物质积累模拟模型．农业工程学报，2003，19(04)：241-244

壳体结构的声辐射模型

1 背景

随着农业机械化程度的发展,农用飞机、粉碎机、拖拉机等机械设备的应用日益广泛,其振动与噪声控制问题也引起了广泛关注。当机械运转或行驶时,这类壳体在内外激励下发生振动并向外辐射出强烈的噪声。崔喆和黄协清[1]以封闭耦合壳体为研究对象,应用有限元法和虚边界元最小二乘法建立了求解结构振动声辐射的一般方法,推导了虚边界元最小二乘法计算结构辐射声场的基本公式。

2 公式

2.1 结构与声场耦合的有限元方程

对于一个封闭空间,设域内充满了均匀且各向同性的理想介质,介质质点振动时振幅很小,根据声学理论,则内部声场的微分方程为:

$$\nabla^2 p(x) + k^2 p(x) = 0 \qquad x \in \Omega \tag{1}$$

式中,x 为空间中任一点;$p(x)$ 为场点 x 处的声压;k 为声波波数,$k=2\pi f/c$,f 为分析频率,c 为声速;Ω 为声场占据的空间区域。

按有限元方法将壳体内部声场离散后得到壳体内部的声场有限元方程为:

$$(K_a - \omega^2 M_a + i\omega C_a)\{p\} = \rho_0 \omega^2 A^T \{u_n\} \tag{2}$$

式中,K_a为声场总体刚度阵,M_a为声场总体质量阵,C_a为声场总体阻尼阵,A 为结构和声场耦合阵,ω 为圆频率,ρ_0为声场介质密度,u_n为结构表面的法向位移。

在结构内部的声场对结构的声激励和作用于结构上的外力共同作用下使结构壁板产生振动,则结构有限元方程可写为:

$$(K_S - \omega^2 M_S + i\omega C_S)\{u_n\} = A\{p\} + Fs \tag{3}$$

式中,K_S为结构总体刚度阵,M_S为结构总体质量阵,C_S为结构总体阻尼阵,F_S为作用于结构上的外力。

将式(2)和式(3)合并就可以得到结构-声场相互作用下的声固耦合有限元方程:

$$\begin{bmatrix} M_A & \rho_o A^T \\ 0 & M_S \end{bmatrix} \begin{Bmatrix} \ddot{p} \\ \ddot{u}_n \end{Bmatrix} + \begin{bmatrix} C_a & 0 \\ 0 & C_S \end{bmatrix} \begin{Bmatrix} p \\ u_n \end{Bmatrix} + \begin{bmatrix} K_a & 0 \\ -A & K_S \end{bmatrix} \begin{Bmatrix} p \\ u_n \end{Bmatrix} = \begin{Bmatrix} 0 \\ F_S \end{Bmatrix} \tag{4}$$

2.2 虚边界元法计算声场的基本公式

如图 1 所示,在所研究的分析域外距离实际边界一定的距离处设置一个虚边界 Γ',在虚边界 Γ'上作用未知的分布虚载荷 $h(y')$,y'为虚边界上任意一点。则根据叠加原理,分析域内(包括边界上)任意一点 x 的声压为:

$$p(x) = G(x,y')\,h(y')\,\mathrm{d}\Gamma'(y') \tag{5}$$

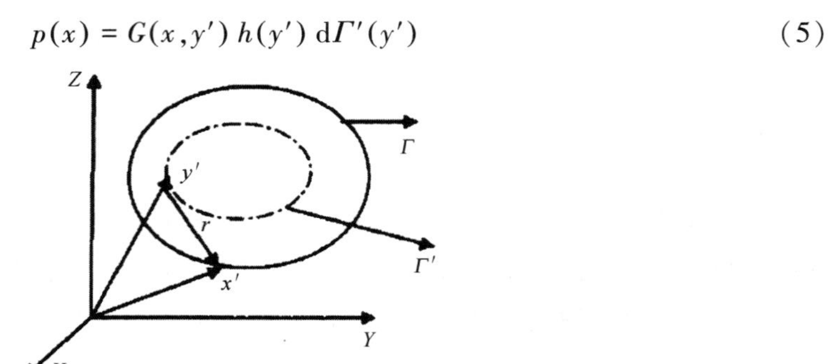

图 1　虚边界示意

由文献[2]可知,$G(x,y')$可以取单层势或者双层势,为了克服声辐射研究中特征频率处解不唯一的问题,可取混合势,即:

$$G(x,y') = g(x,y') + i\eta\frac{\partial g(x,y')}{\partial n_y{}'} \tag{6}$$

$g(x,y')$为 Helmholtz 方程的基本解,也称为自由空间 Green 函数,对于三维空间为:

$$g(x,y') = \frac{e^{-ikr}}{4\pi r}, r = x - y', \eta = 1/k\ 。$$

根据 Neumann 边界条件,边界上的法向振速为:

$$v_n(x) = \frac{i}{\rho\omega}\left(\frac{\partial g(x,y')}{\partial n_x} + i\eta\frac{\partial^2 g(x,y')}{\partial n_x \partial n_y{}'}\right)h(y')\,\mathrm{d}\Gamma'(y') \tag{7}$$

通常的叠加法或者边界点法的思想认为由式(7)所得法向振动速度$v(x)$就等于边界上已知的各点法向振动速度 $\bar{v}_n(x)$,即:

$$v_n(x) = \bar{v}_n(x) \tag{8}$$

为了克服叠加法或边界点法等的上述缺点,在此提出用虚边界元最小二乘法来计算结构的辐射声场。其思想取自于加权余量法中的最小二乘法,即由式(7)所得法向振动速度 $v(x)$和边界上已知的各点法向振动速度 $\bar{v}_n(x)$,建立边界条件误差平方的泛函:

$$J[h(y')] = \int_\Gamma \{v_n(x) - \bar{v}_n(x)\}^2\,\mathrm{d}\Gamma(x) \tag{9}$$

将虚边界划分为 N 个单元,则式(7)变为:

$$v_n(x) = \frac{i}{\rho\omega}\sum_{i=1}^{N}\int_{\Delta\Gamma'_i}\frac{\partial G(x,y')}{\partial n_x}h_i(y')\,\mathrm{d}\Delta\Gamma'(y') \tag{10}$$

在单元上,虚载荷为:

$$h = \sum_{\alpha=1}^{m} N_\alpha h_\alpha \tag{11}$$

式中,N_α 为插值形函数,h_α 为单元节点值,m 为单元节点数。

为使边界误差最小,即要求式(9)取最小值,根据最小二乘加权余量法[3],可以得到:

$$\frac{\partial J[h(y')]}{\partial h(y')} = 0 \tag{12}$$

将式(9)代入式(12)可得:

$$\int_{\Gamma}\{v_n(x) - \bar{v}_n(x)\}\frac{\partial v(x)}{\partial h(x)}\mathrm{d}\Gamma(x) = 0 \tag{13}$$

经过积分-配点或双重积分后式(13)变成线性代数方程组:

$$AH = C \tag{14}$$

式中,C 为已知量组成的矩阵,H 为待求的虚边界分布载荷的节点值的矩阵。经过上述处理后得到的矩阵 A 是一个对称阵。

一个半径为 r_0,具有均匀径向速度 v_n 的脉动球源,距球心距离为 r 的点处声压的解析解[4]为:

$$p(r,t) = \frac{jk\rho_0 c v_n r_0^2}{r(1 + ikr_0)}e^{-i\left(\omega t - \frac{r-r_0}{c}\right)} \tag{15}$$

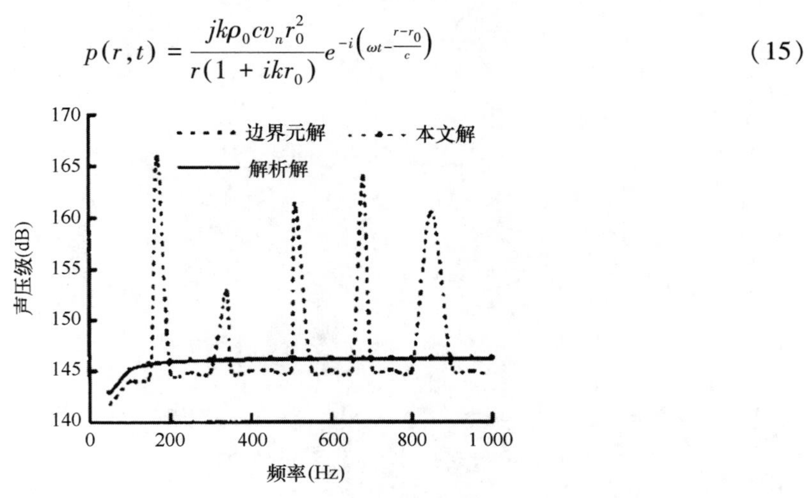

图 2　脉动球辐射声压随频率变化

3　意义

在此建立了壳体结构的声辐射模型,这是以封闭耦合壳体为研究对象,应用有限元法和虚边界元最小二乘法建立的求解结构振动声辐射的一般方法,推导了虚边界元最小二乘法计算结构辐射声场的基本公式,编制了相应的计算程序。与普通边界元方法相比,壳体结构的声辐射模型的优点是可以避免奇异积分的处理,求解系数矩阵对称,计算效率高,克服了特征频率处解非唯一等缺点,程序实现容易。应用壳体结构的声辐射模型可以进一步计算结构在不同频率下,阻尼变化、阻尼处理位置、加筋方式等各种参数变化时的结构辐射声场,研究结论对于壳体的低噪声优化设计有一定的意义。

参考文献

[1] 崔喆,黄协清. 用有限元-虚边界元法分析壳体结构的辐射声场. 农业工程学报,2003,19(04):44-48.

[2] Jyh-Yeong Hwang. A retracted boundary integral equation for exterior acoustic problem with unique solution for all wave numbers[J]. The Journal of the Acoustical Society of America,1991,90(2),Pt1:1167-1180.

[3] 徐次达. 新计算力学加权残值法:原理、方法及应用. 上海:同济大学出版社,1997.

[4] 孙进才,王冲. 机械噪声控制原理. 西安:西北工业大学出版社,1993.

旱坡地土壤的水分预测模型

1 背景

土壤水分运移建模及预测预报是近代农业水土工程生产管理的重要依据。土壤水分含量受气候条件的影响,具有较大的随机性。三峡库区生态环境脆弱,伏旱严重,常常是夏旱连伏旱。加上土壤蓄水性差,丘陵地区土层薄弱,抗旱能力弱,土壤耕层的含水量不能满足作物的需要,严重影响农业生产,导致农牧业经济效益低。刘洪斌等[1]采用人工神经网络方法及时间序列自回归(AR)建模对紫色土丘陵旱坡地土壤水分动态进行模拟和预测。

2 公式

2.1 数据处理

土壤质量含水率的测定方法为:土钻在相应的土层取土,用恒温箱烘干法测定,重复3次。土壤质量含水率计算公式为:

$$w = (g_1 - g_2)/(g_1 - g) \times 100\% \tag{1}$$

式中,w 为土壤质量含水率,%;g 为铝盒质量,g;g_1为铝盒加湿土质量,g;g_2为铝盒加干土质量,g。

通过长期定点试验,获得大量土壤水分数据。刘洪斌等[1]在研究中采用土层为0~30 cm处获得的月平均观测数据进行模拟及预测。为了提高数据运算精度,减少运算次数,缩短网络训练时间从而加快网络收敛速度,在进行预测建模之前,应对原始数据进行一定的预处理。处理方法一般可采用初值化、极差化或等比变换等。归一化处理为:

$$y_t = \frac{x_t - \mu}{v} \tag{2}$$

式中,x_t为原始序列;μ 为时序列$\{x_t\}$的均值;v 为时序$\{x_t\}$方差,标准化后的序列$\{y_t\}$服从标准正态分布。原始数据见图1a,处理后的数据见图1b。首先建立$\{y_t\}$的预测模型,根据模型求出预测值,然后再利用式(2)反变换求出序列$\{x'_t\}$,将$\{x'_t\}$与观测值$\{x_t\}$进行比较,检验模型预测效果。

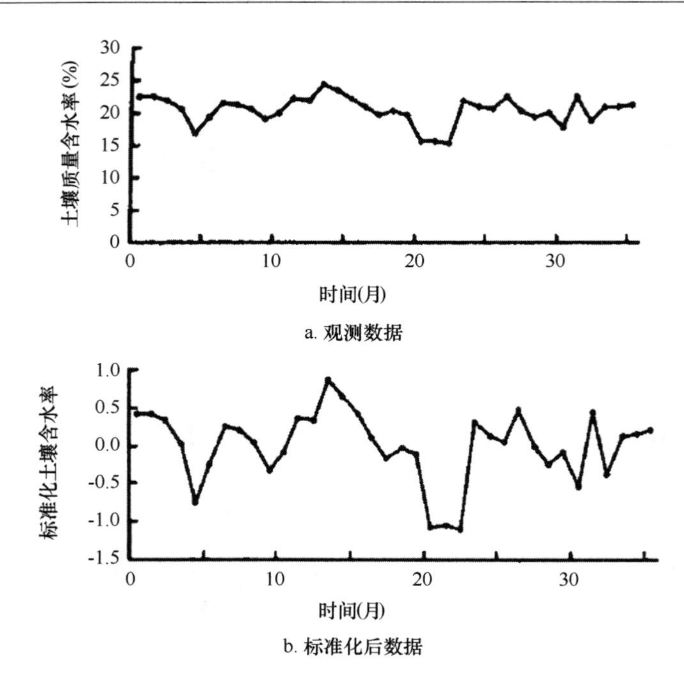

图 1　观测数据及标准化后数据

2.2　预测方法

2.2.1　神经网络方法

设有一个时间序列$\{x_n, n=1,2,\cdots,t\}$,是对某一研究对象一段时间的观测值,对它进行建模预测的前提是认为未来值与其前面的 m 个值之间存在某种函数关系,可描述为:

$$x_{n+1}=f_w(x_n,x_{n-1},\cdots,x_{n-m+1})+\varepsilon_n \tag{3}$$

式中,ε_n为均值为零、方差为 σ^2的白噪声序列,利用神经网络建立时间序列的预测模型就是指利用神经网络来拟合这种函数关系 f_w,并用它来推导未来的值。

2.2.2　自回归模型方法

设由等时段(或等间隔)的 n 个样本组成的平稳、正态、零均值时间序列 $x_t(t=1,2,\cdots,n)$,当 $k>p$ 时,若其偏相关函数 $\varphi_k,k\approx 0$,则序列 x_t 符合自回归模型(Autoregression):

$$\Phi(b)x_t=a_t \tag{4}$$

或

$$x_t-\Phi_1x_{t-1}-\Phi_2x_{t-2}-\cdots-\Phi_px_{t-p}=a_t \tag{5}$$

式中,$\varphi_1,\varphi_2,\cdots,\varphi_p$为自回归系数;$a_t$为残差。AR 模型描述了变量 x 在 t 时刻的值与在 $t-1$,$t-2,\cdots,t-p$ 时刻的值之间的统计关系,自回归系数直观地反映了变量 x 在 t 时刻值与在 $t-1,t-2,\cdots,t-p$ 时刻值之间的依赖权重。

3 意义

利用1998—2001年间每隔5日测得的紫色土土壤质量含水率数据及由此得到的月平均数据,分别建立了神经网络方法和时间序列自回归预测模型,这就是旱坡地土壤的水分预测模型。在此基础上进行了不同数据量条件下的预测模型比较研究。通过旱坡地土壤的水分预测模型计算结果表明,在数据量较少的情况下,使用AR模型预测效果较好;在数据量较多的情况下,使用神经网络方法能更为有效地模拟土壤水分序列。在此建立的旱坡地土壤的水分预测模型可以使对田间土壤水分进行适时适量的调节变得方便可行,有利于农田水利工程的规划和管理。

参考文献

[1] 刘洪斌,武伟,魏朝富,等.土壤水分预测神经网络模型和时间序列模型比较研究.农业工程学报,2003,19(04):33-36.

土地的利用率模型

1　背景

土地利用率是反映一个地区土地利用程度的指标。随着人类活动的加剧，土地利用程度不断深化，严格意义上的未利用土地，已经没有或者很少；土地利用强度的增强，使得单纯依据利用面积来衡量土地利用程度显得比较无力，难以客观地反映实际情况，也不能反映区域土地利用的整体面貌。田彦军等[1]在新形势下回顾和总结了以往土地利用率衡量土地利用程度的优缺点，并从利用广度、强度和深度3个层次全面阐述土地利用率的内涵。

2　公式

2.1　土地利用率复种指数模型

土地利用率复种指数沿用以往在田块尺度下农田复种指数的表达模型，其量值大小反映了某一区域种植制度对耕地的利用状况及利用程度：

$$LUSCI = \frac{1}{s_i}\sum_{j=1}^{n} x_{ij} \times 100 \tag{1}$$

式中，$LUSCI$ 为耕地利用状况及利用程度，%；i 为评价单元序号，本研究中共计326个评价单元；j 为作物种类序号，如夏粮、秋粮、棉花、油料、蔬菜等；s_i 为第 i 个评价单元的农用地面积（这里特指耕地）；x_{ij} 为第 i 个评价单元内 j 类作物的播种面积。评估结果见图1。

2.2　土地利用率产出指数模型

土地利用率产出指数的含义，就是衡量区域种植制度下，受土地质量的影响，其有效生物产出量与全区平均水平的比较，量值大小反映各单元土地利用的产出情况及相应的利用程度：

$$LUYI = \sum_{j=1}^{n}\left(\frac{y_{ij}}{Y_j} \cdot r_{ij}\right) \times 100\%$$

$$r_{ij} = x_{ij} / \sum_{i=1}^{N} x_{ij} \tag{2}$$

式中，$LUYI$ 为土地利用产出情况及相应利用程度，%；i、j、x_{ij} 表示的含义同式（1）；y_{ij} 为第 i 单元 j 类作物的单产；r_{ij} 为 i 单元 j 类作物指数；N 为最大单元序数（326）；Y_j 为全县 j 类作物标准潜力值。

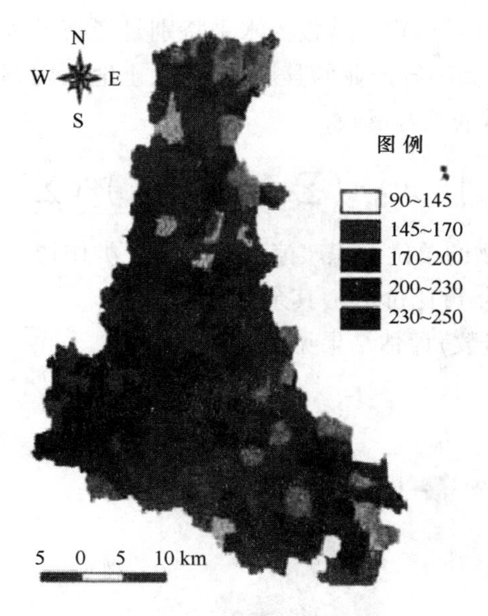

图 1 曲周县土地利用率复种指数分区图

土地利用率产出指数评估结果见图 2。

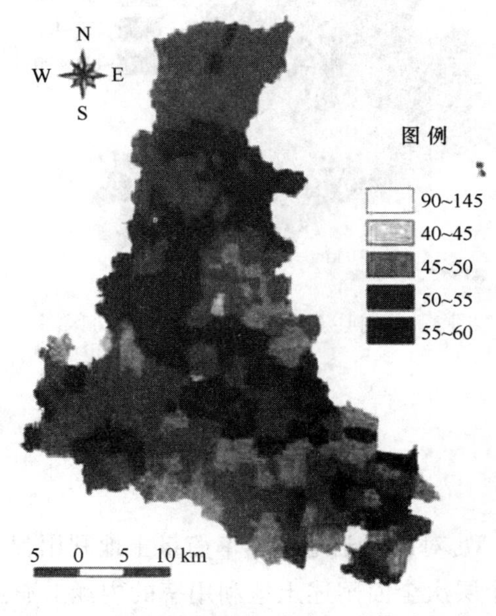

图 2 曲周县土地利用率产出指数分区图

2.3 土地利用率效益指数模型

土地利用率效益指数直接体现单位面积土地的经济产出量,其大小不仅受到种植制度、土地质量等的影响,而且直接跟区域投入水平特别是经济投入和科技投入息息相关,在黄淮海平原上,大多以农业为主导产业的县域经济中,土地利用率效益指数的高低,几乎就是该区经济实力(*LUBI*,%)的综合反映。

$$LUBI = \sum_{j=1}^{n}\left(\frac{b_{ij}}{B_j}\cdot r_{ij}\right)\times 100 = \left(\sum_{j=1}^{n} x_{ij}y_{ij}p_j \cdot \sum_{i=1}^{n} y_{ij}\right) / \left(\sum_{i=1}^{n} x_i y_i p_j \cdot \sum_{j=1}^{n}\right)\times 100 \qquad (3)$$

式中,b_{ij}为第 i 单元 j 类作物的单位面积产值,B_j为全县 j 类作物平均单位面积产值,p_j为 j 类作物的价格(统一为 1990 年可比价格),其余含义同式(2)。

土地利用程度(效益指数)评估结果见图 3。

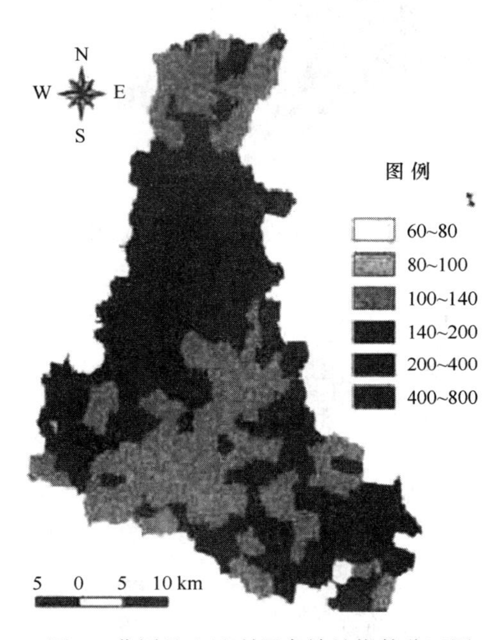

图 3 曲周县土地利用率效益指数分区图

3 意义

根据土地的利用率模型,对以往土地利用率衡量土地利用程度优缺点进行分析,并从利用广度、强度和深度 3 个层次全面阐述土地利用率的内涵。通过土地的利用率模型,提出衡量区域土地利用程度应当从种植制度、有效生物产出、经济产出 3 个方面来综合评估,土地利用率复种指数、产出指数和效益指数三者各有侧重。科学技术的发展使土地利用从二维平面利用,逐步向三维立体利用发展,进而向时间与空间的四维空间利用发展成为可能。利用土地利用率这一赋予新的含义的概念对土地利用程度进行有效评估,有助于不断提高土地利用率,提高土地产出率。

参考文献

[1] 田彦军,郝晋珉,韩亮,等. 县域土地利用程度评估模型构建及应用研究. 农业工程学报,2003,19(06):293-297.

电厂的取水模型

1 背景

沾化电厂位于山东省沾化县徒骇河畔,其建立基本解决了滨州和沾化地区的缺电问题。“十五”期间拟进行扩建。由于电厂位于徒骇河和潮河之间,取排水问题容易解决。电厂以东的徒骇河河水是电厂的冷却水源,由于其上游建闸,淡水资源基本断绝;冷却水全靠上溯的海水提供。目前,电厂取水量为 14 m^3/s,扩建后冷却水量加大。而由于电厂位置离入海口较远,再加上河道宽度、高程及外海平均水面及潮差等的限制,上溯的水量能否达到取水要求,须进行评估。边淑华和胡泽建[1]在现场观测的基础上,通过平面一维数值模拟和水利学计算方法,分别对沾化电厂扩建后徒骇河取水能力进行了计算,同时分析了取水影响因素,对扩大取水量的措施提出建议。

2 公式

因徒骇河河道宽度不大且变化平缓,故采用明渠一维渐变流数学模型对大、小潮期间徒骇河取水量进行计算。

基本方程采用 Saint Venant 方程[2]:

$$\frac{\partial Q}{\partial x} + B\frac{\partial h}{\partial t} = 0\text{(连续方程)}$$

$$\frac{\partial Q}{\partial t} + \frac{2Q}{A}\frac{\partial Q}{\partial x} - \frac{A^2}{A^2}\frac{\partial A}{\partial x} + gA\frac{\partial h}{\partial x} + \frac{gQQ}{C^2RA} = 0\text{(动量方程)}$$

式中,h 为水位;Q 为断面流量;B 为河道断面宽;A 为过水断面面积;g 为重力加速度;R 为水力半径;t、x 为时间和空间坐标;C 为谢才系数,采用公式 $C = \frac{1}{n}R^{\frac{1}{6}}$ 计算得出,其中 n 为糙率,此处取 0. 025。

为保证模型的稳定性,在计算时将取水口突变的流量转化为取水口附近 1 个断面内水位的持续变化,在每个时间步长内有:

$$h(5) = h(5) - qq \times \Delta t/\Delta x/\Delta w$$

式中,$h(5)$ 为取水口水位,qq 为取水量, Δt 、Δx 为时间步长和空间步长,w 为水面宽度。

水位沿程变化随潮时不同呈周期性变化，高潮时下游高于上游，水从外海灌入，低潮时则上游水位较高，水体流向外海（图 1，图 2）。

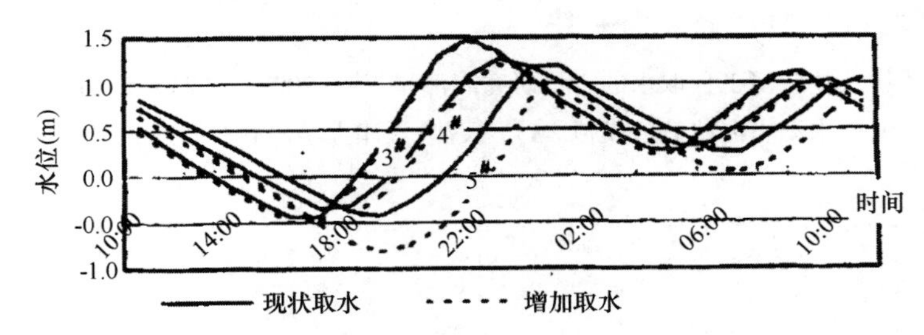

图 1　取水增加前后各站水位变化

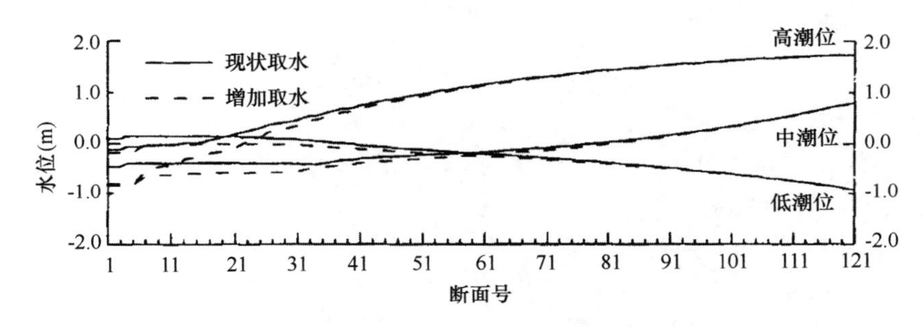

图 2　取水量增加前后水位沿程变化

明渠一元恒定流能量守恒方程为：

$$z_1 + \frac{v_1^2}{2g} = z_2 + \frac{v_2^2}{2g} + h_{沿} + h_{局}$$

式中，z_1 为河口处水位，v_1 为入口断面平均流速，z_2 为河道中某断面水位，v_2 为该断面平均流速，$h_{沿}$ 和 $h_{局}$ 分别为沿程水头损失和局部水头损失。

3　意义

采用数值模拟和水力学计算方法，建立了电厂的取水模型。通过电厂的取水模型，对沾化电厂扩建后徒骇河供水能力进行了定量计算。并研究了取水前后典型站位及河道沿程水位、流量的变化以及影响取水的因素，并对增大取水量的工程措施提出了建议。该模型本身的不足之处，如参数和计算方法的简化以及取水河道资料不够详尽等使计算结果存在一定的误差，在河道宽度较大的河口采用二维模型并与陆区河道一维模型耦合，以及在模型中引入各支流流量从而与实际更相符，均有利于计算精度的提高。

参考文献

[1] 边淑华,胡泽建. 徒骇河工程取水的定量研究. 海岸工程,2003,22(2):15-21.
[2] 曹祖德,王运洪. 水动力泥沙数值模拟[M]. 天津:天津大学出版社,1994.

多向随机波浪的反射模型

1 背景

波浪在海岸和港口建筑物前的反射对船舶的航行和货物装卸可能产生较大的影响,同时也能增加对海底的冲刷和侵蚀,因此研究波浪的反射对海岸工程设计和海岸形态的演化具有重要的意义。研究波浪的反射问题应该考虑多向随机波浪。由于多向随机波浪的复杂性和试验条件的限制,到目前为止关于多向随机波浪反射的研究相对较少。俞聿修等[1]对防波堤前多向随机波浪的反射情况进行了模型试验,采用遗传算法对波浪的反射系数和反射面位置进行了分析,给出了直立堤和混凝土护面斜坡堤对多向随机波的反射特性。

2 公式

在入、反射波浪共存场中,入射波浪和反射波浪之间的相位关系是固定的。假设波动为微幅线性波动,随机波浪可表示为无数个线性波的叠加。Isobe 和 Kond[2]给出了任意两个波动水面之间的互谱 $\Phi_{mn}(f)$ 和入射波方向谱 $S(f,\theta)$ 以及反射系数 K_r 之间的关系为:

$$\Phi_{mn}(f) = \int_{\theta_{min}}^{\theta_{max}} [H_{mn0} + H_{mn1} H_r + H_{mn2} H_r^2] S(f,\theta) \mathrm{d}\theta$$

其中,

$$H_{mn0} = \cos(k x_{mn}\cos\theta + k y_{mn}\sin\theta) - i\sin(k x_{mn}\cos\theta + k y_{mn}\sin\theta)$$

$$H_{mn1} = \cos(k x_{mn}\cos\theta + k y_{mn}\sin\theta) - i\sin(k x_{mn}\cos\theta + k y_{mn}\sin\theta) + \cos(k x_{mnr}\cos\theta + k y_{mnr}\sin\theta) - i\sin(k x_{mnr}\cos\theta + k y_{mnr}\sin\theta)$$

$$H_{mn2} = \cos(k x_{mrnr}\cos\theta + k y_{mrnr}\sin\theta) - i\sin(k x_{mrnr}\cos\theta + k y_{mrnr}\sin\theta)$$

$$x_{mn} = x_n - x_m \qquad y_{mn} = y_n - y_m \qquad x_{mrnr} = x_{nr} - x_{mr} \qquad y_{mrnr} = y_{nr} - y_{mr}$$

$$x_{mrn} = x_n - x_{mr} \qquad y_{mrn} = y_n - y_{mr} \qquad x_{mnr} = x_{nr} - x_m \qquad y_{mnr} = y_{nr} - y_m$$

式中, $\Phi_{mn}(f)$ 为第 m 个测点与第 n 个测点波面之间的互谱;k 是波数矢量,由线性波浪色散关系确定;(x_m, y_m) 和 (x_{mr}, y_{mr}) 分别为第 m 个测点和其对应于反射面的镜像点的位置坐标;θ 为入射波的方向;$[\theta_{min}, \theta_{max}]$是入射波方向分布范围;$S(f,\theta)$ 是入射波浪的方向谱。

Davidson 等[3]认为上式中互谱的理论值可以用四个变量表示,这四个变量分别为入射波浪的主传播方向 θ_0,方向分布参数 s,反射系数 K_r 和反射面到任一测波点的距离 rld,因此这个理论互谱函数可以简化表示为：

$$\Phi_{mn}(f) = Function(K_r, \theta_0, s, rld)$$

在理论互谱函数和物理模型试验中，把方向谱表示为：

$$S(f,\theta) = S(f) \cdot G(f,\theta)$$

式中，$S(f)$ 为波浪频谱，此处采用 JONSWAP 谱（$\gamma = 3.3$）；$G(f,\theta)$ 为方向分布函数，采用光易型分布函数：

$$G(f,\theta) = G_0 \sum_{i=1}^{N_s} \alpha_i \cos^{2s_i}\left(\frac{\theta - \theta_{0i}}{2}\right)$$

$$G_0 = \left[\int_{\theta_{min}}^{\theta_{max}} \sum_{i=1}^{N_s} \cos^{2s_i}\left(\frac{\theta - \theta_{0i}}{2}\right)\right]^{-1}$$

式中，θ_{0i} 为波浪的主波向，$N_s = 1$ 时为单峰分布，$N_s = 2$ 时为双峰分布，α_i 取值不同，双峰的大小不同。

Davidson 等[3]定义一个比例系数 k，以表示理论互谱和实测互谱的比值，根据这个比例系数可以调整理论互谱的大小。这个比例系数表示为：

$$k(f) = \frac{1}{mn} \sum_n \sum_m \frac{|\Phi_{mn}(f)|}{|\widehat{\Phi}_{mn}(f)|}$$

根据比例系数 k，理论的互谱值修正值由关系式［$\Phi_{mn}(f) \to k(f)\, \Phi_{mn}(f)$］，最后通过计算得到。

根据遗传算法的要求建立一个适值函数来表示理论互谱和实测互谱的吻合关系：

$$r_a = \frac{1}{1 + \sum_n \sum_m |A_{nm} - \widehat{A}_{nm}|}$$

$$r_p = \frac{1}{1 + \sum_n \sum_m |P_{nm} - \widehat{P}_{nm}|}$$

$$r_{ap} = \frac{r_a + r_p}{2}$$

3 意义

根据多向随机波浪在直立式防波堤和斜坡式防波堤前的反射情况，建立了多向随机波浪的反射模型。通过多向随机波浪的反射模型，改变波浪要素（波陡、周期）、波浪入射角度（正向、斜向）和方向分布以及防波堤的坡度，确定这些因素对波浪反射的影响。利用遗传算法来分析多向随机波从建筑物的反射，应用多向随机波浪的反射模型，计算可知直立堤的反射系数基本上不随入射波浪方向变化，斜坡堤的反射系数随波浪峰频的增大和堤坡的变缓而减小,且随波浪方向有一定变化。同时还探讨了多向随机波浪在斜坡式防波堤上的反射面位置问题。

参考文献

[1] 俞聿修,吴喜德,李毓湘. 多向随机波浪反射的试验研究. 海岸工程. 2003,22(3):1-11.

[2] Isobe M, Kondo K. Methods for estimatin g directional wave spectrum in incidentand refleeted wave field [A]. Proc . 19th Conf. Coastal Engrg. [C],New York:ASCE,1984,467-483 .

[3] Davidson MA ,Kingston KS, Huntley DA. New solution for directional wave analysis in reflective wave field [A]. J. Wateoay ,Port ,Coastal Ocean ,Engrg. 2000 ,126(4):173-181.

苯向大气的扩散模型

1 背景

近年来,随着国民经济的持续稳定发展,我国对液体化工原料的需求逐年增多,其中苯的进口数量也呈上升趋势。苯在转运、贮存过程中存在发生事故的可能性。尹相淳等[1]就青岛港液体化工码头苯贮罐一旦发生泄漏对大气环境产生的影响做了预测分析。发生苯泄漏主要有3个原因:苯在装卸过程因操作失误,管线破损;贮罐计量或液位计阀门失灵,罐体缺陷;雷击引起爆炸。1989年发生的黄岛油库爆炸事故主要原因是当时设备条件落后,在雷雨天气装罐作业时因油气遭雷击着火并引起爆炸,后果惨重。

2 公式

苯向大气中的扩散速度受多种因素影响,在不存在闪蒸与热量蒸发的前提下,主要影响因素是地面风速与在环境温度下苯的饱和蒸气压。根据我们的户外实验结果,苯的挥发量按下式计算:

$$Q = (312 + 49.1u)\frac{P}{P_0}S$$

式中,Q 为单位时间、单位面积的挥发量,g/min;u 为风速,m /s;P 为在环境温度下苯的饱和蒸气压,Pa; P_0 为大气压力,Pa;S 为苯液体的面积,m^2。

(1)静风模式

当风速小于1 m /s时,采用世界银行贷款C-3项目《环境影响评价培训教材》中推荐的模式:

$$C(x,y) = Q/\{(2\pi^3)^{\frac{1}{2}} x V^* \sigma_x\} exp(-y^2/2\sigma_y^2) exp(-He^2/2\sigma_z^2)$$

式中,σ_x,σ_y 和 σ_z 分别为 x,y 和 z 方向的扩散参数,m; V^* 为平均水平散布速率。

(2) 微风模式(风速为1 m /s)

事故发生后,在很短的时间内即有大量的苯蒸气散发到大气中,这里采用虚拟点源多烟团模式:

$$C_i(x,y,0,t-t_i) = 2Q[(2\pi)^{3/2}\sigma_x\sigma_y\sigma_z]^{-1} exp\{-[x-u(t-t_1)]^2(2\sigma_x^2)^{-1}\}$$

$$exp\left(-\frac{y^2}{2\sigma_y^2}\right)exp(-He^2/22\sigma_x^2)$$

$$C=\sum_{i=1}^{n}C_i(x,y,0,t-t_i)$$

式中，$\sum_{i=1}^{n}C_i(x,y,0,t-t_i)$ 为第 i 个烟团 t 时刻在 $(x,y,0)$ 点的浓度，mg/m^3；Q 为第 i 个烟团排放量，mg；u 为风速，m/s；t_i 为第 i 个烟团的释放时刻，s；t_i 为有效源高度，m；$\sigma_x,\sigma_y,\sigma_z$ 分别为 x ，y 和 z 方向的扩散参数，m；n 为烟团个数。

3 意义

根据苯向大气的扩散模型，计算了不同模式下苯的挥发量，预测和评价了青岛港液体化工码头苯贮罐苯泄漏对大气环境的影响。通过苯向大气的扩散模型的计算可知，苯罐一旦发生泄苯事故，会对大气环境造成不同程度的影响；在最不利天气条件下，泄漏挥发量为 3 375 kg ，会导致 22 人死亡；泄漏挥发量为 1 237 kg ，会导致 4 人死亡；如果同样的泄漏挥发量，发生在微风条件下，则分别有 4 人死亡和无人死亡；若发生 33 kg 泄漏挥发量，无论在何种天气条件下，都不会导致人员伤亡。

参考文献

[1] 尹相淳，战闰，宋树林．青岛液体化工码头苯罐泄漏对大气环境的影响．海岸工程，2003，22(3)：52-58.

海水的检出限公式

1 背景

当前,随着标准分析方法的不断完善和日趋规范,新的国标方法颁布实施也随之加快。检测海水时,多数待检测物质含量极低甚至经常未检出,因此,海水分析方法的检出限就成了一个非常重要的指标。正确使用合理的检出限数值,才能确保检测数据准确可靠,真实地反映海水水质状况,同时也能充分体现实验室的检测能力和水平。从实验室质量控制及质量管理方面来讲,开展海水分析方法检出限的探讨与研究,具有重要意义和应用价值。谭爱民和蒋海威[1]根据公式从实验室质量保证方面探讨了海水新国标分析方法检出限的应用。

2 公式

在《全球环境监测系统水监测操作指南》中规定,给定置信水平为95%时,样品浓度的一次测定值与零浓度样品的一次测定值有显著性差异者即为检测限 L。当空白测定次数 $n<20$时:

$$L = 2\sqrt{2t_f}S_{wb}$$

式中,S_{wb} 为空白平行测定(批内)标准偏差;f 为批内自由度,等于 $m(n-1)$,m 为重复测定次数,n 为平行测定次数;t_f 为显著性水平为 0.5(单侧),自由度为 f 的 t 值。

考虑到各实验室的人员、实验条件、采购的试剂及使用的仪器存在不同程度的差异,本实验将通过 Cochran 最大方差检验后的高值定为实验检出限(表 1)。

表 1 实验检出限及相关数值比较(μg/L)

序号	项目	实验检出限	新国标检出限	海水水质标准检出限	第一类海水标准
1	氨	3.8	–	0.7	20
2	总铬	0.5	0.3	1.2	50
3	挥发酚	1.3	1.1	4.8	5
4	氰化物	0.7	0.5	2.1	5

续表

序号	项目	实验检出限	新国标检出限	海水水质标准检出限	第一类海水标准
5	硫化物	0.7	0.2	1.7	20
6	亚硝酸盐	0.8	–	0.3	200
7	磷酸盐	0.7	0.2	1.4	15
8	硝酸盐	7.7	–	0.7	200
9	石油类	19.2	3.5	60.5	50
10	硒	0.5	0.4	1.5	10
11	汞	0.11	0.001	0.008 6	0.05

实验检出限除了应与方法规定的检出限一致外，从实际应用角度考虑，还要满足海水水质评价标准的要求。表1和图1列出了有关数值，进行了对照比较。

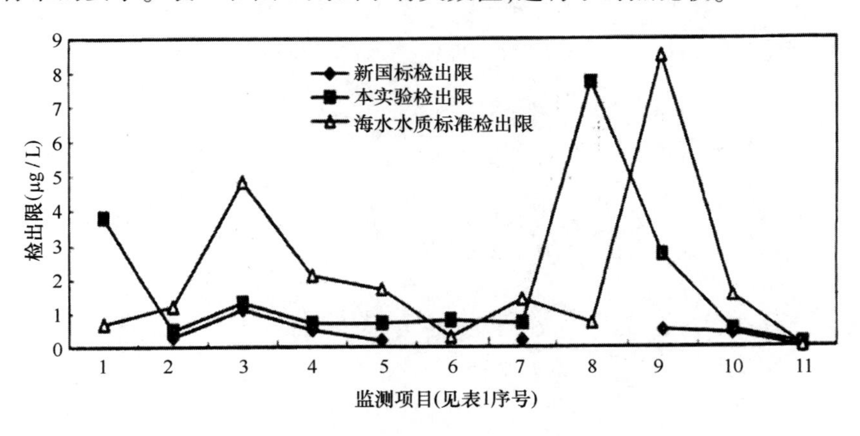

图1　相关检出限的图示比较

3　意义

从实验室质量保证的角度出发，依据多个监测站的大量实验数据，建立了海水的检出限公式，解决了实施《海洋监测规范》(GB17378－1998)遇到的检出限问题。结合实验中反映出来的问题，从质量保证方面考虑，对新国标分析方法中不甚详细之处，通过海水的检出限公式，提出以下合理的建议及经验，增强其可操作性。氨：注意排除项目间由于使用氨水、硝酸等带来的干扰；氰化物：规定所有参加的实验室都使用GB7486－87方法中该试剂的配置方法来代替,其余均按新规范方法进行;硫化物:在实验期间,应每天都对标准溶液进行标定;磷酸盐:用同批试剂进行6 d 的测定;石油类:萃取使用的正已烷透光率达不到90%须进行处理。

参考文献

[1] 谭爱民,蒋海威. 从实验室质量保证探讨海水新国标分析方法检出限的应用. 海岸工程,2003,22(4):55-60.

波高熵的分布变化模型

1 背景

对于不确定性的度量，数学上可以用熵来描述，一个随机场的无序程度在理论上也可以用它的熵来表示。自从 19 世纪 Clausius 在热力学中提出熵的概念以来，熵成功地被引入到自然科学和社会科学的许多学科中，极大地促进了各门学科的发展，其中最为著名的是 20 世纪 40 年代，Shannon 在信息论的研究中提出的“信息熵”概念。韩树宗等[1]通过实验对大西洋波高熵的分布变化规律进行了研究，充分利用 Topex/Poseidon 卫星数据资料深入研究大西洋波高熵的空间分布特征和时间变化规律，这对中国海上航运、远洋渔业及其他大洋活动具有重要意义。

2 公式

波高的熵分布，既表现了波高的分布特征，蕴含着风区和风时的信息，同时又反映了海浪的“混乱”程度。对某一特定海区和特定时间段的海面，观测的波高位信息即是变量 H，并假定 H 的概率密度为 $f(H)$，则波高熵的定义为：

$$S = -\int_0^{\infty} f(H)\ln f(H)\,\mathrm{d}H$$

离散形式为：

$$S = -\sum_{i=1}^{M} f(H_i)\ln f(H_i)\,\Delta H$$

式中，ΔH 为组矩；$f(H_i) = \frac{n_i}{N}$ 为在时空坐标 i,j,t 上，波高位于 $(i-1)\Delta H \leqslant H_{1/3} \leqslant i\Delta H$ 范围内的出现率；n_i 为波高 $(i-1)\Delta H \leqslant H_{1/3} \leqslant i\Delta H$ 出现次数，N 为总次数。

波高熵值与平均波高在数学上有密切的关系。将整个大西洋和南、北大西洋在统计时间序列长度范围内的波高熵值变化曲线和平均波高变化曲线相比较（图 1 至图 3），可以发现二者的变化规律几乎完全一致。

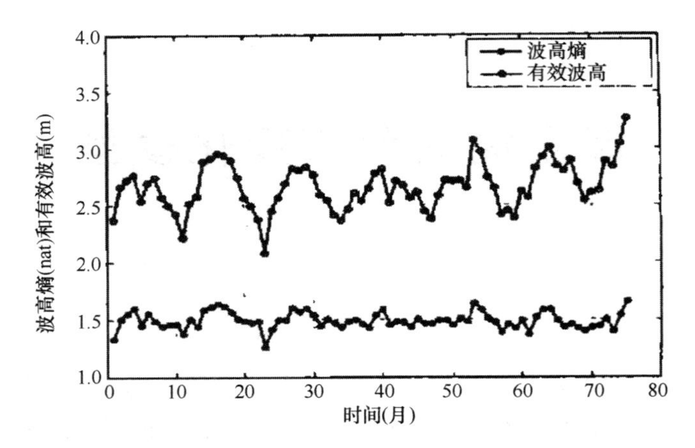

图1　大西洋波高熵值和平均波高的季节变化比较

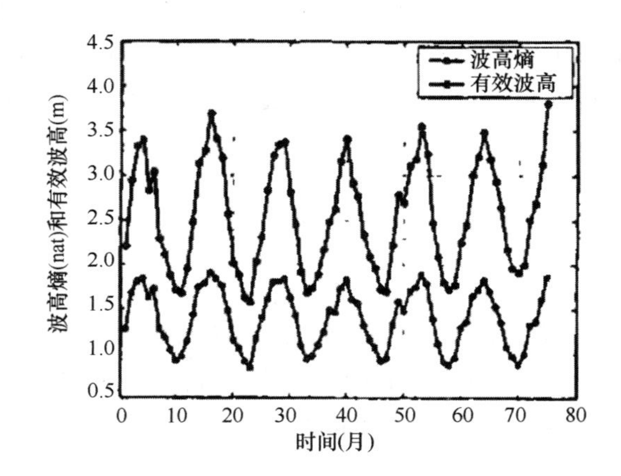

图2　北大西洋波高熵值和平均波高的季节变化比较

3　意义

根据1992年10月至1998年12月连续75个月、230个重复周期的Topex/Poseidon卫星高度计有效波高资料，建立了大西洋波高熵的分布变化模型，确定了南、北大西洋波高熵的空间分布特征和时间变化规律，统计分析得到了大西洋波高熵的多年的空间分布特征和多年各月的时间变化规律。通过波高熵的分布变化模型，计算可知大西洋波高熵呈现出中间低、南北高的马鞍形空间分布特征和明显季节变化的规律，与大西洋的平均有效波高、气候的地理分布以及大气活动分布特征和变化规律相一致。

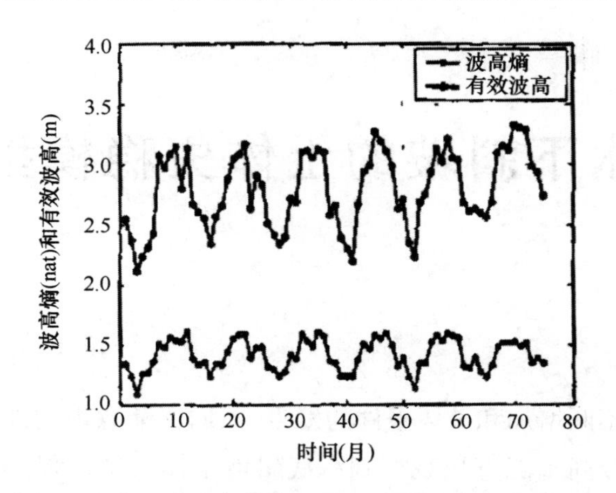

图 3　南大西洋波高熵值和平均波高的季节变化比较

参考文献

[1]　韩树宗,郭佩芳,赵喜喜,等. 大西洋波高熵的分布变化规律研究. 海岸工程,2003,22(4):28-35.

水下斜坡的土体失稳模型

1　背景

随着海底用途的不断增加和破坏事件的发生,人们逐渐意识到加强海底斜坡稳定性研究的重要性。人们迄今尚未能直接观察到海底斜坡土体失稳过程,主要原因是:海底斜坡土体发生破坏的确切位置和时间很难预测;人们较难接近海底,尤其是在恶劣的海况下就更加如此。近几十年来,由于声学探测技术的提高,人们对海底斜坡失稳土体地形范围和特征的认识不断深入,逐渐开展了水下斜坡土体失稳过程的定性和定量模式分析。胡光海等[1]就海底斜坡土体失稳进行了分析。水下斜坡土体失稳过程的定性和定量研究将有助于理解土体发生破坏、搬运的外部环境和土质条件因素,预测其可能发生的部位以及演变趋势。

2　公式

Locat 和 Lee[2]对比分析不同沉积物流变数学模型后,提出 3 种具有代表性的流变数学模型:

$$\tau = \tau_c + \eta \gamma^n \quad \text{(Bing ham 流)}$$

$$(\tau - \tau_c) = k \gamma^n \quad \text{(Herschel - Bulkley 流)}$$

$$\tau = \tau_c + \eta\gamma + c/(\gamma + \gamma_0) \quad \text{(双线性流)}$$

式中,τ 是流体的阻力;τ_c 是流体的屈服强度;η 是动力黏滞系数,Pa/s;γ 是剪切速率;γ_0 是与双线性流屈服强度相对应的剪切速率;c 是常数,kPa/s。当碎屑流被看做非屈服应力流体时,k 为黏滞系数,MPa/s;n 是指数,当流体是假塑性体时,$n<1$;胀流体时,$n>1$;Bing ham 流时,$n=1$。

在用流变模型分析海底沉积物运动方面,Norem 等用了一个黏塑性模型:

$$\tau = \tau_c + \sigma(1 - r_u)\tan\varphi + \eta \gamma^n$$

式中,σ 是总应力,r_u 是孔隙压力比,φ 是摩擦角。

Locat 和 Lee[2]的研究表明流体的屈服强度和黏滞系数与液性指数有一定的关系,并提出屈服强度与液性指数关系式:

$$\tau = (\frac{5.81}{I_L})4.55 \qquad (盐度为0)$$

$$\tau = \left(\frac{12.05}{I_L}\right)3.31 \qquad (盐度为30)$$

和黏滞系数与液性指数关系式：

$$\eta = \left(\frac{9.27}{I_L}\right)3.3$$

以及黏滞系数与屈服强度关系式：

$$\eta = 0.52\,\tau_c 4.55$$

式中，I_L 是液性指数。

3 意义

根据水下斜坡的土体失稳模型，确定了海底斜坡的失稳核心情况。通过水下斜坡的土体失稳模型，对海底斜坡的土体失稳进行定性和定量研究，以及海底斜坡土体失稳后演变趋势的定性和定量研究。将水下斜坡的土体失稳模型应用到海底斜坡的实际当中，结合实测资料修改或综合已有的方法，或者通过数值模拟和室内模拟实验（如离心模拟实验）检验海底压力、土中应力、位移和破坏等分析方法，使我们进一步认识海底斜坡土体不稳定过程的实质。

参考文献

[1] 胡光海，刘忠臣，孙永福．海底斜坡土体失稳的研究进展．海岸工程，2004，23(1)：63-72.

[2] Locat J, Lee H J. Submarine landslides: Advances and challenges[J]. Canadian Geotechnical Journal, 2002, 39: 193-212.

轻质硬壳堤坝的稳定模型

1 背景

我国有漫长的海岸线,沿岸滩涂极为广泛,滩涂水产养殖业也十分发达。而在滩涂水产养殖中,堤坝闸门是其极为重要的工程设施。它除了起保持养殖水位和防止水产外逃的作用外,还要抵御潮水和波浪的侵蚀。但传统堤坝在设计和施工中存在方法陈旧、材料单一、建造工期长、易沉陷、滑移、渗漏、倒塌等诸多缺陷,软弱地基上的堤坝存在着施工速度慢和沉滑严重的问题,砂砾地基上的堤坝存在着渗漏问题。陶松垒等[1]通过实验对轻质硬壳堤坝在沿海滩涂中的应用展开了分析。

2 公式

在软弱地基上做堤坝,假设堤坝外形几何尺寸已定,即顶宽、底宽、堰高、壳壁厚度为已知值,但轻质垫层区面积还有待于确定。该面积在满足常规几何可实现性外,主要应满足堤坝水平抗滑能力[2]。参照重力式挡土墙的滑动稳定验算公式,可知轻质垫层区面积 A_l 应满足下式:

$$A_l \leqslant \frac{\gamma_0 A_0 + \gamma_i (A - A_0) + w_p + E_y - \dfrac{K_c}{f} E_x}{\gamma_i - \gamma_l}$$

式中, A,A_0 和 A_l 分别为堤坝断面总面积(包括轻质垫层区)、外壳断面面积和轻质垫层区面积(m^2);γ_0、γ_i 和 γ_l 分别为硬壳材料重度、填充物重度和轻质材料重度,$\mathrm{kN/m^3}$;w_p 为堤坝顶面受力,kN;f 为基底摩擦系数;E_x 和 E_y 分别为坝体侧面所受的水平力和竖直向力,kN;K_c 为坝体沿堰底的滑动稳定系数。

利用土力学地基承载力的计算公式计算其承载力:

$$\begin{aligned} Pu &= 0.5\gamma b\, N_r + qN_q + C\, N_C \\ &= 0.5 \times 17 \times 17 \times 0.3 + 0 + 6 \times 10 = 103.35(\mathrm{Pa}) \end{aligned}$$

堤坝重为:

$$\begin{aligned} &[3.14 \times 1.5 \times 1.5 \times 0.5 \times 0.4 + (22 \times 5 \times 0.5 - 3.5) \times 17 \\ &+ 0.05 \times 3.14 \times 8.5 \times 25]17 = 53.5(Pa) < Pu = 103.53(\mathrm{Pa}) \end{aligned}$$

3 意义

在各种不同地质的滩涂中发展水产养殖,实践中提出了快速、经济、高效地建造堤坝的要求,于是在此建立了轻质硬壳堤坝的稳定模型,确定了硬壳轻质堤坝在滩涂水产养殖中的应用结构体系,阐述了硬壳轻质堤坝的构造和材料、施工工艺及设计方法。通过轻质硬壳堤坝的稳定模型计算,轻质硬壳堤坝具有施工快、稳定性好、防冲蚀、防渗性好的特点,从而提高软弱地基和砂土地基滩涂上的养殖效益。一方面,减轻了堤坝的重量,提高了堤坝的强度与整体性,使地基受力均衡,避免了不均匀沉降与滑坡;另一方面,硬壳轻质堤坝相当于一个有一定强度的垫层铺于软弱地基上,扩大了荷载力扩散范围,使压力均匀分布,同时对下卧土体有约束作用,限制了地基的侧向变形。

参考文献

[1] 陶松垒,陶钧甫,李未材,等. 轻质硬壳堤坝在沿海滩涂中的应用. 海岸工程,2004,23(1):29-34.
[2] 陶松垒,张子和,吴建华. 一种轻质硬壳海堤的设计和可靠性分析[J]. 海洋科学 2001,25(11) : 4-7.

港口岸坡的稳定模型

1 背景

岸坡是码头桩台和陆上堆场的连接结构,是码头工程中的重要组成部分。软基岸坡设计是个复杂问题,选取土体的不同的物理力学指标,计算得出的安全系数结果相差很大。岸坡工程在码头工程中占又很重要的位置,如何改进港口地区的岸坡稳定计算,使之既经济合理又安全可靠,是码头设计中的一个重要课题。朱继伟和闫澍旺[1]通过实验对边坡的安全系数进行了研究,以此来找出合理的理论依据支持当安全系数为 0.9~1.0 时边坡仍稳定的问题。

2 公式

对任意均质土坡,如果 F_s 为整个滑裂面上的平均安全系数,c 为现场测得的十字板强度,$\varphi = 0$,则有:

$$F_s = \frac{\sum c_i l_i}{\sum W_i \sin \alpha_i}$$

式中,c_i 为每一土条的十字板强度指标,l_i 为每一土条底部的长度,W_i 为每一土条本身的自重,α_i 为土条底部的坡角。

当采用十字板强度指标时,内摩擦角 $\varphi = 0$,则滑裂面简化为圆弧面,有:

$$R = R_0 e^{(\theta-\theta_0)tg\varphi} = R_0$$

当刚性滑动土体 ADB 绕旋转中心 O 转动时,AB 面以下的土体保持静止,滑裂面 AB 上速度不连续。滑动土体 ADB 由于自重所做外功的功率由土块 OAB,OAD 和 ODB 所做外功的功率之代数和求得。OAB 土块所做的外功功率为:

$$\begin{aligned} A_1 &= \int_{\theta_0}^{\theta_1} \frac{\gamma R^2 \mathrm{d}\theta}{2} \frac{2}{3} R\cos\theta\omega \\ &= \gamma R_0^3 \omega f_1(\theta_1, \theta_0) \end{aligned}$$

ODB 土块及 OAD 土块的外功功率分别为:

$$A_2 = \gamma R_0^3 \omega f_2(\theta_1, \theta_0)$$

$$A_3 = \gamma R_0^3 \omega f_3(\theta_1, \theta_0)$$

其中,

$$f_1(\theta_1, \theta_0) = \frac{1}{3}(\sin\theta_0 - \sin\theta_1)$$

$$f_2(\theta_1, \theta_0) = \frac{1}{6}\frac{L}{R_0}(2\cos\theta_0 - \frac{L}{R_0})\sin\theta_0$$

$$f_2(\theta_1, \theta_0) = \frac{1}{6}\left[\sin(\theta_1 - \theta_0) - \frac{L}{R_0}\sin\theta_1\right] \times (\sin\theta_0 - \frac{L}{R_0} + \cos\theta_1)$$

$$\frac{L}{R_0} = \cos\theta_0 - \cos\theta_1 + ctg\beta(\sin\theta_0 - \sin\theta_1)$$

$$\frac{H}{R_0} = \sin\theta_0 - \sin\theta_1$$

则 ADB 自重所做的外功功率为:

$$A = A_1 - A_2 - A_3 = \gamma\omega R_0^3(f_1 - f_2 - f_3)$$

式中, γ 为土体容重, ω 为角速度。

沿不连续滑裂面 AB 产生的内能耗散率为:

$$D = \int_{\theta_0}^{\theta} c\omega R_0^2 \mathrm{d}\theta = c R_0^2 \omega(\theta_1 - \theta_0)$$

令 $A=D$,经过整理后临界高度 H_c 可用下式表示:

$$H_c = \frac{c}{\gamma} f(\theta_1 - \theta_0)$$

其中,

$$f(\theta_1 - \theta_0) = \frac{\sin\theta_1 - \sin\theta_0}{(f_1 - f_2 - f_3)(\theta_1 - \theta_0)}$$

当滑动土体处于极限状态时, $f(\theta_1 - \theta_0)$ 应为极小值,因此令 $\frac{\mathrm{d}f}{\mathrm{d}\theta_1} = 0$ 及 $\frac{\mathrm{d}f}{\mathrm{d}\theta_0} = 0$,求得 θ_1 和 θ_0 后,即可求得土坡的临界高度的上限解:

$$H_c = \frac{c}{\gamma} f(\theta_1, \theta_0)_{min} = \frac{c}{\gamma} N_s$$

式中, N_s 是土坡稳定系数。同时,假设坡顶为坐标原点,滑弧的半径 R_0 及圆心位置则按下式求得:

$$R_0 = \frac{C N_c}{\gamma(\sin\theta_1 - \sin\theta_0)}$$

$$x = H_c cot\beta$$

$$y = - R_0 \sin\theta_0$$

根据某港软土地基的性质,在此取土体容重 $\gamma = 18.5\ \text{kg/m}^3$,十字板强度指标和土体容重之比 C/γ 为常数,令:

$$r = \frac{K_f}{K_j}$$

式中, K_j 为极限分析法求得的安全系数, K_f 为简单条分法求得的安全系数。

当 $K_j = 1$ 时,安全系数比 r 的值将与 K_f 值相等。根据以上已知条件,得出当极限分析法求得的安全系数为 1 时,简单条分法对应的安全系数以及 r 的值(表 1)。

表 1　坡角 β 与安全系数 K_f 和 r 的关系

项目	β(°)			
	20	25	30	35
H_c(m)	8.55	8.31	8.20	7.87
K_f	0.903 7	0.881 3	0.874 3	0.869 4
$r = K_f/K_j$	0.903 7	0.881 3	0.874 3	0.869 4

3　意义

根据港口岸坡的稳定模型,确定某港码头岸坡的设计。利用极限平衡法和塑性极限分析法对边坡安全系数进行理论分析和对比研究,改进了港口地区岸坡稳定性的计算方法,并通过分析证明了十字板剪切强度指标在实际应用中的合理性。极限分析法解得的上限解比极限平衡法解得的下限解大 10 % 左右,滑弧位置及半径也略有差异。也就是说,当计算结果为 0.9 时,实际值比 0.9 大,接近于 1.0。当计算值为 1.0 时实际值将大于 1.0 并接近于 1.1。这较好解释了该港岸坡计算安全系数为 0.9~1.0,小于规范的要求却仍然稳定的原因。

参考文献

[1]　朱继伟,闫澍旺. 边坡安全系数的研究. 海岸工程,2004,23(2):38-44.

高边坡施工的精确放样模型

1 背景

在土建工程高边坡施工中,高边坡坡顶刷坡点、坡脚点及高边坡各台阶的控制点的准确施工放样,对于大型的土石方开挖、高填方工程及高边坡防护工程施工的顺利进行,防止出现不应有的工程施工事故是非常重要的。通常进行边坡放样的方法有设计图直接放样法、单坡渐近法、准确横断面测量法等。这些方法虽然简单快捷,但对于高边坡放样就难以实施或达不到施工要求的准确度。利用坐标断面坡度线法的高边坡放样方法却可以达到要求。宋子东[1]就高边坡施工的精确放样技术展开了探讨。

2 公式

(1)断面方向线法

如图1所示,线元(直线或曲线)上任一点 P,坐标为 (X_p, Y_p) 及 P 点的切线方位角为 α,计算断面方位角 α_i 及断面上任一点坐标 $Q(X_q, Y_q)$。

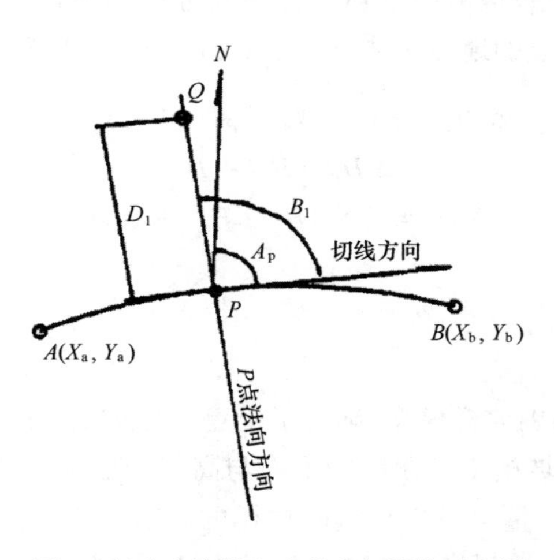

图1　任意方向线上点的坐标计算示意图

据推算得：

$$\alpha_i = \alpha \pm \beta_i$$

$$X_q = X_p + D\cos(\alpha_i \pm \beta_i)$$

$$Y_q = Y_p + D\sin(\alpha_i \pm \beta_i)$$

(2)延长直线法

如图 2 所示，根据断面上两点 $A(X_a, Y_a)$，$B(X_b, Y_b)$ 计算断面上任一点 $C(X_c, Y_c)$。

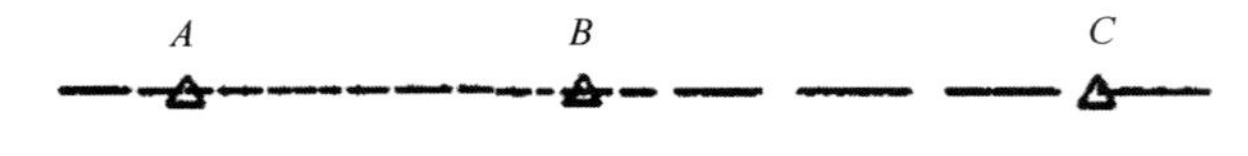

图 2　延长直线法

据推算得：

$$\alpha'_{AB} = \arctan\left(\frac{\Delta Y}{\Delta X}\right)$$

α_{AB} 由 ΔY 及 ΔX 符号确定。推证得：

$$X_c = X_b + D\cos \alpha_{AB}$$

$$Y_c = Y_b + D\sin \alpha_{AB}$$

放样方法一：利用全站仪边测量功能。初测最高或最低台阶的起终点到估计的坡脚点或刷坡点的平距与高差 D_{si} 、H_i ，则第一次移镜站距离：

$$\Delta D_1 = D_{算} - D_{si}$$

$$\Delta D_1 = n_1 \times (H_6 + H_i - H_a)$$

放样方法二：利用全站仪或 GPS 三维坐标测量功能。同样初测最高或最低台阶的起终点到估计的坡脚点或刷坡点的地面三维坐标（ X_7, Y_7, H_b ），则第一次移镜站距离：

$$\Delta D_{si} = (X_7 - X_6)^2 + (Y_7 - Y_6)^2$$

$$\Delta D_1 = D_{算} - D_{si}$$

$$\Delta D_1 = n_i \times (H_b - H_a) - \Delta D_{si}$$

3　意义

根据高边坡施工的精确放样模型，确定了土建工程施工中的大型土石方工程、线性工程和防护建筑物等的高边坡施工控制点的平面与高程的准确定位的坐标断面坡度线法理论，以及如何利用现代化测量手段进行实际放样的方法。应用高边坡施工的精确放样模型，建议采用精度等级较高的测量仪器进行放样测量，以提高施工放样的精度。同时应注意放样点并非施工点，还要根据是否有边坡防护构造物，再视防护构造物的尺寸，确定施工点的合理位置。

参考文献

[1] 宋子东．高边坡施工的精确放样技术．海岸工程,2004,23(2):33-37.

拦门沙的泥沙输移公式

1 背景

拦门沙是径流泥沙输移过程中,由于能量的释放以及河流、海洋双向水流的相互顶托作用下,径流势能锐减、咸淡水混合、泥沙絮凝沉积而发育隆起于口门的沙体。受上游河流来水来沙和海洋动力的影响,入海河口区拦门沙体发育,如今广利河口拦门沙顶水深不到1 m,船只只能乘潮进出港口。李安龙等[1]采用高精度 GPS 定位、精密测深、测流、悬沙观测、底质采样、钻探和室内分析的方法,调查获得了河口拦门沙的形态、水深、海流、底质分布和拦门沙体物质垂向分布特征。并与历史水深资料对比,对拦门沙的发育动态进行了分析,对航道入海方案进行了优选。

2 公式

广利河口拦门沙水深处于历史上最大冲刷深度和最大淤积厚度的中间位置,在目前的水动力条件和物源状态下已基本进入冲淤平衡时期。广利河口拦门沙不同时间段内的水深变化如图 1 所示。

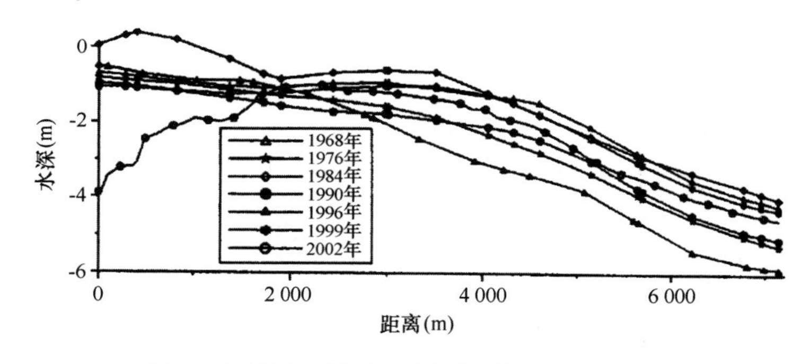

图 1 广利河口拦门沙不同时间段内的水深变化

左藤利用同位素示踪沙在海滩上测定泥沙运动情况,提出了以下 2 种临界水深的计算公式[2]:

表面移动：

$$\frac{H_0}{L_0} = 1.35\left(\frac{D_m}{L_0}\right)^{\frac{1}{3}} sh\left(\frac{2\pi h_c}{L}\right)\left(\frac{H_0}{H}\right)$$

完全移动：

$$\frac{H_0}{L_0} = 2.40\left(\frac{D_m}{L_0}\right)^{\frac{1}{3}} sh\left(\frac{2\pi h_c}{L}\right)\left(\frac{H_0}{H}\right)$$

式中，h_c 为表层泥沙普遍进入运动的临界水深，D_m 为平均粒径，H_0 为有效波高，L_0 为深水波长，L 为波长；H 为平均波高。

3 意义

根据拦门沙的泥沙输移公式，计算得到了广利河口拦门沙水动力特征、海底地形和底质特征，以及拦门沙的动态发育和波浪作用下拦门沙运动状态。通过拦门沙的泥沙输移公式，确定了广利河口的航道选择方案。计算结果认为，广利河槽外航道宜从东偏南向入海。针对广利河口拦门沙现状，根据自然水动力条件、泥沙条件和开挖土石方量的对比，建议出河槽外的主航道方向设计为东偏南，同时建议做好长期配套防护措施，如在航道北侧由岸入海建一导流堤，堵住北叉流，开挖新航道，有利于疏通自然航道。如果没有配套措施，台风或暴风浪将会对航道产生严重影响。

参考文献

[1] 李安龙，李广雪，曹立华，等．广利河口拦门沙发育动态和河口航道的选择．海岸工程，2004，23(2)：1-8.

[2] 常瑞芳．海岸工程环境[M]．青岛：青岛海洋大学出版社，1997.

拦门沙的泥沙运动公式

1 背景

广利河河口拦门沙治理工程拟采用束水攻沙、综合整治方案,即利用造价低廉、施工方便的水力插板束窄河口口门流路,加大落潮时潮水和河川径流下泄流速,冲刷口门拦门沙,形成一条能满足当地渔船随时通行的固定航道。基于上述工程建设要求,广利河口滨海区泥沙起动、扬动和沉降流速,束窄通道内水沙动力条件变化规律以及水力插板承受的波压力分布等数据,均是涉及该项工程科学布局、几何尺度和航道运营成败的重要依据。贾友海等[1]借助波浪水槽,依据广利河口陆海动力条件,针对原型泥沙运动条件以及水力插板受波浪作用后的压力分布规律,进行了一系列的水工模型试验研究,旨在为经济、合理整治河口拦门沙以及水力插板的设计与施工提供科学依据。

2 公式

试验共进行了 $d_1=10$ cm,$d_2=20$ cm,$d_3=30$ cm,$d_4=40$ cm,$d_5=50$ cm,$d_6=60$ cm 六种水深测试,记录每一种情况下对应的初动、中动、普动和扬动流速。其实测结果见表 1,变化曲线绘于图 1 中。

表 1 泥沙启动流速实测值 单位:cm/s

水深(cm)	初动	中动	普动	扬动
$d_1=10$	17.58	23.29	31.61	40.44
$d_2=20$	31.31	36.54	40.74	49.46
$d_3=30$	31.27	37.51	48.17	65.33
$d_4=40$	28.16	36.51	46.88	58.66
$d_5=50$	28.67	34.98	40.90	58.26
$d_6=60$	26.41	31.86	41.29	46.80

河海大学根据近十几年来国内外比较可靠的长水槽试验资料求得粗沙起动流速计算

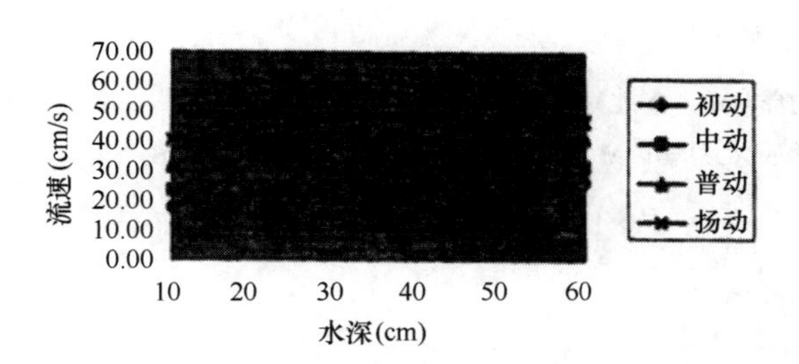

图 1　泥沙临界速度与水深关系曲线

公式为：

$$U_c = 1.28 \times (\lg \frac{13.5d}{d_{95}})\ g\ \bar{D}_{50}$$

式中，U_c 为泥沙起动流速；d 为水深，d_{95} 为级配曲线上相当于 $P=95\%$ 的粗颗粒粒径，D_{50} 为中值粒径。

由于粒径大者，重力作用占主导地位，故粒径越大，越难起动[2]；粒径小者，黏滞力占主导地位，故粒径越小越难起动。采用关于泥沙起动的流速公式[3]：

$$U_c = \left(\frac{d}{D_{50}}\right)^{0.14} \left(17.6 \frac{\gamma_s - \gamma}{\gamma} D_{50} + 0.000000605 \frac{10 + d}{D_{50}^{0.72}}\right)^{1/2}$$

沙玉清教授曾经给出扬动流速计算公式：

$$U_f = 0.812\ D_{50}^{0.4}\ \omega^{0.2}\ d^{0.2}$$

式中，U_f 为泥沙扬动流速，m/s；D_{50} 为泥沙中值粒径，mm；ω 为泥沙颗粒沉速，mm/s；d 为水深，m。

3　意义

根据拦门沙的泥沙运动公式，通过广利河口拦门沙运动参数及 3 种水力插板上波浪力，定量给出了泥沙初动、中动、普动、扬动变化曲线，同时建立了水深与拦门沙运动临界流速的对应关系，为广利河口拦门沙治理和航道管理提供了科学依据。目前关于泥沙起动的各类公式繁多，且计算结果也不完全一致，造成这种现象的原因正是因为不同的人对泥沙起动的判别标准各不相同，实际上随着水流的加强，底沙运动由无泥沙运动，即全部底沙处于静止状态，至开始运动大致要经历以下 4 个阶段：轻微的泥沙运动；中等强度的泥沙运动；普遍性的泥沙运动；扬动。

参考文献

[1]　贾友海，拾兵，陈兆林．广利河口拦门沙运动特性及水力插板断面模型试验研究．海岸工程，2004，

23(2):9-14.
[2] 王昌杰．河流动力学[M]．北京:人民交通出版社,2001.
[3] 武汉水利电力大学．水力学[M]．北京:高等教育出版社,1986.

粮食泊位的装卸模型

1 背景

近年来,随着中国粮食贸易量的猛增,沿海各主要港口纷纷投资兴建粮食专业化泊位,而且专业化粮食泊位的装卸工艺流程及其设备系统也日渐成熟。孙培声和李国章[1]结合某海港的粮食泊位装卸工艺实际设计工作,对我国沿海港口散粮装卸系统工艺设计以及设备选型进行分析。散装粮食泊位项目建设需要进行大量的前期调研准备工作,尤其是货流量、货种流向和性质、设计船型等基础数据对装卸工艺系统影响很大,需要进行详细研究。

2 公式

计量系统采用非连续累积电子定量秤,额定能力 600 t/h,最大能力 660 t/h,每斗秤重 6.5 t ,精度 5 kg ,结构形式为三斗式,即秤上斗、秤斗、秤下斗,PLC 独立控制。所采用的主要装卸设备的性能参数、型号及规格见表 1。

表 1　装卸机械性能表

设备名称	主要性能参数	型号及规格
斗式提升机	生产率 600 t/h,垂直提升高度 60 m,总装机容量 160 kW	TDTG 型
带斗门座起重机	起重量 16 t,最大幅度 35 m,生产率 450~500 t/h,总装机容量 390 kW	16 t-35 m
埋刮板机	生产率 600 t/h,带宽 1.2 m,带速 3.15 m/s	TGSS 型
气垫皮带机	生产率 600 t/h,带宽 1.2 m,带速 3.15 m/s,带风机	NFD 型

泊位通过能力可用下式计算:

$$P_t = \frac{T_y}{\dfrac{t_z}{24 - \sum t} + \dfrac{t_f}{24}} \frac{G}{K_B}$$

式中, T_y 为泊位作业天数; t_z 为装卸一艘设计船型所需时间; t_f 为船舶的装卸辅助作业,技术作业时间以及船舶离泊间隔时间之和; $\sum t$ 为昼夜非生产时间之和;G 为船舶的载重量,考虑满载系数 0.8; K_B 为港口生产不平衡系数。

通过以上计算和设备选型分析,确定本工程所用机械设备名称、型号及数量见表 2。

表 2　装卸机械设备配备表

设备名称	主要性能参数	单位	数量	备注
带斗门座起重机	161.35 m	台	3	
DT1、DT2 卸船斗提机	600 t/h,36 m	台	2	
DT3、DT4 钢板仓斗提机	600 t/h,60 m	台	2	
DT5 装车斗提机	600 t/h,30 m	台	1	
B1,B2 顺岸固定皮带机	600 t/h,250 m	台	2	气垫式
B3,B4 转接固定皮带机	600 t/h,180 m	台	2	气垫式
C1、C2 入仓刮板机	600 t/h,36 m	台	2	
C3、C4 入仓刮板机	600 t/h,60 m	台	2	
C5、C6 入仓刮板机	600 t/h,65 m	台	2	
BC1,BC2 仓顶气垫皮带机	600 t/h,20 m	台		
BC3-BC10 仓顶气垫皮带机	600 t/h,25 m	台		
C7 倒仓刮板板输送机	600 t/h,35 m	台	1	
C8 出仓刮板板输送机	600 t/h,30 m	台	1	
C9 装车刮板板输送机	600 t/h,25 m	台	1	
B5,B6 出仓气垫输送机	600 t/h,115 m	台	2	
溜管	200 t/h	个	2	
除铁器	500 t/h	个	2	
电动闸门	600 t/h	个	34	
电动闸门	200 t/h	个	2	
手动闸门	600 t/h	个	20	
电动三通	600 t/h	个	10	
钢板仓	D=22.0 m	个	10	
推耙机	200 t/h	台	4	
计量秤	600 t/h	台	2	

3 意义

根据粮食泊位的装卸模型,确定了我国沿海港口散粮专业化泊位的装卸工艺流程设计和工艺布置。通过粮食泊位的装卸模型,计算得到主要设计参数和水平输运、垂直输运、泊位前方和后方等主要装卸工艺设备的选择。因此,设计者在进行设计之前或设计过程中应了解使用者的意见;应和各设备生产厂家进行沟通,参考并总结他们对工艺系统的建议;了解最新的技术动态;对重要环节进行设计质量控制。只有把调研准备工作做好,才能快捷、有效地设计出一个成功的港口装卸工艺系统,从而为港口生产创造效益。

参考文献

[1] 孙培声,李国章. 某港口专用粮食泊位装卸工艺设计及设备选型介绍. 海岸工程,2004,23(2):79-83.

海底沉积物的声学探测模型

1 背景

在海洋工程地质勘察中,一般采用钻探、取样、室内试验的方法获取工程地质参数。海上原位测试可以得到较准确的工程地质参数,但是目前因海上原位测试仪器存在一定质量问题,可海上施工条件高、费用大,大面积推广有一定难度。确定一套快速、有效的海底松软沉积物声学探测方法,了解研究埕岛海域海底松软沉积物分布变化规律,保证埕岛海域海洋工程设计的科学合理,减少施工过程不必要的返工,对降低海洋石油勘探开发生产成本具有重要意义。杨柳等[1]就胜利埕岛海域海底松软沉积物声学探测方法展开了探讨。

2 公式

根据海洋地质声学原理,海底对声波的吸收、散射和反射等声学特性是声波能量在作用深度的重要影响因素,在海底表面较为平坦的条件下,声学探测深度主要取决于海底沉积物的性质。根据水声学的基本公式,声波由海底反射回来的声波强度 I 为:

$$I = \frac{P_a \gamma S \mu}{(4\pi)^2 h^4} 10^{-0.2\beta h} 10^{-0.2\alpha\Delta h}$$

式中, P_a 为发射声功率, γ 、S 和 μ 为与海底反射特性有关的系数, β 为海水的对数衰减系数, α 为地层介质的对数声吸收系数, Δh 为声穿透海底厚度值, h 为水深。

在此收集分析了 20 个地质取样点的样品测试数据及其相应位置 24 kHz 测深穿透厚度的数值,绘出了 24 kHz 声穿透厚度与土的孔隙率 n 的相关曲线(图 1),同时也收集了 12 kHz 声穿透厚度与土的孔隙率的 10 组数据,绘出了 12 kHz 声穿透厚度与土的孔隙率 n 的相关曲线(图 2)。

在浅地层调查中,近似认为声波是垂直入射的,此时:

$$R_{pp} = \frac{\rho_2 V_2 - \rho_1 V_1}{\rho_2 V_2 + \rho_1 V_1}$$

3 意义

胜利埕岛海域位于复杂的黄河三角洲沉积体系中。由于黄河的断流,在风浪和海流作

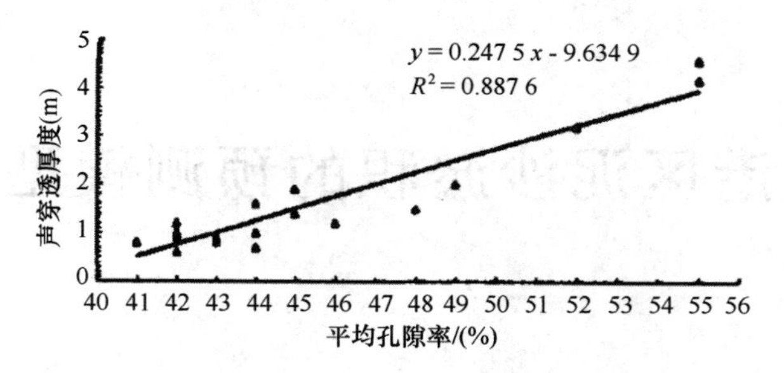

图 1　24 kHz 声穿透厚度与土的孔隙率的相关曲线图

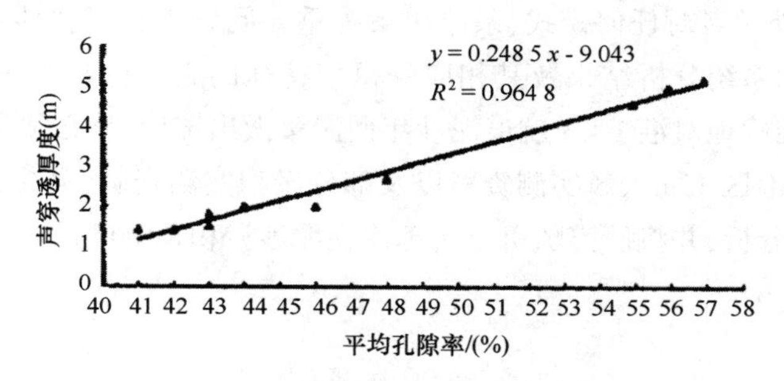

图 2　12 kHz 声穿透厚度与土的孔隙率的相关曲线图

用下原三角洲体系受到侵蚀,在部分海底具有松散沉积物沉积。于是建立了海底沉积物的声学探测模型,采用侧扫声呐、双频测深仪及浅地层剖面仪 3 种海上物探方法,对埕岛海域海底松软沉积物进行声学探测,确定了浮泥、软土层顶、海底界面及浮泥和软土层与海底界面及浮泥和软土层的厚度,表明了埕岛海域海底松软沉积物的基本分布变化规律,为今后海洋工程地质勘察海底松软沉积物奠定了基础。

参考文献

[1]　杨柳,刘效国,仲德林．胜利埕岛海域海底松软沉积物声学探测方法探讨．海岸工程,2004,23(2):51-57.

港区泥沙淤积的预测模型

1 背景

21 世纪初,国外学者对任何模式、系统决策等重要问题进行了整体不确定性和敏感性分析,建立了模式和系统分析结果及其相应的概率特征的新理论和方法,使科学家们进一步认识到,要较为准确地对港 1∶3 航道泥沙年回淤量做出统计,就必须利用概率分析方法。张明霞等[1]根据某港区 13a 大风实测资料以及部分淤积实测资料,采用淤积量统计法进行了相应的概率特性分析,并将研究随机分析理论在泥沙淤积预测中进行了应用。

2 公式

波浪相对强时,水体含沙量主要由波浪决定,粉沙质航道的回淤量和淤强为:

$$P = A_1 \frac{u_\omega^3}{gB}t; \quad D = A_1 \frac{u_\omega^3}{g}t$$

$$A_1 = a\, a_s\, \eta_s\, \eta_e \frac{\gamma\, \gamma_s}{\gamma\, (\gamma_s - \gamma)_c} + \frac{B}{h} + a_h f_{c\omega}(1 - \frac{u_e}{u_{c\omega}}) \frac{\gamma\, \gamma_s}{\gamma_c(\gamma_s - \gamma)}$$

式中,P 为总淤强,D 为回总淤强,L 为航道长度,A_1 为系数,B 为航道宽度,h 为水深,g 为重力加速度,a 为泥沙沉降几率,a_h 为系数,η_s 为挟沙淤积系数,η_e 为悬沙沿程落淤系数,$f_{c\omega}$ 为波、流共同作用下的综合摩阻系数,γ_s 为泥沙颗粒容重,γ 为水容重,γ_c 为沉积泥沙干容重,u_e 为泥沙起动流速,$u_{c\omega}$ 为波、流共同作用下的综合速度,u_ω 为波浪底流速,t 为作用时间[2]。

根据微幅波理论,浅水区波浪底部水平速度由下式表示:

$$u_\omega = \frac{\pi H}{T\sinh(\frac{2\pi}{\lambda}h)}$$

式中,H 为波高,T 为波周期,λ 为波长,h 为水深。

浅水区波浪是由深水波浪传播而得,其间关系为:

$$H = K_r\, K_f\, K_s\, K_b\, H_0$$

式中,H_0 为深水波高,K_r 为折射系数,K_f 为绕射系数,K_s 为浅水变形系数,K_b 为底摩阻系数。

深水波与系数间有如下关系：

$$H_0 = 0.12\frac{W^2}{g}$$

根据实测几场大风的骤淤资料，计算淤积指标与骤淤量的关系。可建立淤积量 S 和淤积指标 I 的相应关系：

$$S = a \times I + b$$

式中，$a = 265.7622$，$b = -55.4056$。

使用以上公式可以推算各场大风的骤淤量。

采用 Poisson-Gumbel 复合极值分布模式计算[3]相应参数，$\alpha = 0.0164$，$u = 58.295$，$\lambda = 7$。可按下式计算不同概率 P 相应的淤积量：

$$X_P = -\ln\{-\ln[1 + \frac{1}{\lambda}\ln(1 - p)]\}\alpha + u$$

对 12 个年淤积总量进行统计分析，符合 Gumbel 分布，并通过了 X^2 检验及 K-S 检验法等拟合优度检验。其概率分布函数为：

$$G(x) = 1 - exp\{-exp[-\alpha(x - \mu)]\}$$

式中，$\alpha = 0.0035$，$\mu = 542.5191$。

多维联合概率的推求实际上是求解以下积分：

$$P_j = \iiint\limits_{\Omega}^{1} \cdots \int f(x_1, x_2, \cdots, x_n)\,d x_1 d x_2 \cdots d x_n$$

随机模拟法是基于现实资料和一定的假定，通过计算机来重复某些过程的方法。随机模拟状态方程：

$$G = \mathrm{MAX}(G_1, G_2, G_3)$$

$$G_1 = U - X(1)$$

$$G_2 = T - X(2)$$

$$G_3 = S - X(3)$$

式中，G_1，G_2，G_3 分别代表风时 $X(1)$、风速 $X(2)$ 和淤积量 $X(3)$ 三者的边缘分布。

假定 X_1，X_2，…，X_n 为 n 个具有同分布的独立观测值，其累计分布函数为 $F(x)$，概率密度函数 $f(x)$，若设计频率为 P，设计重现期 $T = \frac{1}{P}$，则 T 年中超过设计值 X_P 的危险率 q 为：

$$q = 1 - (1 - \frac{1}{T})^t$$

若 T 很大时，有：

$$q = \lim_{T\to\infty} 1 - (1 - \frac{1}{T})^{T} = 1 - e^{-1} = 0.632$$

对于某一重现期 T 相应的设计值在未来的 L 年(寿命期)中超过此值得危险率为:

$$q = 1 - (1 - \frac{1}{T})^{L}$$

$$X_T = - \ln [- \frac{1}{T}\ln(1 - q_{L,T})]^{\frac{1}{\alpha}} + u$$

使用上式可分别推算不同 T,L,q 组合的淤积量。

3 意义

针对中国某港区泥沙淤积现象,根据此港区 13 年大风资料以及部分淤积资料,采用淤积量统计法进行相应的概率特性分析,建立了港区泥沙淤积的预测模型。根据港区泥沙淤积的预测模型,计算得到了淤积指标、年淤积量和不同大风的骤淤量。而且应用了年极值预测法、过阀法、复合极值预测法以及多维联合极值预测法进行分析计算和结果对比;分析了工程设计中采用不同重现期设计值在未来的 L 年中,等于或超过此值的不同危险率,得出了不同结果,使之更符合工程需要。并从顺序统计学的理论对重现期、危险率及预测结果的置信度问题进行分析讨论,最终给出泥沙淤积量概率分析的综合成果。

参考文献

[1] 张明霞,刘德辅,马丽. 随机分析理论在泥沙淤积预测中的应用. 海岸工程,2004,23(2):25-32.

[2] 曹祖德,侯志强,孔令双.粉沙质海岸开敞航道回淤计算的统计概化模型[D].水道港口,2002,23(4):155-160.

[3] Liu D F and Ma F S.Prediction of extreme wave heights and wind velocities[J].Journal of the Waterway Port Coa stal and Ocean Division,ASCE. 1980,106(4):469-479.

火箭锚的锚固力模型

1 背景

由于海上风浪较大,一些海上和岸边设备,如船舶、系船水鼓、浮码头、钻井平台均需要锚固设施。锚固设施主要由锚体和锚链组成。锚体又称锚,是埋设于海底一定深度或置于海底之上的具有足够锚碇力的结构物;锚链是连接系缆装置和锚的纽带,它将系泊力由海面传至海底的锚体上。锚体分为重力锚和埋入锚。目前火箭锚是目前世界上一种较为先进的埋入式锚,是最简单和最快速的锚体布设方法之一。张华昌等[1]通过数值分析对火箭锚的作用机理及应用展开了探讨。

2 公式

图 1 为叠块式锚结构图。

依据美国海军土木工程试验室和美国海军武器研究所海底设施工程试验室的研究成果,火箭锚锚固力的计算为[2]:

$$F_T = A(C N_c + Y_b D N_g)(0.84 + 0.16B/L)$$

式中,A 为锚的最大迎土面积;C 为土壤抗剪强度,Y_b 为土壤浮容重,D 为火箭锚入土深度,B 为火箭锚的最大宽度,L 为锚体长度,N_c 和 N_g 为锚固力系数,F_T 为锚固力。

火箭锚侵彻运动方程为:

(1) Poncelet 方程(侵彻运动方程):

$$V_1 = V_0 - \frac{\Delta Z}{V_0 M^*}(C_{21} V_0^2 + C_{il} S_{el} S_{ul} - W)$$

(2) Youngs 方程(侵彻深度估算方程):

$$Z = 0.607KSN \frac{\bar{W}}{A} \ln\left(1 + \frac{V^2}{4650}\right)$$

3 意义

根据火箭锚的锚固力模型,确定了一种新型的锚固设施——火箭锚以及其作用机理。

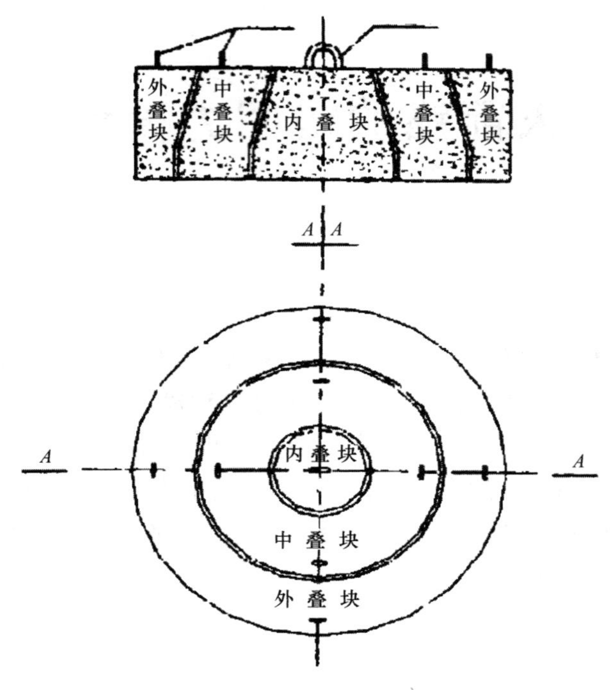

图1　叠块式锚结构图

通过火箭锚的锚固力模型,得到了火箭锚的构造和布设方法,阐述了火箭锚在不同工程领域的应用前景。采用火箭锚的锚固力模型,计算结果表明,火箭锚作为一种新型、快速的动力埋设锚碇,和其他锚体相比具有很大的优越性,它的研制、开发具有重要的军事意义和经济意义。目前该设施已经在渤海油气开发等工程中使用,并且收到了很好的成效。可以预见,随着国民经济的不断发展,它的应用领域将越来越广阔。

参考文献

[1] 张华昌,于定勇,宫常青. 一种新型的海上锚固设施——火箭锚的作用机理及应用. 海岸工程, 2004,23(2):68-71.

[2] 刘树华,丘光申,等. 火箭弹设计[M]. 北京:国防工业出版社,1984.

深桩钻杆的受力模型

1 背景

我国钻孔灌注桩工程自 1963 年在河南省首次应用后,因其技术、经济优越性十分突出,很快成为公路桥梁下部基础的首选形式,风靡全国。钻孔灌注桩以其工艺简便、承载力大、适应性强等特点迅速在全国很多行业的基础工程中得到广泛应用。在工程界的努力下,通过不断的研究、试验、使用、改进,30 多年来它已逐步发展成一种完善的先进的基础形式,为我国公路、铁路、水利、港口、建筑和国防等建设的基础工程都做出了重要的贡献。孙思波和刘同敬[1]通过实验及公式分析了百米深桩的施工技术。

2 公式

由于钻杆在扭矩 M 和不均匀压力 N 的共同作用下,特别是在倾斜砂层和塑性黏土层的变化交界处,钻杆容易偏斜、弯曲。钻杆再钻进过程中的受力分析如图 1 所示。

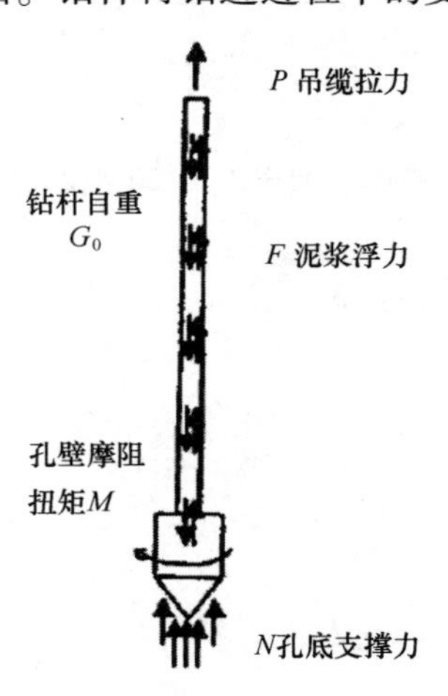

图 1 钻杆受力示意图

钻杆在泥浆中同时受泥浆浮力 F 和其自重 G_0 作用,所以钻杆在泥浆中受合力 g 作用:

$$F = r_{泥} \times V_{杆}, \quad G = r_{杆} \times V_{杆}$$

$$g = \int_0^1 (r_{杆} - r_{泥}) \times s \times dt = (r_{杆} - r_{泥}) \times s \times l$$

钻杆在 $P + N = g = (r_{杆} - r_{泥}) \times s \times l$ 竖向上受拉力和压力的作用,上部是受拉部分,下部是受压部分:

$$l_{拉} = p/(r_{杆} - r_{泥}) \times s, \quad l_{压} = N/(r_{杆} - r_{泥}) \times s$$

首盘混凝土要用足够大的料斗,除保证其方量足够大外,还要严格控制混凝土配比,保证有足够的初凝时间,保证在灌注过程中不会结盖。首盘混凝土体积计算公式为:

$$V_{首} \geqslant k_0 \times \pi \times D^2 \times H_c + \pi \times d^2 \times (P_0 + r_w \times H_w)/r_c$$

式中,k_0 为扩孔系数,D 为设计孔径,H_c 为要求首盘混凝土浇筑高度,d 为导管内径,P_0 为混凝土翻浆所需压力,r_w 为泥浆容重,H_w 为孔内泥浆深度,r_c 为混凝土容重。

3 意义

在滨州黄河公路大桥南引桥百米深桩的施工中,摸索出一套行之有效的施工方法,建立了深桩钻杆的受力模型,从而为该桥的顺利竣工创造了条件和奠定了基础。滨州黄河公路大桥南引桥共 144 根桩(80~120 m 长),每根桩都达到了一级标准,通过深桩钻杆的受力模型,使该桥灌注桩基础的施工顺利完工,取得较好的经济效益,并比计划工期提前一个月完工,为该工程提前竣工争取了宝贵的时间。

参考文献

[1] 孙思波,刘同敬. 百米深桩的施工技术. 海岸工程,2004,23(4):55-59.

动床波浪输沙的回淤模型

1 背景

随着经济的发展和物质生活的丰富，传统的滨海旅游观念也在变化，除了观光旅游外，人们也希望多些海上娱乐和运动。因此各地近些年争上了许许多多旅游项目，而且各个沿海城市的政府都在积极描绘自己的海上旅游蓝图，挖掘海上旅游潜力，由最初的利用海洋自然景观资源发展为自然资源的全面开发。刘学海等[1]采用动床波浪输沙试验研究了海岸工程的回淤问题。该类问题难以用数模方法有效解决，而试验过程具体直观，回淤过程能做到可视性预演，因此该研究方法对沿海工程来说是非常必要的，不可忽略，也不可不予重视。

2 公式

波浪运动相似要求采用正态模型，依据水池尺寸，取水平和垂向几何比尺 $\lambda_l = \lambda_d = 90$。波浪要素按重力相似条件，波周期和波速比尺为 $\lambda_T = \lambda_C = \lambda_l^{1/2} = 9.49$。

按顺岸流流速公式[2]：

$$V_l = \left[\frac{3}{8}\frac{g\,H_b^2\,n_b m \sin 2\,\alpha_b \sin 2\,\alpha_b}{d_b f}\right]^{1/2}$$

在阻力相似得到满足时，可得 $\lambda_{V_l} = \lambda_d^{1/2} = 9.49$。

按泥沙起动波高关系式：

$$H_C = M\left[\frac{L_0 \sinh \dfrac{4\pi\,d_0}{L_0}}{g\pi}\left(\frac{\rho_s - \rho}{\rho} gD\right)\right]^{1/2}$$

式中，$M = 0.1\left(\dfrac{L}{D}\right)^{1/3}$，可得泥沙起动波高相似条件：

$$\lambda_{HC} = \lambda_d = \lambda_l^{5/6}\,\lambda_{\gamma_s-\gamma}^{1/2}\,\lambda_D^{1/6} = 90$$

式中，γ_s 和 γ 分别为泥沙和水的密度。

泥沙沉降速度比尺：

$$\lambda_w = \frac{\lambda_d^{2/3}}{\lambda_l} = \lambda_d^{1/2} = 0.49$$

含沙量相似条件:

$$\lambda_s = \frac{\lambda\ \gamma_s}{\lambda_{(r_s - r)}}$$

单宽输沙量相似条件:

$$\lambda_{q_s} = \frac{\lambda_{\gamma_s}}{\lambda_{(r_s - r)}} \lambda_l^{3/2}$$

3 意义

利用动床波浪输沙物理模型,试验研究了海岸开发工程引起的冲刷和回淤问题,直观预演了工程竣工后可能引起的冲淤现象。试验研究对象为南山滨海开发区旅游项目开发工程,试验结果给出了工程布置的各部分的淤积情况,表明淤积量较大,会引起工程区域及邻近海岸带的冲淤,并针对该工程提出建议。通过该试验的淤积情况表明:在实施海岸工程特别是在海岸带上做旅游项目开发时,要尽可能地不改变自然形成的原有海岸,否则可能会打破动态平衡,改变原有动力条件,破坏海洋环境,同时增加工程风险。此研究强调了在海岸工程的设计和施工前要重视通过水工物模试验研究新平衡的演变过程。

参考文献

[1] 刘学海,辛海英,陈涛,等. 海岸开发工程回淤问题的动床波浪输沙试验研究. 海岸工程,2004,23(4):17-22.

[2] 严恺. 海港工程[M]. 北京:海洋出版社,1996.

堤顶胸墙的波压力模型

1 背景

斜坡堤是防波堤的一种主要形式，由于它具有对波浪反射弱、对地基不均匀沉降不敏感、施工较简单等优点，在筑港和城市护岸中得到广泛应用。斜坡堤的设计稳定性计算是至关重要的，稳定性计算则需要堤顶胸墙波压力的计算。杨洪旗等[1]在某斜坡堤工程的断面物理模型试验中，改变胸墙前人工块体的堤顶肩宽度，在多种工况组合下，采集到的大量胸墙上的波压力和底部浮托力的数据，并进行了分析总结，得到了胸墙前有人工块体掩护时，肩台宽度和胸墙所受波浪力的关系。

2 公式

防波堤为内直外斜结构，堤顶设有直立胸墙，波要素见表1。

表1 试验波要素一览表

No.	水位	重现期(a)	$H_{1\%}$(m)	$H_{4\%}$(m)	$H_{13\%}$(m)	$\overline{T}$(s)	T_s(s)
1	极端	50	7.2	6.3	5.04	9.3	10.7
2	高水位	25	6.34	5.56	4.4	8.6	9.89
3	设计	50	6.9	6.03	4.83	9.3	10.7
4	高水位	25	6.07	5.32	4.22	8.6	9.89

根据《海港水文规范》(JTJ 213-98)中有关波浪对建筑物斜坡堤堤顶胸墙的作用产生波浪力的计算方法[2]，计算斜坡堤堤顶胸墙以上在波浪要素作用下承受的波浪力(适用胸墙前无块体掩护的情况)。

表2 单位长度胸墙上的总波压力(理论值)

工况	设计高水位		极端高水位	
	25年一遇	50年一遇	25年一遇	50年一遇
总波压力(kN/m)	47.94	59.40	119.32	142.83

原始波要素的率定采用 JONSWAP 风浪谱[3]：

$$S(f)=\beta_j H_{1/3}^2 T_p^{-4} f^{-5} exp\left[-\frac{5}{4}(T_p f)^{-4}\right]\times z^{exp\left[-\left(\frac{f}{f_P}-1\right)^2/2\sigma^2\right]}$$

胸墙波压力测点布置见图 1。

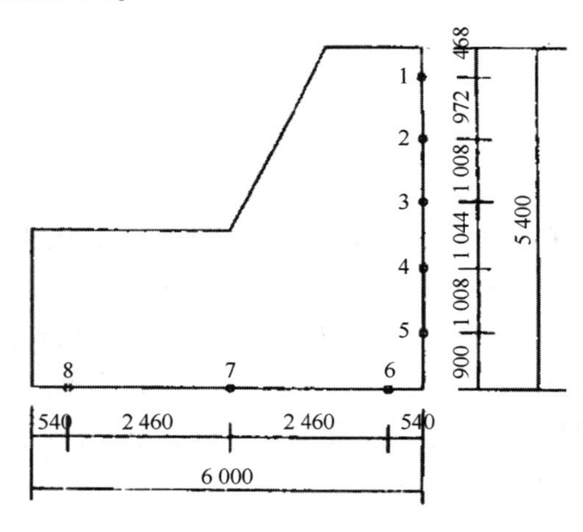

图 1　胸墙波压力测点布置

3　意义

通过堤顶胸墙的波压力模型,获得了斜坡堤堤顶胸墙在肩宽 B 不同工况组合下,其所承受水平波浪力、底部浮托力的大量数据。对这些数据进行分析,得出了斜坡堤堤顶胸墙波压力随肩宽 B 的变化规律,堤顶越浪个数和最大过水厚度也随着肩宽 B 的增大而减小。斜坡堤堤顶胸墙受力较为复杂,护面坡度、护面块体型式、肩台宽度以及波浪爬高破碎情况等因素都对胸墙承受的波浪力有较大影响,通过物理模型试验来确定其受力情况较为合理。

参考文献

[1]　杨洪旗,柳玉良,陈兆林．斜坡堤胸墙波压力的试验与分析．海岸工程,2004,23(4):1-7.

[2]　JTJ 213-1998. 海港水文规范[S]．

[3]　俞聿修．随机波浪及其工程应用[M]．大连:大连理工大学出版社,2002.

直立堤的波浪力模型

1　背景

钢筋混凝土沉箱式结构的码头和防波堤在国内外都已广泛应用。其优点是整体性好，抗震性能强，地基应力较小，水上安装工作量少，施工速度快。沉箱可根据平面形状分为矩形和圆形两种。柳玉良等[1]通过某防波堤工程的断面物理模型试验，获得了圆形沉箱结构直立堤在各种工况组合下，承受水平波浪力、底部浮托力的大量数据信息，对这些数据进行分析总结，得出了有关圆形沉箱直立堤波浪力的分布规律，旨在为今后工程设计应用该圆形沉箱提供科学依据。

2　公式

试验在长 50.0 m，宽 1.2 m，深 1.2 m 的不规则波水槽中进行，使用的测试系统为 SG2000 型多功能数据采集及处理系统及压力传感器等。确定模型试验中长度比尺 $\lambda=36$，时间比尺 $\lambda_t=\sqrt{36}$，波压强比尺 $\lambda_p=36$。

原始波要素的率定采用 JONSWAP 风浪谱：

$$S(f)=\beta_j H_{1/3}^2 T_p^{-4} f^{-5} exp\left[-\frac{5}{4}(T_p f)^{-4}\right]\cdot\gamma^{exp\left[-\left(\frac{f}{f_p}-1\right)^2/2\sigma^2\right]}$$

圆沉箱波压力测点布置见图 1。

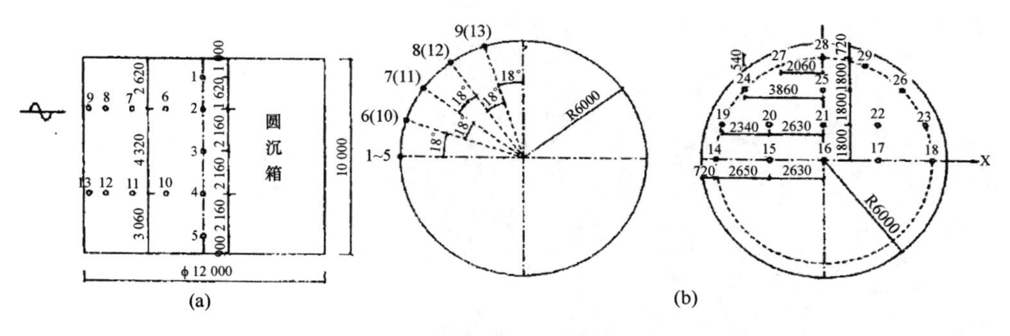

图 1　圆沉箱波压力测点布置

(a) 水平波压力测点布置　　(b) 浮托力测点布置

3 意义

通过直立堤的波浪力模型,获得了圆形沉箱结构直立堤在各种工况组合下,承受水平波压力、底部浮托力的大量数据信息。采用这些数据和应用直立堤的波浪力模型,计算得出了有关圆形沉箱直立堤波浪力的分布规律,圆沉箱所受到的水平波浪力沿水深的分布规律与矩形沉箱相同。对于一些特殊结构形式的港工构筑物,建议采用物理模型试验确定其受力情况,可以为结构计算、结构优化提供重要的设计依据。

参考文献

[1] 柳玉良,杨洪旗,王爱群. 圆形沉箱防波堤波压力的试验分析. 海岸工程,2004,23(4):8-16.

产品的客户需求模型

1 背景

小型农业作业机(SAM)是指应用于农业、林业和牧业生产中的具有体积小、重量轻、适合单人作业、具有自主动力而无须挂接在其他动力设备上等特点的机械化机具。实施MC模式进行小型农业作业机生产，对于中国的农机制造企业和广大农民用户，以及农业现代化及农业机械制造业的可持续发展具有重要意义。蒋建东等[1]通过实验分析了面向大批量定制生产的小型农业作业机客户需求模型。

2 公式

假设某一SAM产品有M个属性，产品的属性集用向量$V=\{v_1,v_2,\cdots,v_M\}$表示，每个属性包含L个离散的水平，它可以处于L个水平中的任何一个，记所有属性水平的集合Ω为：

$$\Omega=\{v_1^1,v_1^2,\cdots,v_1^{L_1};v_2^1,v_2^2,\cdots,v_2^{L_2};v_M^1,v_M^2,\cdots,v_M^{L_M}\}$$

则产品的第k属性的重要度W_k为：

$$W_k=\{w_k^1,w_k^2,\cdots,w_k^L\}$$

产品属性的效用值P为：

$$P=\{p_1^1,p_1^2,\cdots,p_1^{L_1};p_2^1,p_2^2,\cdots,p_2^{L_2};p_M^1,p_M^2,\cdots,p_M^{L_M}\}$$

式中，p_i^j为产品i属性j水平的效用值；L_i为属性i的水平。

假设客户群为C，那么消费个体的特征向量为：

$$C=\{c_i^1,c_i^2,\cdots,c_i^L\}$$

其中，特征向量每元素都具有$L_{ij}(1\leqslant j\leqslant M)$个水平，假设客户需求为模糊向量$A$，则客户需求模型可表示为：

$$\begin{cases}Trans(C,A)\Rightarrow(W,P)\\Sub(W,P)\Rightarrow\{(W_1,P_1),(W_2,P_2),\cdots,(W_N,P_N),\}\\at:Similar(W_i)\qquad(1\leqslant i\leqslant K)\end{cases}$$

式中，*Trans*表示转化；*Sub*表示细分；*Similar*表示相似；K为客户的聚类数。

假设一个SAM概念产品有M个属性，每个属性包含L个水平或状态，那么客户需求的效用函数为：

$$P = a_0 + \sum_{i=1}^{M} \sum_{j=1}^{L} a_{ij} I_j + \varepsilon$$

式中,P 为客户对 SAM 概念产品的效用;a_0 为待估变量;a_{ij} 为属性 i 的第 j 水平的效用;ε 为回归误差项;I_{ij} 为哑变量。

属性重要度值反映了消费者对产品属性的重视程度,客户对产品的某属性越偏爱,表明该属性对客户的消费行为导向力度越大。它对产品开发和相应技术策略的制定方面有重要意义,它由属性的效用值跨度归一化处理所得,如下式所示:

$$W_j = \frac{Max(a_{ik}) - Min(a_{ik})}{\sum_{j=1}^{k} [Max(a_{ij}) - Min(a_{ij})]}$$

式中,W_j 为产品属性重要度;$Max(a_{ij})$,$Min(a_{ij})$ 分别为产品 i 属性 j 水平的效用值的最大、最小值。

通过市场调研和联合分析,可以得到表 1 所示的数据模型的数据记录集合,其中蕴藏着大量来自市场的信息。

表 1　市场信息数据模型

客户基本特征	客户	客户需求			
P_1 … P_k		属性重要度	产品属性各水平效用值		
		W_1 … W_n	P_1	…	P_n
			a_{11} … a_{1n}		a_{n1} … A_{nn}
v … v		v … v	v … v	…	v … v

这里利用绝对值减数为标定,结合表 1 中数据模型的特点,提出归一化相似矩阵构建模型为:

$$r_{ij} = \begin{cases} 1 & (i = j) \\ 1 - c\sum_{k=1}^{m} x_{ik} - x_{jk} & (i \neq j) \end{cases}$$

$$c = \frac{1}{Max(\sum_{k=1}^{m} x_{ik} - x_{jk})}$$

式中,c 为归一系数;R_{ij} 为元素 i 与 j 之间的相似程度;x_{ij} 为比较样本。

首先定义评估标准,定义平均中心距 S 如下:

$$S = \sum_{i=1}^{k} \overline{(p_i - m)^2 / k}$$

式中,p 为任意对象;m 为簇的位置中心;k 为簇的大小。

3 意义

从小型农业作业机的市场需求出发,建立了大批量定制生产下产品的客户需求模型,并采用关联分析、模糊聚类等技术将大批量定制生产模式下的属于客户视角的、模糊的市场需求转换为产品设计视角的、量化的、具有工程意义的技术参数和指标。最后以 SF 系列温室管理机的产品族规划实例进行了上述方法和模型的验证,从而可知上述方法和模型为企业提供了客户群体需求倾向的分析,为大批量定制生产产品的产品族规划、功能模块化以及产品快速设计中及时响应客户群体需求倾向奠定了基础。

参考文献

[1] 蒋建东,张立彬,胥芳,等. 面向大批量定制生产的小型农业作业机客户需求模型的构建研究. 农业工程学报,2005,21(9):98-102.

光的辐射传输方程

1 背景

随着当代光学技术的飞速发展及其在工业、农业、医疗和军事等方面应用的不断深入，人们对光在生物组织中输运规律的研究越来越感兴趣，确定生物组织中光的分布以及传播路径、穿透深度、吸收剂量和组织表面的光分布等情况对于光学应用的各个领域都有着十分重要的意义。侯瑞锋等[1]从光的辐射传输方程出发，研究基于该理论的几种相关模型及Monte Carlo（蒙特卡罗）仿真方法，讨论这些方法的适用条件和范围，并基于已知的肌肉组织光学参数用Monte Carlo方法进行仿真计算。

2 公式

辐射传输理论考察的是光能量在生物组织中的传播行为，光子与生物组织的相互作用只包括散射与吸收，而忽略了光在组织内部的辐射和感应效应。光辐射传输方程为：

$$\frac{\partial L(r,\vec{s},t)}{c\partial t}=-\vec{s}\cdot\nabla L(r,\vec{s},t)-\mu_t L(r,\vec{s},t)+\mu_s\int_{4\pi}L(r,\vec{s},t)P(\vec{s},\vec{s}')\mathrm{d}\Omega'+\Omega(r,\vec{s},t)$$

式中，$\mu_t=\mu_s+\mu_a$，μ_a 为组织的吸收系数，mm^{-1}；μ_s 为组织的散射系数，mm^{-1}；$L(r,\vec{s},t)$ 为光源辐射在 r 处 $\vec{s}$ 方向单位立体角内的能量，即辐射强度，$\mathrm{Wm}^{-2}\mathrm{sr}^{-1}$；$P(\vec{s},\vec{s}')$ 为散射相位函数，表示 $\vec{s}$ 方向的光子散射到 $\vec{s}'$ 方向的概率密度；$\Omega(r,\vec{s},t)$ 为光源函数。

考虑一种简单的情况，即仅仅考虑准直光束垂直入射混浊介质时的情况。在混浊介质中光的辐射强度可分成相干项（I_c）和散射项（I_s），即

$$I=I_c+I_s$$

其中，$I_c=I_0EXP(-\tau)$，τ 为光学厚度，$\tau=\int_0^l(\mu_s+\mu_a)\mathrm{d}l$。当散射辐射强度远小于相干辐射强度时，我们可以假设总的辐射强度近似等于相干辐射强度，即 $I\approx I_c$ 时，则可以得到距离生物组织表面 z 处的辐射强度：

$$I_z\approx I_0\exp[-(\mu_a+\mu_s)z]$$

其中，z 是入射光束的光轴。

我们选择人体组织光学参数进行了 Monte Carlo 仿真。所用的被测组织用三层结构描述,各层光学参数见表 1。

表 1　光学参数(各层折射率为 1.4,$g=0$ 各向同性)

组织分层	光学参数		
	吸收系数(mm^{-1})	约化散射系数(mm^{-1})	各向异性因子
皮层(第 1 层)	1.3	0.025	0
脂肪层(第 2 层)	1.2	0.003	0
肌肉层(第 3 层)	0.9	0.004	0

基于 Lambert-Beer 定律的化学计量学方法是近红外光谱分析的基础,但由于大多数生物组织是混浊介质,Lambert-Beer 定律已经不能准确描述光在其中的传输规律,而常采用的是修正的 Lambert-Beer 定律:

$$OD = \varepsilon cdB + G$$

式中,OD 为光密度(无量纲参数) ;E 为消光系数;c 为物质浓度;d 为光源与检测器距离;B 为差分路径因子;G 为光散射引起的背景项。

3　意义

从光的辐射传输方程出发,简析了基于该理论的几种相关模型及 Monte Carlo(蒙特卡罗) 仿真方法,确定了各种模型适用条件和范围。根据光的辐射传输方程,应用 Monte Carlo 仿真方法,选择目前已知的肌肉组织光学参数进行了仿真计算,给出光源到检测距离与穿透深度的计算结果,从而可知光传输理论和蒙特卡罗仿真方法在农产品无损检测领域将有良好的应用前景。

参考文献

[1]　侯瑞锋,黄岚,王忠义,等. 农产品组织中光输运规律的初步研究. 农业工程学报,2005,21(9):12-15.

喷灌水量分布的评价模型

1 背景

喷灌水量分布均匀性评价的研究工作从 Christ iansen 最早提出克里斯琴森均匀系数作为标志性的开始以来，国内外许多学者进行了包括喷灌水量分布特性、均匀系数定义和计算方法、均匀性与其影响因素之间的关系、均匀性对作物产量和系统投资的影响以及喷灌水量在土壤中再分布等多方面的研究工作。已经有相对成熟的理论和技术指导灌溉工程设计和管理，但仍有些问题目前还处于试验和讨论之中。韩文霆等[1]主要对喷灌水量分布特性和均匀性评价方面的研究成果进行综述，力图从中找出一些规律和共识，指导今后的研究和实践。

2 公式

Christiansen 最早提出了描述喷灌水量分布均匀程度的定量指标——克里斯琴森均匀系数(CU)：

$$CU = \left(1 - \frac{\sum_{i=1}^{n} [h_i - \bar{h}]}{\sum_{i=1}^{n} h_i}\right) \times 100\%$$

式中：h_i 为第 i 测点的降水深，mm；$\bar{h}$ 为喷洒面积上各测点平均降水深，mm；n 为雨量筒数(即测点数)。

Heermann 和 Hein 在以雨量筒径向布置方式对中心支轴式喷灌系统水量分布进行测试的过程中提出了面积加权克里斯琴森均匀系数(CU_{HH})：

$$CU_{HH} = \left(1 - \frac{\sum_{i=1}^{n} S_i[h_i - \bar{h}]}{\sum_{i=1}^{n} S_i h_i}\right) \times 100\%$$

式中，S_i 为某测点代表的喷洒面积，m^2。

Wilcox 和 Swailes 指出用平均偏差不能突出与平均值有较大偏差的点对均匀系数的影

响,因此,提出基于标准差的均匀系数(U_{WS}):

$$U_{WS} = 1 - \frac{s}{\bar{h}} = 1 - \frac{\sqrt{\frac{1}{n}\sum_{i=1}^{n}(h_i - \bar{h})^2}}{\bar{h}}$$

式中,s 为标准离差,$s = \sqrt{\frac{1}{n}\sum_{i=1}^{n}(h_i - \bar{h})^2}$ 。

Strong 提出了基于标准差的变异系数(C_Y):

$$C_Y = \frac{s}{\bar{h}} = \frac{\sqrt{\frac{1}{n}\sum_{i=1}^{n}(h_i - \bar{h})^2}}{\bar{h}}$$

Marek 评价中心支轴式喷灌系统均匀性的过程中提出了基于标准差的面积加权均匀系数(U_{MR}):

$$U_{MR} = \left(1 - \frac{\sum_{i=1}^{n} S_i \sqrt{(h_i - \bar{h})^2}}{\sum_{i=1}^{n} S_i h_i}\right) \times 100\%$$

美国农业部(USDA) Criddle 等指出,如果田间存在绝大多数测点水深与平均值接近,个别测点水深与平均值偏差较大甚至为零(漏喷) 时,CU 难以反映这种情况。为克服上述缺点,他们提出分布均匀系数(DU):

$$DU = \frac{\bar{h}_{lq}}{h} \times 100\%$$

式中,$\bar{h}_{lq}$ 为大小排列的降水深低值的 $n/4$ 个测点数的降水深平均值,mm。

美国农业部土壤保持所对 DU 进行了面积加权,得出加权分布均匀系数(DU_{SCS}):

$$DU_{SCS} = \left(1 - \frac{\sum_{i=1}^{n_{lq}} S_{lq_i} \left| h_{lq_i} - \bar{h}_{lq} \right|}{4\sum_{i=1}^{n} S_i h_i}\right) \times 100\%$$

式中,n_{lq} 为大小排列的 $n/4$ 个测点数降水深低值的个数,即 $n_{lq} = n/4$;S_{lq_i} 为第 i 个大小排列的 $n/4$ 个测点数降水深低值所代表的面积,m^2;h_{lq_i} 为第 i 个大小排列的 $n/4$ 个测点数降水深低值,mm。

与 USDA 分布均匀系数 DU 相反,为强调降水深较高的那部分水量,避免发生局部过量灌溉,Beale 提出用 $n/4$ 个高值表示的分布均匀系数(DU_{hq}):

$$DU_{hq}=\frac{\bar{h}_{lq}}{\bar{h}}\times 100\%$$

美国灌溉协会提出采用 $n/2$ 个低值的分布均匀系数 DU_{lh} 来代替 $n/4$ 个低值的(DU):

$$DU_{lh}=\frac{\bar{h}_{lh}}{\bar{h}}\times 100\%$$

式中:$\bar{h}_{lh}$ 为大小排列的降水深高值的 $n/4$ 个测点数的降水深平均值,mm。

Hart 根据喷灌水量概率分布为正态分布的假设得出:

$$\frac{1}{n}\sum_{i=1}^{n}[h-\bar{h}]=\frac{\bar{2}}{\pi s}=0.798s$$

经化简得 Hart 均匀系数(CU_H):

$$CU_H=1-\frac{0.798s}{h}=1-0.798C_V$$

再经化简得 Hart 分布均匀系数(DU_H):

$$DU_H=1-\frac{1.27s}{\bar{h}}=1-1.27C_V$$

Karmeli 给出线性回归分布均匀系数(U_{CL}):

$$U_{CL}=1-0.25b$$

式中,b 为线性回归系数,Karmeli 线性回归是建立在相对喷洒降雨深度(Y)累积频率曲线的基础上,Y 由线性回归函数 $Y=a-bx$ 表示。

Evans 提出了基于空间分布函数的均匀系数(CU_E):

$$CU_E=100\times\left\{1.0-\frac{\int_4\left|D(r,\theta)-\frac{1}{A}\int_4 D(r,\theta)\,\mathrm{d}A\right|\mathrm{d}A}{\int_4 D(r,\theta)\,\mathrm{d}A}\right\}$$

式中,$D(r,\theta)$ 为极坐标下降水深空间分布函数,A 为均匀系数计算面积。当 $D(r,\theta)$ 为离散点时,上式即为克里斯琴森均匀系数(CU),因此 CU 是 CU_E 的一个特例。

根据 Wilcox-Swailes 均匀系数(U_{WS})与 Strong 变异系数 C_V 的定义可得:

$$U_{WS}=1-C_V$$

Hart 均匀系数 CU_H 与分布均匀系数 DU_H 的关系为:

$$CU_H=0.63DU_H+0.37$$

当水量分布为正态分布时,可认为 CU 和 CU_H 相同、DU 和 DU_H 相同,因此得出表示 CU 和 DU 关系的常用公式:

$$CU=0.63DU_H+0.37$$

Hart 均匀系数 CU_H 与 Wilcox-Swailes 均匀系数 U_{WS} 的关系为：

$$CU_H = 0.798U_{WS} + 0.202$$

DU_H 与 U_{WS} 的关系为：

$$DU_H = 1.27U_{WS} - 0.27$$

根据喷灌水量正态分布的对称性，得 Beale 分布均匀系数（DU_{hq}）与 Hart 分布均匀系数（DU_H）的关系为：

$$DU_{hq} = DU_H$$

正态分布下的降水深数据相对其平均值是对称的钟形曲线，由此可得 Hart 均匀系数（CU_H）与 $n/2$ 个低值的分布均匀系数（DU_{lh}）之间的关系为：

$$CU_H = DU_{lh}$$

Hart 对夏威夷甘蔗协会试验站 2000 多组有风条件下单喷头试验数据组合的 CU、DU、CU_H 和 DU_H 进行了计算，并对其关系进行回归，得出如下关系式为：

$$CU = 0.0300 + 0.958CU_H \qquad (R^2 = 0.888)$$

$$DU = 0.0782 + 0.935DU_H \qquad (R^2 = 0.914)$$

式中，R^2 为相关系数。

Reynolds 利用夏威夷甘蔗协会试验站的试验资料计算了 CU 与 U_{WS}，并回归得出：

$$U_{WS} = -0.1129 + 0.921CU + 0.2CU^2$$

$$R^2 = 0.997$$

Karmeli 通过对 798 组试验资料分析，给出 CU 和 U_{CL} 之间的回归关系为：

$$U_{CL} = 0.011 + 0.985CU \qquad (R^2 = 0.998)$$

Reynolds 利用夏威夷甘蔗协会试验站的试验资料计算了 CU 与 DU，并回归得出为：

$$DU = 0.1091 + 0.756CU + 0.13CU^2 \qquad (R^2 = 0.998)$$

通过对 25 组试验数据（4 个喷头组合，每隔 2 m×2 m 放置一个雨量筒，降水深值变化范围为 4.2~57.6 mm，CU 的变化范围为 44%~98%）的回归分析，给出回归方程：

$$CU = 0.83DU + 0.20 \qquad (R^2 = 0.940)$$

喷灌均匀系数影响因素很多，根据目前研究结果，可用下式表示这些主要的影响因素：

$$CU = f(P, \Delta P, S, d_n, DP, W, TO, R, TS, CL)$$

式中，P 为喷头工作压力，该参数显著影响喷头水量分布曲线的形状；ΔP 为系统和支管内压力的变化；S 为喷头组合方式及组合间距；d_n 为喷头喷嘴的形状、数量和直径，该参数决定喷头流量和射程；DP 为喷头水量分布形状特征；W 为风速和风向；TO 为地形坡度；R 为喷头竖管高度和倾斜度；TS 为均匀性测试试验中的影响因素，主要包括雨量筒布置方式和布置间距、雨量筒大小和测试持续时间等；CL 为均匀系数计算方法带来的影响。

为研究这种不确定因素的影响，Solomon 进行了 234 组试验，每组平均有 17 个均匀系数 CU 值，组内均匀系数的试验条件相同，结果发现重复试验均匀系数值变化的标准差为 2%

(*CU* 接近 90%)、4% (*CU* 接近 80%) 和 6%(*CU* 接近 70%)。由此可见,不确定因素影响较大。由此可将上式改为:

$$CU = f(P, \Delta P, S, d_n, DP, W, TO, R, TS, CL, UN)$$

式中,*UN* 为试验中的不确定因素。

3 意义

在此确定了喷灌水量分布均匀性评价指标,建立了喷灌水量分布的评价模型。为提高喷灌水量分布均匀性评价的准确性和可靠性,将喷灌水量分布均匀系数分为基于平均偏差的均匀系数、基于标准偏差的均匀系数、强调部分水量特征的分布均匀系数、基于概率分布函数的均匀系数和基于空间分布函数的均匀系数 5 大类,并对这些均匀系数的特点及其相互关系进行了分析和推导。从而可知各均匀系数互有联系,但评价的侧重点各不相同,应根据评价和研究目的的不同选用相应的均匀系数,对均匀性进行综合评价。

参考文献

[1] 韩文霆,吴普特,杨青,等. 喷灌水量分布均匀性评价指标比较及研究进展. 农业工程学报,2005,21(9):172-177.

土壤水盐的变化模型

1 背景

在盐渍化地区,土壤水盐状况是作物生长的主要影响因素,土壤水盐动态的研究可为节水调盐的研究和实施提供理论依据。对土壤水盐动态研究主要有以农田水盐平衡原理为基础的模拟模型以及以土壤水分运动方程和溶质运移方程为基础的模拟模型。乔冬梅等[1]针对浅地下水埋深条件下作物生育期内土壤水盐动态变化的复杂性,充分利用人工神经网络对系统信息获取的自动化、知识表达方式的普适性及其非线性等特点,建立了浅地下水埋深条件下作物生育期内0~60 cm和0~100 cm土层深度内土壤水盐动态变化的BP网络模型。

2 公式

输入层、隐含层、输出层因子分别经权阈值及传递函数通过以下公式连接:

$$y_i = f_1\left(\sum_{i=1}^{7} w_{ij}x_i - b_j\right), i = 1,\cdots,7, j = 1,\cdots,6$$

$$Q_l = f_2\left(\sum_{i=1}^{6} w_{jl}y_j - b_l\right), l = 1,2$$

式中,x_1~x_7表示输入因子,分别为生育时段初平均土壤含水率、地下水水位埋深、阶段水面蒸发量、降雨量(包括灌水量)、生育期日序列、阶段初平均土壤盐分指标(EC_s值)、地下水盐分指标(EC_g值);y_1~y_6为6个隐含结点;Q_1、Q_2为输出因子,分别为生育时段末平均土壤质量含水率、平均土壤含盐指标;w_{ij}为连接输入层与隐含层的权值;b_j为连接输入层与隐含层的阈值;w_{jl}为连接隐含层与输出层的权值;b_l为连接隐含层与输出层的阈值。

模型用于浅地下水埋深条件下作物生育期内土壤水盐动态预报时,可通过相应的输入因子驱动模型,得到时段末土壤水分、盐分指标值,如表1和表2。

表 1　浅地下水埋深条件下 0~60 cm 深度内土壤水盐动态 BP 网络模型权、阈值

隐含结点	w_1							b_1	w_2		b_2
	土壤含水率	地下水位	水面蒸发	降雨量	时间序列	土壤盐分	地下水盐分		土壤 *EC*	土壤含水率	
1	−5.122 2	2.415 1	0.273	−1.798 8	0.559 9	−1.023 7	1.217	3.407 5	−0.566 8	1.389 2	
2	1.888 1	−0.644 9	−2.236 7	−0.102 8	−0.490 7	−0.702 1	−1.035 2	3.147 3	1.587 4	1.542	
3	0.558 6	−1.568 4	−0.919 5	0.418 9	−0.049 1	−0.076 9	0.102 9	2.479 5	−5.789 2	−0.639 5	3.796 7
4	1.660 8	−1.053 7	1.146 6	−0.799 9	−2.674 4	1.029 7	1.730 5	−4.092 6	−0.730 271	0.029 7	
5	−0.346 8	−0.865 7	2.164 9	3.14	1.054 6	−4.208 5	−2.350 2	0.200 3	−0.125 8	0.451 2	
6	−1.043 5	1.882 3	−1.060 5	−0.511 3	1.102 9	−1.853 7	0.293 3	3.133 1	−0.440 6	−2.152 5	

表 2　浅地下水埋深条件下 0~100 cm 深度内土壤水盐动态 BP 网络模型权、阈值

隐含结点	w_1							b_1	w_2		b_2
	土壤含水率	地下水位	水面蒸发	降雨量	时间序列	土壤盐分	地下水盐分		土壤 *EC*	土壤含水率	
1	−3.216	0.968	−3.682	2.515	−0.149	2.586	0.216	−0.846	−3.357	−0.888	
2	−4.142	−0.932	0.682	−0.228	−1.494	−0.275	1.053	−3.846	3.859	−1.077	
3	−0.644	0.195	−0.765	1.127	−1.151	1.525	0.833	−0.639	−3.982	1.685	3.174
4	−0.261	−0.169	0.169	0.573	0.800	−1.879	1.272	0.119	−3.755	1.045	−0.635
5	4.925	−2.302	−1.252	0.276	−4.082	−4.929	−0.246	−0.560	−0.222	0.565	
6	3.581	0.685	2.054	−0.328	−1.088	−2.612	0.765	0.329	−3.068	−0.804	

3 意义

将人工神经网络引入水盐动态的模拟和预报中,建立了土壤水盐的变化模型,这是根系活动层 0~60 cm 和 0~100 cm 深度内土壤水盐动态的 BP 网络模型。根据土壤水盐的变化模型,计算可知以生育时段初平均土壤含水率、阶段平均土壤盐分指标、地下水水位埋深、地下水盐分指标、阶段水面蒸发量、降雨量(包括灌水量)、生育期日序列 7 个因素为输入因子,以生育时段末平均土壤水分、平均土壤盐分指标为输出因子的 BP 网络模型可有效表征土壤水盐动态及其影响因素之间的内在复杂关系,并且有较高的精度。

参考文献

[1] 乔冬梅,史海滨,霍再林. 浅地下水埋深条件下土壤水盐动态 BP 网络模型研究. 农业工程学报, 2005,21(9):42-46.

山区的空间分辨模型

1 背景

山区地貌复杂,气候多变,如何将空间高分辨率的数字高程模型数据和太阳直接辐射模型相结合,了解不同季节各坡地上的太阳直接辐射分布,对开发利用山区气候资源,特别是太阳光能资源是十分重要的。它对山区农作物的气候区划、种植业的合理布局和农业资源的可持续利用等有着广泛的指导意义。李军等[1]通过实验演绎了山区太阳直接辐射的空间高分辨率分布模型。

2 公式

在实际地形下,坡面上获得的日太阳辐射强度为:

$$S'_{\alpha\beta} = f \times S'_{0\alpha\beta}$$

式中,$S'_{\alpha\beta}$ 为实际地形条件下的山地太阳直接辐射日平均通量密度,$S'_{0\alpha\beta}$ 为无大气影响下的山地太阳直接辐射日平均通量密度,f 为大气透明函数。

根据翁笃鸣的研究,大气透明函数可以用如下公式计算[2]:

$$f = aS + bS^2$$

式中,a、b 为经验系数;S 为日照百分率,%。

在晴空条件下,山地日平均太阳直接辐射通量密度从理论上可以按下式计算:

$$S'_{0\alpha\beta} = \frac{I_0 \tau}{2\pi R^2} \sum_{i=1}^{n} [U\sin\delta(\omega_{i+1} - \omega_i) + V\cos\delta(\sin\omega_{i+1} - \sin\omega_i) + W\cos\delta(\cos\omega_{i+1} - \cos\omega_i)]$$

式中,I_0 为太阳常数,1981 年世界气象组织推荐了太阳常数的最佳值是 1 367±7 W/m^2,常采用 1 367 W/m^2;τ 为一天的时间长度,24 h;ω_{i+1}、ω_i 为山地中第 i 段时间内日照开始和日照终止时的时角;n 为将一天分成的时间段数;$1/R^2$ 为日地平均距离的订正项;U、V、W 为过程变量,可以根据如下公式计算:

$$\begin{cases} U = \sin\varphi\cos\alpha - \cos\varphi\sin\alpha\cos\beta \\ V = \cos\varphi\cos + \sin\varphi\cos\beta \\ W = \sin\alpha\sin\beta \end{cases}$$

式中,δ 为太阳赤纬,φ 为地理纬度,α 为坡度,β 为坡向。

当海拔高度为 H 时,山地上的日出、日落时角可以使用如下公式计算得到:

$$\omega_0 = arcos(-\tan\varphi\tan\delta - 0.0177H\sec\varphi\sec\delta)$$

式中, $-\omega_0$ 为日出时的太阳时角, ω_0 为日落时的太阳时角,从子午圈算起向西为正,向东为负;H 为海拔高度。

假设给定的时间步长为 $\Delta T(h)$,则对应的时角步长为 $\Delta\omega = \frac{2\pi}{24} \cdot \Delta T$ (弧度),将山地上一天之中从日出到日落的时间划分为 n 个时段,n 可以根据如下公式计算得到:

$$n = \text{int}(\frac{2\omega_0}{\Delta\omega})$$

式中,int(x)为舍去小数部分的取整函数。

某一时刻的太阳时角(ω) 、太阳高度角(h_i) 和太阳方位角(A_i)分别可由如下公式得到:

$$\omega_i = -\omega_0 + i\Delta\omega \quad (i = 0,1,2,\cdots,n-1)$$

$$h_i = \arcsin(\sin\varphi\sin\delta + \cos\varphi\cos\delta\cos\omega)$$

$$A_i = \arcsin\frac{\cos\delta\sin\omega}{\cosh_i}$$

太阳赤纬(δ)可以从每年发布的天文年历中查出,或者用以下的傅立叶级数计算得到:

$$\delta = 0.006918 - 0.399912\cos\theta + 0.070257\sin\theta - 0.006758\cos2\theta + 0.000908\sin2\theta$$

日地平均距离的订正项($1/R^2$)中的 R^2 由以下的经验公式得到:

$$R^2 = 1.00011 + 0.034221\cos\theta + 0.00128\sin\theta + 0.000719\cos2\theta + 0.000077\sin2\theta$$

式中, $\theta = \frac{2\pi}{365}(N-1)$,N 为太阳历的日期排列序号,以 1 月 1 日为 1,平年至 12 月 31 日为 365,闰年为 366。

判断每一时段内是否可照,可以利用地形遮蔽系数(g_i)表示:

$$g_i = \frac{1}{2}(d_{i-1} + d_i)$$

式中, d_{i-1} 、d_i 表示相邻两时刻的地形遮蔽情况。

3 意义

根据以山区的空间高分辨率 DEM 数据为主要数据源,从中分别提取经度、纬度、坡度、坡向等相应的地形要素栅格数据,再结合多年平均的实际日照百分率资料,利用 GIS 技术建立了山区实际太阳直接辐射的空间高分辨率分布模型,实现太阳直接辐射空间分布规律的可视化表达,分析了山区各月太阳直接辐射的空间分布特征,对山区的农业、林业和生态环境等方面的研究具有重要的指导意义。

参考文献

[1] 李军,黄敬峰,王秀珍,等. 山区太阳直接辐射的空间高分辨率分布模型. 农业工程学报,2005,21(9):141-145.

[2] 翁笃鸣. 中国太阳直接辐射的气候计算及其分布特征[J]. 太阳能学报,1986,7(2):121-130.

旋流泵的流场模型

1 背景

国内石家庄水泵厂曾在20世纪60年代中期试制过一台用于输送顺丁橡胶的旋流泵，1979年蔡振成对6J35型旋流泵进行了试验研究。此后，国内其他学者开始了对旋流泵的研究，取得了不少研究成果。但就旋流泵内部流动研究而言，都是把无叶腔和叶轮各自单独讨论，没有将无叶腔和叶轮作为一个整体计算，模拟的大多是一维、二维流动状况，没有利用湍流理论和相关模型对其内部流动进行三维数值模拟。旋流泵内部的流动可以认为是复杂的三维不可压湍流流动，施卫东等[1]首次将旋流泵无叶腔和叶轮作为一个整体考虑，对其内部流动进行数值模拟和分析研究。

2 公式

旋流泵内部的流动可以认为是复杂的三维不可压湍流流动，是以定常角速度绕固定转轴旋转的旋转流场，下面是基于Navier-Stokes方程和标准的κ-ε湍流模型来模拟旋流泵内部三维不可压湍流场的方程表述：

$$\frac{\partial E}{\partial x}+\frac{\partial F}{\partial y}+\frac{\partial G}{\partial z}=S$$

$$E=\left[duduu-{}_{eff}\frac{\partial u}{\partial x}duv-{}_{eff}\frac{\partial v}{\partial x}duw-{}_{eff}\frac{\partial w}{\partial x}\right]^{T}$$

$$F=\left[dvdvu-{}_{eff}\frac{\partial u}{\partial y}dvv-{}_{eff}\frac{\partial v}{\partial y}dvw-{}_{eff}\frac{\partial w}{\partial y}\right]^{T}$$

$$G=\left[dwdwu-{}_{eff}\frac{\partial u}{\partial z}dwv-{}_{eff}\frac{\partial v}{\partial z}dww-{}_{eff}\frac{\partial w}{\partial z}\right]^{T}$$

$$S=\begin{bmatrix}\frac{\partial}{\partial x}({}_{eff}\frac{\partial u}{\partial x})+\frac{\partial}{\partial y}({}_{eff}\frac{\partial v}{\partial x})+\frac{\partial}{\partial z}({}_{eff}\frac{\partial w}{\partial x})-\frac{\partial p^{*}}{\partial x}+2dk_{v}\\ \frac{\partial}{\partial x}({}_{eff}\frac{\partial u}{\partial y})+\frac{\partial}{\partial y}({}_{eff}\frac{\partial v}{\partial y})+\frac{\partial}{\partial z}({}_{eff}\frac{\partial w}{\partial y})-\frac{\partial p^{*}}{\partial y}+2dk_{u}\\ \frac{\partial}{\partial x}({}_{eff}\frac{\partial u}{\partial z})+\frac{\partial}{\partial y}({}_{eff}\frac{\partial v}{\partial z})+\frac{\partial}{\partial z}({}_{eff}\frac{\partial w}{\partial z})-v\end{bmatrix}$$

式中,d 为流体密度; p^* 为导引压力,进水压力和离心力两部分的折算值; $\frac{\partial p^*}{\partial x}=\frac{\partial p}{\partial x}-k^2x$; $\frac{\partial p^*}{\partial y}=\frac{\partial p}{\partial y}-k^2y$; $\frac{\partial p^*}{\partial z}=\frac{\partial p}{\partial z}$;u、v、w 分别为相对速度在三个坐标轴上的分量;x、y、z 分别为笛卡儿坐标系中三个坐标方向; $2d_v k$ 为 Coriolis(哥氏)力在 x 方向上分量的负值; $2d_u k$ 为 Coriolis(哥氏)力在 y 方向上分量的负值; u_{eff} 为有效黏性系数。

数值模拟的旋流泵进口流道,是一个规则的圆柱体,根据进口流道的特点,由质量守恒定律和进口无预旋的假设确定轴向速度,并假设切向速度与径向速度为 0,再考虑叶轮与液流的相对运动,给出叶轮进口截面上的相对速度分布,公式为:

$$w_{in}=\frac{Q}{c\,(d_1/2)^2}$$

按照所给基本参数进行计算,就可以得到进口轴向速度为:

$$w_{in}=283\ \mathrm{m/s}$$

假定出口边界处流动已充分发展,出口区域离开回流区较远,则有:

$$\frac{\partial h}{\partial z}=0$$

即

$$h_i=h_{i-1}$$

式中, h_i 为出口边界上的值(u,v,w 和 p), h_{i-1} 为上游方向的邻点之值。

3 意义

根据旋流泵的流场模型,对型号为 WQX20-16-2.2 的旋流泵内部流道进行三维造型,应用非结构化网格生成技术,首次把旋流泵无叶腔和叶轮作为一个整体,对其内部三维不可压湍流场进行数值模拟。采用工程实际中广泛应用的湍流模型即基于雷诺时均方程和双方程湍流模型,用 SIMPLE 算法来求解,给出了旋流泵无叶腔内部速度和压力分布图,并对计算结果进行了分析和研究。从而可知旋流泵无叶腔内部流动确实存在较强的纵向旋涡和轴向旋涡,不仅验证了前人提出的流动模型的正确性,而且为今后进一步改进和完善旋流泵设计理论提供了一定的依据。

参考文献

[1] 施卫东,汪永志,孔繁余,等. 旋流泵无叶腔内部流场数值模拟. 农业工程学报,2005,21(9):72-75.

坡地太阳的辐射模型

1 背景

农业气候环境信息是农业信息化的重要组成部分。然而，现阶段的地面气象观测数据难于满足高时空分辨率网格数据的要求。因此基于 GIS 和遥感技术，结合地面观测数据研究农业环境信息网格化的方法，进而建立农业气候环境信息网格已成为近年来研究的重点。遥感本质上获取的是地气系统各种能量特征信息。研究表明，在消除大气影响下，遥感能反演出地气系统及其组成成分的生物物理参数。林文鹏等[1]通过遥感和地面数据驱动下的农业气候环境信息网格化技术，对坡地太阳的辐射模型进行了研究。

2 公式

基本天文参数主要有太阳高度角(h)、太阳方位角(A)、时角(k)、天文辐射(Q_0)。其计算公式为：

$$\sin h = \sin\varphi\sin\delta + \cos\varphi\cos\delta\sin\omega$$

$$A = \arctan[\sin\omega/(-\cos\varphi\tan\delta + \sin\varphi\cos\omega)]$$

$$Q_0 = [T \times I_0/(\pi \times dr^2)] \times [\varphi\sin\varphi\delta + \cos\varphi\cos\delta\sin\omega]$$

式中，ω 为太阳时角；φ 为地理纬度；δ 为太阳赤纬；T 为时长；I_0 为太阳常数；dr 为 大气外界相对日地距离；$\varphi = \arccos[-\tan h\tan\delta]$，为日出日落时的时角。

地形参数主要是坡度、坡向以及地形遮蔽，均可利用 GIS 工具，由 DEM 数据派生计算，如在 ARCINFO 软件支持下，其计算函数为：

$$T = SLOPE(DEM); U = ASPECT(DEM);$$

$$\% = HILLSHADE(DEM, h, A, SHADOW)$$

式中，T 为坡度；U 为坡向角；%为识别某一坡元在某一太阳高度角 h 和太阳方位角 A 是否处在另一坡元的阴影区。

使用 SBDART 辐射传输模型和 USGS、JPL 等的地面光谱库，并用多元回归方法得到地表反照率的拟合方程为：

$$R = -0.3376R_1^2 - 0.2707R_2^2 + 0.7074R_1R_2 + 0.2915R_1 + 0.5256R_2 + 0.0035$$

式中，R_1、R_2 分别为 MODIS 数据第一和第二波段反射率。

大气中的 O_2、O_3等气体,由于其时空变化具有一定规律性,可用相关大气模型近似描述;水汽随时间、空间的变化较大,在无法获得精确的水汽参数时,可用模型近似描述;气溶胶的时空变化很大,因此直接从遥感数据反演有更大的优越性。大气总透射率可用下式计算:

$$f = f_g \times f_w \times f_a$$

式中,f_g、f_w、f_a 分别为气体、水汽、气溶胶的透射率。

如果假设地面的反射率不随波长变化,路径辐射只是太阳直接反射辐射中的小项,在水汽吸收通道上,水汽的透射率可由吸收通道与非吸收通道的比值得到。对 MODIS 数据,19 通道是大气的吸收通道,2 通道为非吸收通道,因此可表示为:

$$f_w = d_{19}/d_2$$

式中,d_{19}、d_2 为 19 通道、2 通道的反射率。

对于反射率较低的物体(即暗目标),蓝波段的地面反射率可由下列方法得到:

$$R_1 = 0.50 \times R_\tau, R_3 = 0.28 \times R_\tau$$

在晴朗的条件下,太阳直接辐射是太阳高度角、天文辐射、大气透明度系数、太阳光线入射角和地形纠正因子的函数。在不考虑地形遮蔽对太阳辐射影响的情况下,其计算公式为:

$$Q_{dir} = Q_0 \times \tau \times \cos\theta$$

式中,Q_0 为天文辐射,$\cos\theta = \sin\alpha\sin\beta\cos\delta\sin\omega + u\sin\delta + v\cos\delta\cos\omega$ 是坡元上的太阳入射角,其中 $u = \sin\varphi\cos\alpha - \cos\varphi\sin\alpha\cos\beta$,$v = \cos\varphi\cos\alpha + \sin\varphi\sin\alpha\cos\beta$,$\alpha$ 是坡度,β 是坡向角,δ 是太阳赤纬,ω 是时角,φ 是地理纬度,τ 是大气总透射率。

当直接辐射透明系数在 0.4~0.8 之间变化时,散射辐射透明系数在 0.153~ 0.037 之间变化。即 $\tau d = 0.271 - 0.294f$。由此,可以得出坡面上散射辐射的计算公式为:

$$Q_{dif} = Q_0 \times \tau d \times \cos^2\alpha/2\sin h$$

太阳总辐射可表示为直射辐射和散射辐射的总和:

$$Q = Q_{dir} + Q_{dif}$$

式中,Q_{dir} 为太阳直接辐射,Q_{dif} 为太阳散射辐射。

地表有效辐射和地表净辐射的计算,气候学上常用如下公式来计算:

$$Ln = e(273 + t)^4(0.56 - 0.08\overline{e_d})(0.01 + 0.90S_i)$$

$$R_n = Q(1 - A) - Ln$$

式中,Ln 为地表有效辐射,e 为 Stefan-Boltzmann 常数,T 为摄氏温度,e_d 为实际水汽压,S_i 为日照百分率,R_n 为地表净辐射,Q 为总辐射,A 为地表反照率。

3 意义

根据借助 ArcGIS 平台,利用 DEM 数据,通过 Kriging 插值将地理、地形因子网格化和参数化,生成了中国地区 1 km×1 km 网格的海拔高度、坡度、坡向等地形因子数据。其次利用 MODIS 数据反演得到了全国 2001 年月均 1 km×1 km 网格的地表反照率数据和大气总透射率。在获取了这些基本参数后,考虑地形和大气衰减因子,建立了坡地太阳辐射计算模型,定量得到了坡度、坡向、地形遮蔽因素对太阳辐射的影响。这样,在此基础上最终实现了中国地区气候环境信息空间网格化。这不仅可以弥补地区气候观测资料空缺,避免了传统方法以点代面的局限性,还可以为农业生产和科学研究提供有关气候环境信息的基础数据。

参考文献

[1] 林文鹏,王长耀,钱永兰,等. 遥感和地面数据驱动下的农业气候环境信息网格化技术研究. 农业工程学报,2005,21(9):129-133.

遥感影像的空间分辨率模型

1 背景

遥感技术提供多种空间分辨率的影像产品,有千米、百米、十米、米以及亚米等级别,形成系列。对于这些影像,根据不同应用目标形成产品,需要进行遥感制图。遥感制图是将遥感影像提取地表信息后交付使用的最后一道工作步骤。潘家文等[1]通过实验方法,用高精度的全球定位系统仪器经大量的实地测量,对 IKONOS、QUICKBIRD 卫星遥感数据进行研究,建立了数学关系,并进行了验证,可供遥感制图时参考使用。

2 公式

资源卫星遥感影像空间分辨率 R(单位为 m) 与可制作的合理成图比例尺 m(m 为比例尺分母) 以及图件要求的误差范围 e(单位为 mm) 存在以下关系:

$$e \times m \times 10^{-3} = C \times R$$

式中,C 为影像几何校正系数,e 为人眼的分辨率。

地形图像素点坐标(X,Y)和编码后的地理坐标(x,y)采用以下的二元二次多项式表示:

$$\begin{cases} x_i = a_0 + a_1X_i + a_2Y_i + a_3X_i^2 + a_4X_iY_i + a_5Y_i^2 \\ y_i = b_0 + b_1X_i + b_2Y_i + b_3X_i^2 + b_4X_iY_i + b_5Y_i^2 \end{cases}$$

式中,X_i 、Y_i 为第 i 个控制点的图像坐标(行列号),x_i 、y_i 为第 i 个控制点对应的地面坐标,a_i、b_i($i = 0,1,\cdots,5$) 为二次多项式系数。

根据比例尺和扫描精度的关系将每个控制点的均方根差控制在 1 个像元之内。扫描仪扫描精度可按下式估算:

$$p = \frac{1}{0.3937 \times DPI \times m} \times 10^{-2}$$

式中,p 为每个像素的实际尺度,m;DPI 为地形图的扫描分辨率;m 为地形图比例尺分母,0.3937 为厘米和英寸的转换系数。

从两研究区域中分别选取 18 个控制点,分别测算它们在精校正后遥感影像上的坐标和 RTKGPS 实地测量坐标值,并根据公式计算对应的均方根差:

$$RMS = \sqrt{(M_x - N_x)^2 + (M_y - N_y)^2}$$

式中，M_x 、M_y 分别为精校正遥感影像的纵坐标和横坐标，N_x 、N_y 为分别为 RTKGPS 实地测量的纵坐标和横坐标。

为了检验成图比例尺的准确程度，从两研究区域各选取 10 个图斑，分别测算它们在校正后遥感影像的面积和 RTKGPS 实地测量的面积，比较其差值是否符合下式允许的误差精度：

$$F \leqslant \pm 0.06 \times \frac{M}{10000} \times \sqrt{15 \times P}$$

式中，F 为图解法量算图斑面积与图斑控制面积的允许误差，M 为地图比例尺的分母；P 为图斑的控制面积。

单个图斑面积相对误差按下式计算：

$$V_i = \frac{A_i - B_i}{B_i} \times 100$$

式中，A_i 为校正后遥感图像上图斑的面积；B_i 为用 RTKGPS 实地测量的图斑面积。整个区域面积中误差按下式计算：

$$dm = \sqrt{\frac{\sum (V_i - u)^2}{n}}$$

式中，$i = \frac{\sum V_i}{n}$ 。

3　意义

根据遥感影像的空间分辨率模型，确定了遥感影像空间分辨率与成图比例尺的关系，这也是给出对应数学表达式。在此分别对两种常用的高分辨率遥感影像 IKONOS 和 QUICKBIRD 进行了试验，以 RTKGPS 测量值作为真值，通过遥感影像的空间分辨率模型，精校正遥感影像与真值的差作为遥感影像的实地误差，并计算出影像几何校正系数，从而得到两种分辨率遥感影像可以制作的合理成图比例尺。遥感影像空间分辨率与合理成图比例尺存在着一定关系，用实测方法可以建立这种关系的数学表达式，用以指导遥感制图，其可以合理并充分表达遥感影像的空间信息；也可以在确定制图比例尺后，协助用户选取合理的遥感影像数据。

参考文献

[1]　潘家文，朱德海，严泰来，等．遥感影像空间分辨率与成图比例尺的关系应用研究．农业工程学报，2005，21(9)：124-128.

叶片散射光的分布模型

1 背景

叶片作为植物冠层的主要组成元素,其光学特性特别是反射光和透射光分布特性的精确描述,对很多方面的研究都具有十分重要的意义。劳彩莲等[1]通过对直接测量方法进行改进,设计一个能在较短的时间内(数分钟)完成单个叶片的反射光和透射光在入射面上的光强分布测定的实验室测量装置。并应用此装置对叶片在特征吸收波段和非特征吸收波段的散射光分布特征进行测定,以评价该装置的性能。

2 公式

图 1 显示了入射角($\theta_i . \varphi_i$) 和反射角($\theta_r . \varphi_i$)的几何意义。图 1 中的上半球代表反射半球,下半球代表透射半球。透射角($\theta_t . \varphi_i$)的几何意义和反射角相同。

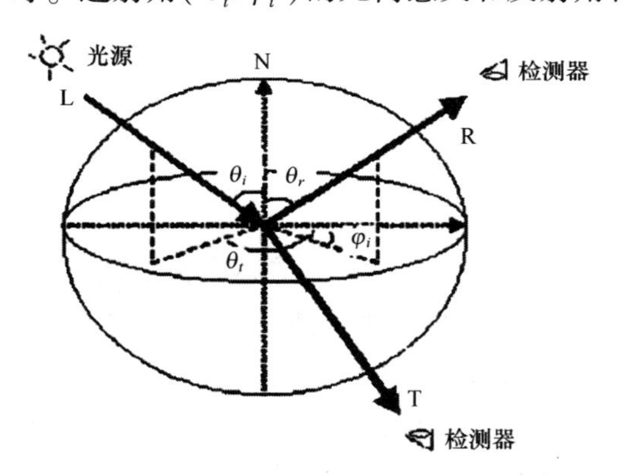

L 表示入射光　R 表示反射光　T 表示透射光　N 表示入射面法线

图 1　入射角、反射角的球坐标表示

样品表面的散射光强由测定得到的数字化值与参比样在相同光照条件和某一特定的检测角(10°)下测定得到的数字化值的比值表示,在此称为相对光强(R_s) ,是一个无量纲量。计算公式如下:

$$R_s(\theta_i,\theta_o)=\frac{I_s(\theta_i,\theta_o)}{I_{ref}(\theta_i,Q_o)}$$

式中，R_s 为相对光强；I_s，I_{ref} 分别为测试样和参比样的散射光强的数字化值。（θ_i,θ_o）中的 θ_i 代表入射角，θ_o 代表检测角。

图 2 显示了测定大叶黄杨叶片得到的散射光分布曲线极坐标图。比较叶片在 650 nm 和 830 nm 的反射分布曲线图,可以发现它们的反射分布曲线形状差异很大。

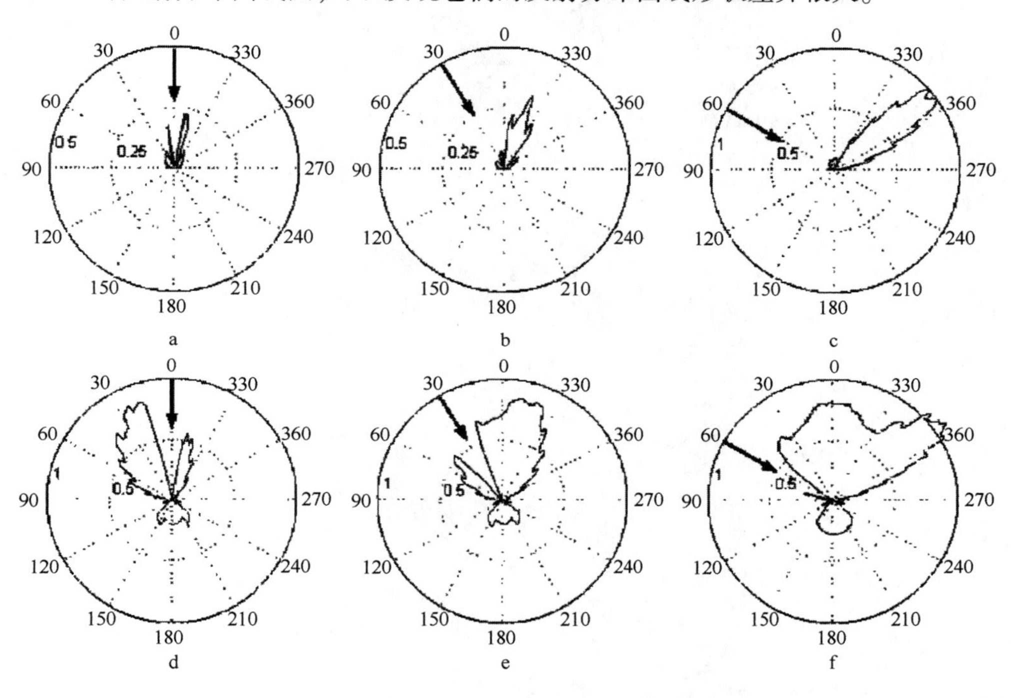

图 2　测定得到的大叶黄杨树叶在入射面上的散射光(反射和透射)分布图

3　意义

根据叶片散射光的分布模型,采用微功率激光管作为光源,围绕被测样品旋转的硅光电池作为检测器,研制了一种可以测定植物单个叶片反射光和透射光在入射面上分布的装置。通过叶片散射光的分布模型,分别在 650 nm 和 830 nm 波长光照条件下,测定了标准白板(参比样)的反射光和大叶黄杨树叶的反射光和透射光在入射面上的光强分布。测定结果表明该装置有很好的重现性。所研制的装置可用于植物冠层光辐射传输机理研究。

参考文献

[1] 劳彩莲,李保国,郭焱,等. 一种用于叶片散射光分布测定的新型装置及性能评价. 农业工程学报,2005,21(9):85-89.

茶多糖的提取模型

1 背景

茶多糖是茶叶中一种重要生物活性成分,大量研究表明,茶多糖具有降血糖、防辐射、抗凝血及抗血栓、降血压、降血脂等作用,不同提取分离方法对茶多糖的得率、纯度和生物活性有很大影响。王元凤和金征宇[1]考察了大孔阴离子交换树脂 D315 对茶多糖吸附和洗脱的影响,拟找出提高茶多糖纯度和得率的较佳工艺,为茶多糖的生产和开发提供理论依据。

2 公式

糖醛酸的交换容量:指单位体积活化的湿树脂所能交换的糖醛酸的质量。

$$交换容量(mg/mL) = (C_0 - C_i) \times V_{溶液}/V_{树脂}$$

式中,C_0、C_i 为吸附前、后溶液中糖醛酸的质量分数,mg/mL;$V_{溶液}$、$V_{树脂}$ 为茶多糖溶液和活化湿树脂的体积,mL。

脱色率测定及计算方法:将待测茶多糖溶液调节至 pH 值 7.0±0.1,经 5 000 r/min 离心 20 min 后过滤,收集滤液,然后在 420 nm 处测其光密度值:

$$脱色率(\%) = (OD_{脱色前} - OD_{脱色后}) \times 100/OD_{脱色前}$$

式中,$OD_{脱色前}$、$OD_{脱色后}$分别为脱色前、后溶液的光密度值。

从图 1 可以看出:温度对茶多糖溶液的脱色影响较明显,温度 30~50℃左右时,D315 树脂对茶多糖溶液的脱色效果较佳。

从表 1 可以看出:D315 树脂再生 10 次后,树脂的脱色率下降 8.6%,树脂对糖醛酸的交换容量下降 5.5%,表明 D315 树脂对茶多糖的分离纯化是稳定的。

表 1 再生次数对 D315 树脂吸附性能的影响

再生次数	1	3	5	7	9	10
交换容量(mg/mL)	20.07	19.62	19.28	19.16	19.03	18.97
脱色率(%)	85.03	83.27	81.45	80.09	79.25	77.72

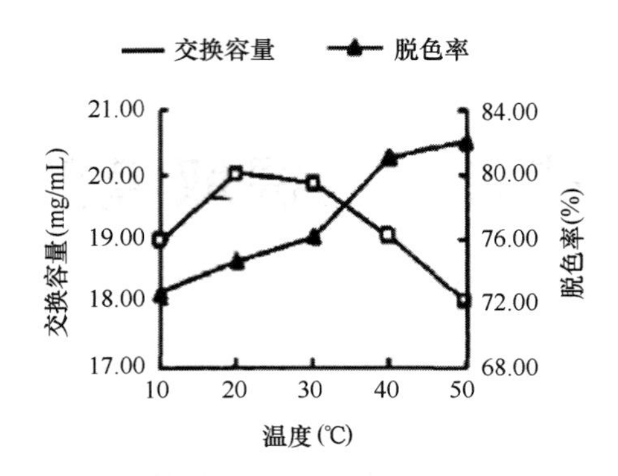

图 1　温度对脱色率和糖醛酸交换容量的影响

3　意义

通过茶多糖的提取模型,确定了 D315 树脂分离纯化茶多糖的工艺。根据茶多糖的提取模型,计算可知 D315 树脂适合用于茶多糖的初步分离和纯化。在上样液 pH 值 6.0~7.0、温度 30℃、糖醛酸质量浓度 2.5 mg/mL 时,先收集上柱吸附的流出液和去离子水洗脱液,得到以中性糖为主的茶多糖 NTPS,该多糖总糖质量分数为 82.7%,糖醛酸质量分数为 7.9%;而后采用 0.5 mol/L NaCl 溶液洗脱,得到糖醛酸含量高的酸性糖 ATPS,该多糖总糖质量分数为 85.5%,糖醛酸质量分数为 35.2%。

参考文献

[1]　王元凤,金征宇. D315 树脂分离茶多糖工艺的研究. 农业工程学报,2005,21(10):147-150.

喷灌的均匀公式

1 背景

喷头是喷灌系统的关键部件之一,其性能的优劣,将直接影响系统的质量。变量喷头可以根据灌溉需要实现喷洒域和喷洒量可控,提高灌溉系统整体喷洒均匀性和对地块形状的适应性。韩文霆等[1]主要对变量喷头实现均匀喷灌的理论进行了研究,分析变量喷头为保证喷洒均匀性,其流量、射程和转速等主要参数之间的数学模型,并以方形喷洒域变量喷头为例,探讨模型的应用。

2 公式

如图1所示,变量喷头位于 O 点,设其在某一时刻 t 的转角方向为 OA 方向,经过 Δt 时间喷头转到 OB 方向,转角为 $\Delta\alpha$（$\Delta\alpha = \omega\Delta t$，$\omega$ 为喷头在 t 时刻的转速)。令射程 $R=OA$。当 $\Delta t \to 0$ 时，$\Delta\alpha \to 0$，$OB \to OA$，此时可认为变量喷头扫过的喷洒面积 ΔS 为扇形 OAB 的面积,用下式计算:

$$\Delta S = \pi R^2 \frac{\omega\Delta t}{2\pi} = \frac{1}{2}R^2\omega\Delta t$$

式中，ω 为变量喷头在 t 时刻的转速，R 为变量喷头在 t 时刻的射程。

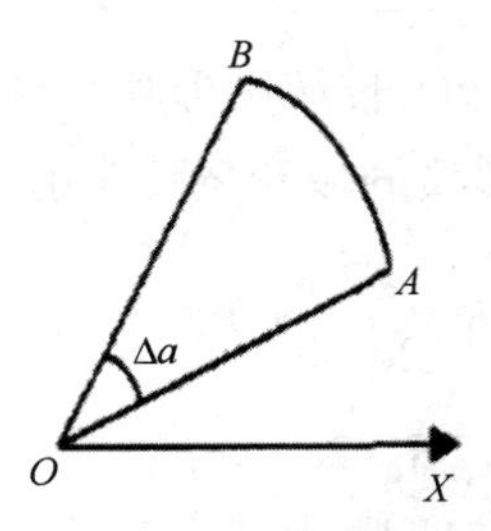

图1　变量喷头瞬时喷洒面积

另外,上面的公式也可以用极坐标系下二重积分的方法推导出来。喷头在单位转动时间 ΔT 内,喷头扫过的喷洒面积 ΔS 即为面积元素 $d\sigma$（$d\sigma = RdRd\alpha$）的二重积分:

$$\Delta S = \iint_D R\mathrm{d}R\mathrm{d}\alpha = \frac{1}{2}R^2\omega\Delta t$$

在 Δt 时间内，喷头喷洒水量可以用下式计算：

$$\Delta V = Q\Delta t$$

式中，ΔV 为喷头在 Δt 时间内的喷洒水量；Q 为喷头在 Δt 时间内的平均流量，当 $\Delta t \to 0$ 时，Q 为 t 时刻的瞬时流量。

喷灌均匀性要求单位喷洒面积上喷洒水量一定，因此喷头在 Δt 时间内，喷洒水量和喷洒面积之间应存在下列关系：

$$\Delta V = K\Delta S$$

式中，K 为喷头转动一周内单位喷洒面积上应受到的平均喷洒水量，K 是一常数，由设计灌水定额决定。

对于单喷头获无喷洒面积重叠的灌溉系统来说，K 可用下式计算：

$$K = \frac{HS}{TN}$$

式中，H 为设计灌水定额，S 为单喷头转动一周的喷洒面积，T 为喷头工作时间，N 为单位时间内喷头转过的圈数。

由以上各式可得：

$$Q\Delta t = K\Delta S$$

代入可得：

$$Q\Delta t = \frac{1}{2}KR^2\omega\Delta t$$

化简得：

$$Q = \frac{1}{2}K\omega R^2$$

如图 2 所示，喷头位于坐标原点 O，传统圆形喷洒域喷头喷洒出的区域是半径为 OM 的圆。根据图示的几何关系，可得方形喷洒域变量喷头射程随转角变化的理论方程为：

$$R = R_0\frac{\sqrt{2}}{2\cos\alpha}(0 \leqslant \alpha \leqslant \pi/4)$$

由上式可知，当 $\alpha = 0$ 时，$R = \sqrt{2}R_0/2$。

由变量喷头工作方程可知，当方形喷洒域变量喷头转速一定时，方形喷洒域变量喷头理论流量与理论射程的平方成正比，即：

$$\frac{Q}{Q_0} = \frac{R^2}{R_0^2}$$

式中，Q 为方形喷洒域变量喷头理论流量；Q_0 为方形喷洒域变量喷头最大流量，即 $\alpha = \pi/4$ 时的流量。

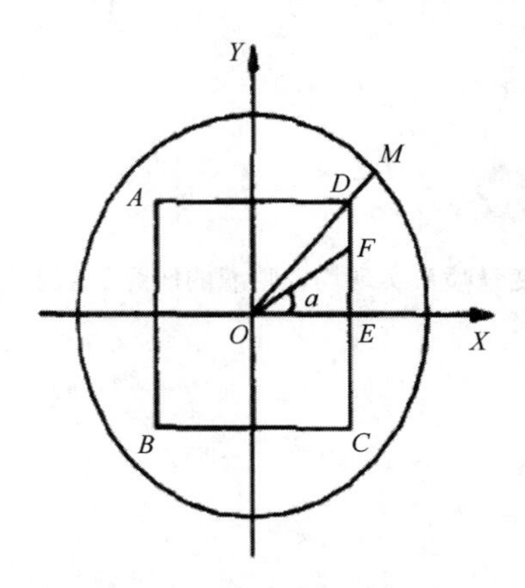

图2　方形喷洒域变量喷头理论射程

简化得方形喷洒域变量喷头流量随转角变化的理论方程：

$$Q = Q_0 \frac{1}{2\cos^2\alpha} \qquad (0 \leqslant \alpha \leqslant \pi/4)$$

由上式可知，当 $\alpha = 0$ 时，流量最小，$Q = Q_0/2$。

当方形喷洒域变量喷头流量一定时，由变量喷头工作方程式可得：

$$\omega = \frac{2Q}{KR^2}$$

由上式可知，方形喷洒域变量喷头理论转速与理论射程的平方成反比，即：

$$\frac{\omega}{\omega_0} = \frac{R_0^2}{R^2}$$

式中，ω 为方形喷洒域变量喷头理论转速；ω_0 为方形喷洒域变量喷头最小转速，即 $\alpha = \pi/4$ 时的转速。

方形喷洒域变量喷头转速随转角变化的理论方程为：

$$\omega = 2\omega_0 \cos^2\alpha$$

由上式可知，当 $\alpha = 0$ 时，转速最大，$\omega = 2\omega_0$。

3　意义

在此建立了喷灌的均匀公式，这是采用极限理论和二重积分的数学方法推导的描述变量喷头转速、流量和射程之间瞬时变化关系的工作方程。喷灌的均匀公式的计算结果表明，变量喷头的流量与射程平方和转速的乘积成正比。以方形喷洒域变量喷头为例，推导了方形喷洒域变量喷头射程随转角变化的理论方程，然后应用变量喷头工作方程推导了方形喷洒域变量喷头理论流量和转速方程。此研究结果为变量喷头及方形喷洒域变量喷头的设计提供了理论依据。

参考文献

[1] 韩文霆,吴普特,冯浩,等. 变量喷头实现均匀喷灌的研究. 农业工程学报,2005,21(10):13-16.

菠萝叶纤维的干燥模型

1 背景

菠萝叶纤维(又称菠萝麻)是从菠萝叶片中提取的纤维,属叶脉纤维,是一种新型的天然植物纤维。有研究表明菠萝叶纤维具有良好的纺织性能,是各种中高档服装、床上用品和高级纸张的最佳原料之一。王金丽等[1]为了摸清和掌握菠萝叶纤维的干燥规律,探讨热风温度、风速等参数对菠萝叶纤维干燥的影响,建立其干燥模型,为设计菠萝叶纤维干燥设备提供技术参考和依据。

2 公式

将干燥器的风速和温度调整到规定值时,将菠萝叶湿纤维均匀地放在筛板上进行干燥试验。每隔 5 min 测一次质量,直至纤维恒重。物料含水率用下式计算:

$$W_t = \frac{m_t - m_g}{m_t} \times 100\%$$

式中,W_t 为干燥至 t 时的含水率,%;m_t 为试样烘至 t 时的质量,g;m_g 为试样的烘干质量,g。

菠萝叶纤维干燥过程中的水分比 MR 与干燥时间 t 的关系如图 1 和图 2 所示。从图中看到菠萝叶纤维在干燥过程中的水分比 MR 与时间 t 呈指数关系。因此选用以下三种通用的指数模型进行拟合:

$$MR = \exp(-Kt)$$

$$MR = A \cdot \exp(-Kt)$$

$$MR = \exp(-Kt^N)$$

式中,$MR = (m_t - m_g)/(m_0 - m_g)$,$m_0$ 为试样的初始质量,g;K、A、N 分别为与干燥条件有关的待定参数。为了方便分析,将以上三式两边取对数后变为:

$$\ln(MR) = -Kt$$

$$\ln(MR) = \ln A - Kt$$

$$\ln[-\ln(MR)] = + N \cdot \ln t$$

$\ln K$ 与温度有关,与风速无关;N 与风速有关,与温度无关,因此 K 与 N 可用下式表示:

$$\ln K = a + bT$$

$$N = c + dv$$

式中,T 为风温,℃;v 为风速,m/s;a、b、c、d 为系数。

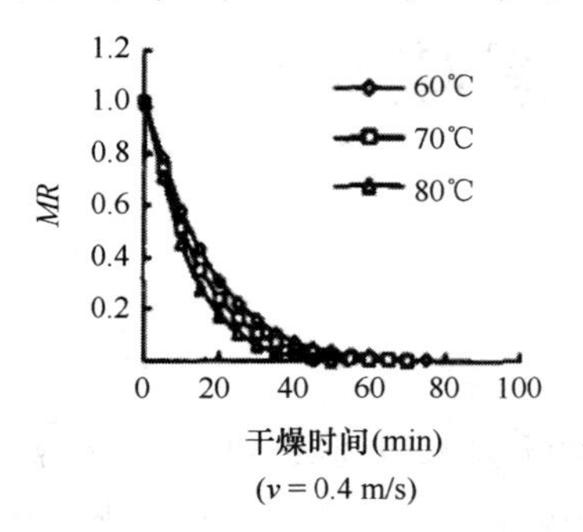

图 1　不同风温 MR 与干燥时间的关系

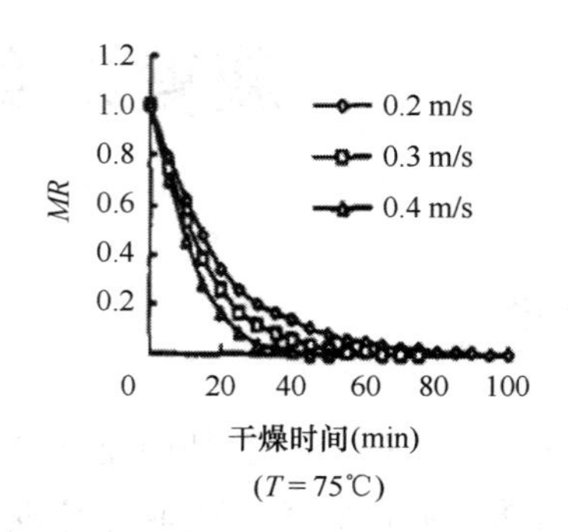

图 2　不同风速 MR 与干燥时间的关系

则有:

$$\ln[-\ln(MR)] = a + bT + c\ln t + dv\ln t$$

根据试验数据,用 SAS 软件对上式进行多元回归及分析,求出各系数分别为:

$$a = -4.66533, b = 0.02269, c = 0.84254, d = 0.78926$$

方差分析结果见表 1。由表 1 可知多元线性回归达极其显著,由参数估计量可知所求数学模型为:

$$MR = \exp(-Kt^{N})$$

$$K = \exp(0.02269T - 4.66533)$$

$$N = 0.84254 + 0.78926$$

表 1　方差分析表

来源	自由度	平方和	均方	F 值	$F_{0.01}(3.60)$	$F_{0.01}(3.80)$
回归	3	51.130 37	17.043 46	2 601.35	4.13	4.04
剩余	71	0.465 18	0.006 55			
总计	74	51.595 54				

3　意义

根据菠萝叶纤维的干燥模型,采用热风干燥试验装置对菠萝叶湿纤维进行干燥试验,得到了不同温度、风速对其的干燥规律。通过菠萝叶纤维的干燥计算可知干燥降水过程主要为降速过程;根据干燥曲线,采用多元回归方法,建立了菠萝叶纤维干燥模型;通过正交试验得出在多因素条件下,投料量对纤维干燥生产率的影响最为显著,其他依次为温度、纤维初始含水率和风速。

参考文献

[1] 王金丽,邓怡国,黄晖. 菠萝叶纤维干燥特性试验研究. 农业工程学报,2005,21(10):151-154.

牧草种子的干燥公式

1 背景

刚收获的牧草种子含水率非常高,达到40%~70%,必须进行干燥,将其含水率降到安全水分(8%~12%)以防止在储藏过程中产生自热、生虫、霉烂变质,导致发芽率降低。牧草种子的干燥一般有晾晒、自然通风和人工干燥三种方式。基于国内外牧草种子干燥技术与设备的研究现状,针对牧草种子品种多、形态杂的特点,中国农业大学工学院自主研制了5H CCX-1.6型冲击穿流循环式干燥设备。为了探讨5HCCX-1.6型冲击穿流循环式干燥设备的性能以及该设备对不同种类牧草种子的干燥适应性,吕黄珍等[1]进行了干燥苜蓿种子、羊草种子和披碱草种子的效果试验。

2 公式

干燥前后各取3个试样(苜蓿种子、羊草种子、披碱草种子),每个约40~50 g,用铝盒盛装,放入130℃烘箱中烘20~24 h至绝干。平均干燥速率:

$$W = \frac{W_1 - W_2}{f}$$

式中,W为干燥速率,%/h;W_1为进机种子含水率,%(湿基);W_2为出机种子含水率,%(湿基);f为干燥延续时间(包括干燥、缓苏、冷却)。

蒸发1 kg水所消耗的燃料热量,按下式计算:

$$q_r = \frac{B_r \times Q_{DW}^y}{W}$$

式中,q_r为单位热耗,kJ/kg(H_2O);B_r为设备正常工作时,小时燃料消耗量,kg/h;Q_{DW}^y为燃料低位发热值,kJ/kg。

干燥设备的生产能力可以用两种方式(小时生产率或处理量)来描述,采用平均小时处理量表示为:

$$P = \frac{G}{f}$$

式中,P为处理量,kg/h;G为一批进机种子的总质量,kg。

3次试验的结果及其平均值记入表1。

表 1　牧草种子干燥试验结果

测定指标	苜蓿种子				羊草种子				披碱草种子			
	1	2	3	平均值	1	2	3	平均值	1	2	3	平均值
种子进机含水率(%)	28.3	27.4	39.5	31.7	20.5	22.1	23.2	21.9	19.5	20.1	20.5	20.0
种子出机含水率(%)	11.8	12.0	11.9	11.9	10.2	10.5	10.4	10.4	10.3	10.0	10.5	10.3
平均干燥速率(%/h)(湿基)	1.00	1.00	1.00	1.00	0.96	0.98	0.99	0.98	0.93	0.97	0.96	0.95
初始发芽率(%)	84	86	87	88	39	38	42	40	75	72	70	72
干燥后发芽率(%)	95	93	92	93	48	52	51	50	88	86	85	86
单位热耗 [kJ·kg(H_2O)]	6 705	6 698	6 803	6 700	7 020	6 980	6 995	7 000	7 295	7 309	7 300	7 300
处理量(kg/h)	620	586	596	601	350	357	348	352	318	350	358	342

3 意义

为了探讨5HCCX-1.6型冲击穿流循环式干燥设备的作业性能以及该设备对不同种类牧草种子干燥的适应性,建立了牧草种子的干燥公式。依据国际种子检验规程和种子干燥机试验鉴定方法,进行了苜蓿种子、羊草种子和披碱草种子干燥的试验研究。通过牧草种子干燥公式的计算结果可知,不同初始含水率的3种不同牧草种子均能一次干燥到安全含水率(均小于12%);经过干燥加工,牧草种子质量等级可显著提高,如披碱草种子发芽率指标从不到3级标准(<80%),提高到1级(>85%);加工前苜蓿发芽率指标为2级(≥85%),加工后达到1级(≥90%),表明该套设备能适应多品种、不同形态牧草种子的干燥。

参考文献

[1] 吕黄珍,刘德旺,王德成. 采用5HCCX-1.6型冲击穿流循环式干燥设备干燥几种牧草种子的效果试验. 农业工程学报,2005,21(10):178-180.

草炭土壤的保水模型

1 背景

我国砂质土壤面积分布极为广阔,这种土壤黏粒含量低,保水保肥性能差。草炭又名泥炭、泥煤,不仅能够软化土壤,保证土壤基质具有良好的通透性,而且还有优良的保水特性,作为一种基本的生产资料(土壤改良剂和育苗基质),在实现园艺产业可持续发展中起着重要作用。秦玲等[1]以砂质土壤为材料,探讨了草炭、砂土、草炭-砂土混合基质的水物理特性,分析了不同灌溉频率对草炭和草炭-砂土混合基质蒸发和水势的影响,以期为更好地开发草炭资源在土壤改良和作为园艺育苗基质配方等方面的应用,并也为其应用提供理论依据和技术指导。

2 公式

基质中草炭含量对基质的容重、孔隙度和水分常数影响显著,与基质的容重、孔隙度、田间持水量、饱和含水率呈显著线性相关(图1)。除与基质的容重呈负相关外,基质的孔隙度、田间持水量、饱和含水率均随草炭含量的增加而增加。拟合方程分别如下:

$$Y_K = 4.624x + 17.971, R^2 = 0.998$$

$$Y_r = -0.119x + 1.49, R^2 = 0.997$$

$$Y_t = 0.6608x + 16.851, R^2 = 0.994$$

$$Y_b = 0.947x + 32.973, R^2 = 0.993$$

式中,x 为草炭体积百分比含量,%;Y_K 为基质总孔隙度,%;Y_r 为容重,mg/cm^3;Y_t 为田间持水量,cm^3/cm^3;Y_b 为饱和含水率,cm^3/cm^3。

从几种基质的脱水曲线可看出(图2),所施压力和土壤含水率之间存在函数关系。对不同草炭含量的土壤进行回归分析得拟合方程分别如下:

$$Y_P = 34.44x^{-0.099}, R^2 = 0.813$$

$$Y_{PSI} = 27.91x^{-0.115}, R^2 = 0.978$$

$$Y_{PS} = 20.50x^{-0.158}, R^2 = 0.972$$

$$Y_S = 16.719x^{-0.181}, R^2 = 0.966$$

式中,x 为基质水吸力,kPa;Y_P,Y_{PSI},Y_{PS},Y_S 分别表示基质 P、PSⅠ、PSⅡ和 S 的含水

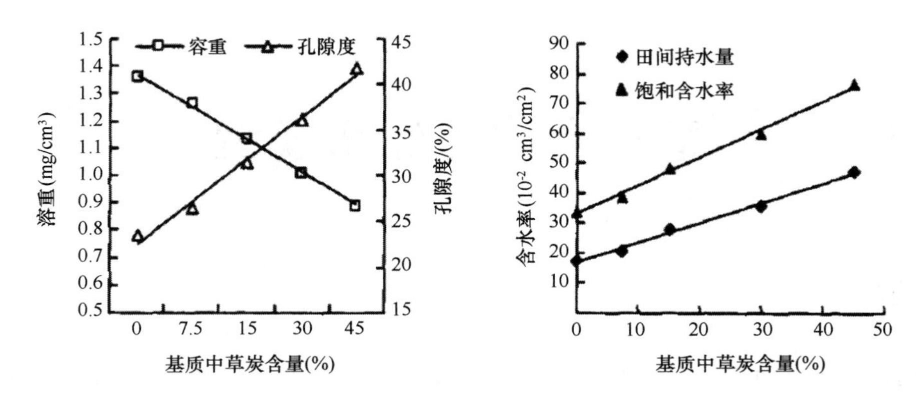

图 1　草炭含量和基质容重、孔隙度及水分常数(饱和含水率和田间持水量)的拟合曲线

率,% 。含水率和基质水吸力拟合程度很高,相关系数均达极显著水平。

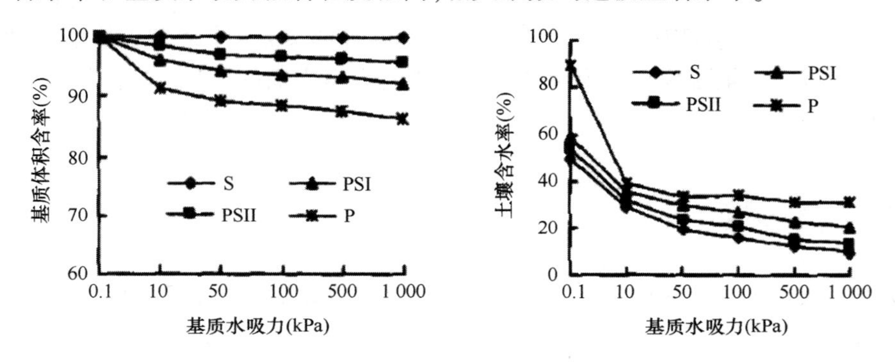

图 2　不同基质在脱水状态下水分特征曲线和体积变化

对土壤含水率、土壤水吸力和草炭含量进行了二次多项式回归分析,以土壤水吸力(kPa)的对数(x)和草炭的百分含量%(y)为自变量,以土壤体积含水率%(Z)为因变量,其拟合方程为:

$$Z = 32.5811 - 11.9667x + 0.2791y + 2.0540x^2 + 0.0002y^2 - 0.0592xy$$

$$R^2 = 0.856$$

3　意义

通过比较草炭、砂土、草炭-砂土混合基质水物理特性和3种灌溉频率条件下基质蒸发量和水势的变化,建立了草炭土壤的保水模型,得到了草炭对砂质土壤保水特性的影响结果。通过草炭土壤的保水模型的计算可知,用腐质化程度低的高位草炭改良砂土,使改良基质的孔隙度、田间持水量、饱和含水率显著增加,基质保水能力提高;干旱处理过程中体

积收缩程度也随基质中草炭含量的增加而增大。灌溉频率对基质蒸发量和水势也有显著影响,随着灌溉频率的增加,基质中草炭含量越高,表面蒸发越快。用较低的灌溉频率,纯草炭仍能保持较多的水分,为植物提供更多的有效水。

参考文献

[1] 秦玲,魏钦平,李嘉瑞,等. 草炭对砂质土壤保水特性的影响. 农业工程学报,2005,21(10):51-54.

车辆的自动倒车模型

1 背景

以带单轴拖车拖拉机为代表的牵引式农业机械被广泛地应用在农业生产中。这种形式的车辆在倒车行驶时,由于系统不稳定性的原因,即使车辆直线倒驶时,当外界对其稍有干扰都很容易使系统产生发散现象,甚至有可能发生卡死现象。因此,该形式的车辆倒车行驶是比较困难的,需要有一定的驾驶经验的驾驶员来操纵。陈军等[1]以四轮拖拉机挂接单轴拖车为研究对象,以车辆自动入库为研究目标,对车辆的自动倒车行驶进行探讨。

2 公式

当车辆在较平坦的路面行驶时,侧滑可忽略不计,如图 1 所示,根据车辆系的运动学关系可以得到下式所示的运动学方程式。

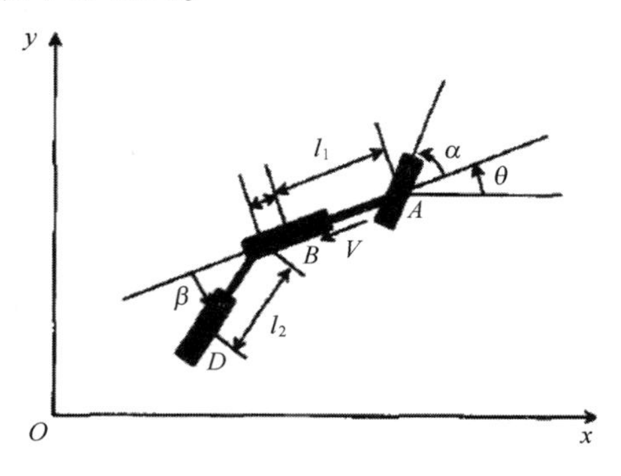

图 1 车辆的运动学模型

$$\begin{cases} x' = -V\cos\theta \\ y' = -V\sin\theta \\ \theta' = -\dfrac{V}{l_1}\tan\alpha \\ \beta' = \dfrac{V}{l_1}\sin\beta + \dfrac{V}{l_1 l_2}[(l_2 + h\cos\beta)\tan\alpha] \\ \alpha' = u \end{cases}$$

式中,x,y 为拖拉机后轮轴中心点的坐标,m;H 为拖拉机的横摆角,(°);β 为拖车的方向角(拖拉机和拖车之间的夹角),(°);α 为拖拉机的转向角,(°);u 为拖拉机的转向角的角加速度,(°)/ s;V 为拖拉机的行驶速度,m/s。所有的角度逆时针为正。

考虑到拖拉机的最大转向角 α_m 和拖车的最大方向角 β_m 的限制,通过含有罚函数的内点法可得到如下所示的目标函数:

$$\underset{\min}{J_1} = x^2(T_f) + y^2(T_f) + \theta^2(T_f) + \beta^2(T_f) + \alpha^2(T_f) + \int_0^{T_f}\left(\frac{r_1}{\alpha_m^2 - \alpha^2} + \frac{r_2}{\beta_m^2 - \beta^2}\right)\mathrm{d}t$$

式中,T_f 为理论行驶时间,s;α_m 为拖拉机的最大转向角,(°);β_m 为拖车的最大方向角,(°);r_1、r_2 为罚函数系数。

当设定参考点处的状态参数为 $\bar{X} = [\bar{x},\bar{y},\bar{\theta},\bar{\beta},\bar{\alpha}]^T$,车辆系的状态参数为 $X = [x,y,\theta,\beta,\alpha]^T$ 时,在参考点附近车辆系的状态参数与参考点的状态参数存在偏差为 $\delta x,\delta y,\delta\theta,\delta\beta,\delta\alpha$。则将 $x = \delta x + \bar{x}$,$y = \delta y + \bar{y}$,$\theta = \delta\theta + \bar{\theta}$,$\beta = \delta\beta + \bar{\beta}$,$\alpha = \delta\alpha + \bar{\alpha}$,$\delta u = u - \bar{u}$,$\delta V = V - \bar{V}$,化简可得:

$$\delta X' = A(t)\delta X + B(t)\delta U$$

式中,

$$\delta X = [x - \bar{x}, y - \bar{y}, \theta - \bar{\theta}, \beta - \bar{\beta}, \alpha - \bar{\alpha}]^T$$

$$\delta U = [V - \bar{V}, u - \bar{u}]^T$$

$$A(t) = \begin{bmatrix} 0 & 0 & V\sin\bar{\theta} & 0 & 0 \\ 0 & 0 & -V\cos\bar{\theta} & 0 & 0 \\ 0 & 0 & 0 & 0 & -\dfrac{V}{l_1(\cos\bar{\alpha})^2} \\ 0 & 0 & 0 & \dfrac{V(l_1\cos\bar{\beta} - h\sin\bar{\beta}\tan\bar{\alpha})}{l_1 l_2} & \dfrac{V(l_2 + h\cos\bar{\beta})}{l_1 l_2(\cos\bar{\alpha})^2} \\ 0 & 0 & 0 & 0 & 0 \end{bmatrix}$$

$$B(t)=\begin{bmatrix} -\cos\bar{\theta} & 0 \\ -\sin\bar{\theta} & 0 \\ -\dfrac{\tan\bar{\alpha}}{l_1} & 0 \\ \dfrac{l_1\sin\bar{\beta}+(l_2+h\cos\bar{\beta})}{l_1 l_2} & 0 \\ 0 & 1 \end{bmatrix}$$

车辆系的状态参数 $(x,y,\theta,\beta,\alpha)$ 能够直接检测，参考点状态参数 $(\bar{x},\bar{y},\bar{\theta},\bar{\beta},\bar{\alpha})$ 可知，因此状态参数 $(\delta x,\delta y,\delta\theta,\delta\beta,\delta\alpha)$ 经换算可以求出。系统的输出方程可由下式得出：

$$Y=C\delta X$$

式中，

$$C=\begin{bmatrix} 1 & 0 & 0 & 0 & 0 \\ 0 & 1 & 0 & 0 & 0 \\ 0 & 0 & 1 & 0 & 0 \\ 0 & 0 & 0 & 1 & 0 \\ 0 & 0 & 0 & 0 & 1 \end{bmatrix}$$

取目标函数为：

$$\min_{\delta U} J=\int_0^{\infty}(\delta X^T Q\delta X+\delta U^T R\delta U)\,\mathrm{d}t$$

由于所采用的车辆速度不能自动控制，因此为了降低速度项对控制器设计的影响，Q 和 R 的取值如下：

$$Q=\begin{bmatrix} 1 & 0 & 0 & 0 & 0 \\ 0 & 1 & 0 & 0 & 0 \\ 0 & 0 & 1 & 0 & 0 \\ 0 & 0 & 0 & 1 & 0 \\ 0 & 0 & 0 & 0 & 0 \end{bmatrix}, R=\begin{bmatrix} 1000 & 0 \\ 0 & 1 \end{bmatrix}$$

可得出 Riccati 代数方程式为：

$$PA+A^T P-PBR^{-1}B^T P+Q=0$$

则可得出车辆系行驶的反馈增益矩阵式为：

$$[K_v,K_u]^T=R^{-1}B^T P$$

车辆自动行驶的控制器为：

$$\delta u=-K_u\delta X$$

3 意义

应用最优控制理论设计了带单轴拖车拖拉机自动倒车行驶的控制方法,建立了车辆的自动倒车模型。根据车辆的自动倒车模型:首先利用二次变分法设计了车辆自动行驶的轨道;其次,对车辆运动学方程进行了线性化处理;最后应用最优控制理论,设计了车辆沿行驶轨道自动行驶的一种时变线性二次型控制器,利用设计的行驶轨道和控制器进行了实车试验。试验证明该控制方法能够实现带单轴拖车拖拉机自动倒车行驶控制。

参考文献

[1] 陈军,鸟巢谅,武田纯一. 带单轴拖车拖拉机自动倒车行驶的研究. 农业工程学报,2005,21(10):82-85.

液力喷头的雾化飘移模型

1 背景

喷施农药时,一部分农药雾滴会被气流携带向非靶标区域飘移造成飘失。农药飘失会造成严重的后果,不仅降低防治效果,增加成本,而且还会危及非靶标区域的敏感动植物及污染大气环境等,一直是植保机械及施药技术领域的研究重点。曾爱军等[1]按照德国农林生物研究中心测试准则,在可控风洞环境条件下比较研究国产喷头及国内常用喷头的抗飘失能力,用于指导中国植保机具的生产及应用。

2 公式

在雾滴谱测定的基础上,选定邯郸农业药械厂生产的塑料喷头 China02,中国农业机械化科学研究院生产的 CAAMS120-03 以及德国 Lechler 公司生产的标准型 110-015 和 110-03 扇形雾喷头(为国内比较常用进口喷头),同时选定 BBA 规范中的对比参考喷头,由丹麦 Hardi 公司生产的 ISOLD110-025 喷头。测定其雾滴体积中径(VMD)和喷头流量(表 1)。

表 1 测试喷头类型及试验参数

喷头类型	压力 (bar)	雾滴体积中径 (μm)	喷头流量 (l/min)	风速 (m/s)	温度 (℃)	相对湿度 (%)
China02	2	331.6	0.61	2	20	80
	3	319.8	0.75	2	20	80
	5	272.6	0.96	2	20	80
CAAMS120-03	2	203.6	1.40	2	20	80
	3	183.2	1.73	2	20	80
	5	166.7	2.26	2	20	80

续表

喷头类型	压力 (bar)	雾滴体积中径 (μm)	喷头流量 (l/min)	风速 (m/s)	温度 (℃)	相对湿度 (%)
Lechler 110-015	2	171.0	0.48	2	20	80
	3	156.4	0.60	2.4	20,25,30	40,60,80
	5	143.8	0.78	2	20	80
Lechler 110-03	2	196.3	0.96	2	20	80
	3	174.5	1.19	2.4	20,25,30	40,60,80
	5	160.4	1.56	2	20	80
Hardi ISOLD110-025	3	240.0	0.94	2	20	80

通过水平收集丝上获得的数据，可以拟合得到测试垂直面内飘移量分布曲线图，再通过积分即可计算出测试平面内的雾滴体积总通量 $\dot{V}$：

$$\dot{V} = \int_0^{h_N}\int_0^{\infty}\dot{v}(y \cdot z)\,\mathrm{d}y\mathrm{d}z$$

式中，$\dot{v}$ 为通过测试截面内任意一点的体积通量，由此可计算出相对体积飘移量：

$$V = \frac{\dot{V}}{\dot{V}_N}$$

式中，$\dot{V}_N$ 为喷头喷液量。

飘移量分布的特征高度 h 定义为：

$$h = \frac{\int_0^{h_N}\dot{v}(z)z\mathrm{d}z}{\int_0^{h_N}\dot{v}(z)\mathrm{d}z}$$

则飘移潜在指数 DIX(Drift Potential Index)定义为：

$$DIX = \frac{h^a V^b}{h_{St}^a V_{St}^b} \times 100\%$$

式中，h_{St}、V_{St} 为参考喷头在 3 bar 条件下的特征高度和相对体积飘移量，a、b 为回归系数。

3 意义

依照德国农林生物研究中心(BBA)对植保机械的测试准则和技术,对国内常用的5种典型液力喷头的雾化性能参数进行了测试,并对其在不同风洞环境条件下的飘移特性进行了对比试验及评价,建立了液力喷头的雾化飘移模型。通过液力喷头的雾化飘移模型,计算在喷头下风向2 m处垂直测试平面内的雾滴飘移量并计算出飘移潜在指数(*DIX*),用于评价喷头的飘移特性,这是一种简单实用的有效方法。通过液力喷头雾化飘移模型的计算结果可知,雾滴大小和风速是影响飘移的最主要因素。

参考文献

[1] 曾爱军,何雄奎,陈青云,等. 典型液力喷头在风洞环境中的飘移特性试验与评价. 农业工程学报,2005,21(10):78-81.

风机的气流模型

1　背景

风机在工农业生产和日常生活中应用广泛，常见的风机可分为离心、横流、轴流三类。在系统设计过程中，设计者根据作业要求确定气流参数，根据气流参数选择风机，对于多风机配合作业系统，必须明确风机之间的匹配原理，才有可能选择适宜的风机，使系统气流参数满足要求。然而风机联合，特别是异类风机联合缺乏匹配理论，这无疑增大了选择风机的盲目性，出现工作气流参数大幅度偏离设计值的现象。丁慧玲等[1]从横流风机与离心风机串联运行的排气性能入手，在大量试验的基础上，给出了横流风机与离心风机串联运行时的临界曲线及其一般规律。

2　公式

处理试验数据所用数学公式如下。

动压：

$$P_d = 9.8 \times [(P_{d_1}^2 + P_{d_2}^2 + \cdots + P_{d_n}^2)/n]^{0.5}$$

静压：

$$P_S = 9.8 \times (P_{S_1} + P_{S_2} + \cdots + P_{S_n})/n$$

全压：

$$P = P_d + P_S$$

风速：

$$V = 4.04\overline{P_d}(\mathrm{m/s})$$

流量：

$$Q = F \times V \times 3600(\mathrm{m^3/h})$$

式中，F 为风管截面面积，m^2；P_{d_1} ，P_{d_2} ，…，P_{d_n} 为风管同一截面上不同测点位置的动压，mmH_2O，$n=9$；P_{s_1} ，P_{s_2} ，…，P_{s_n} 为风管同一截面上不同测点位置的静压，$mm\ H_2O$，$n=9$。

即使是型号、规格完全相同的风机，在转速相同的情况下，其风量、全压也不相同，为了找到串联临界点的规律，使其更具有通用性，应该把这些临界转速转化成其对应的风量-全压点，在此测出了各临界转速对应的风量-全压点即临界点，再把这些临界点绘制在坐标系

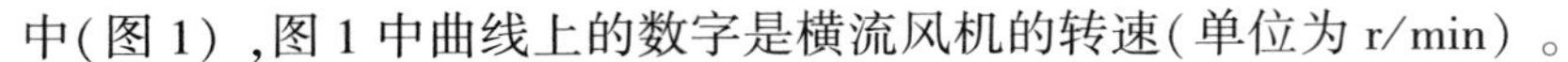

中(图 1) ,图 1 中曲线上的数字是横流风机的转速(单位为 r/min) 。

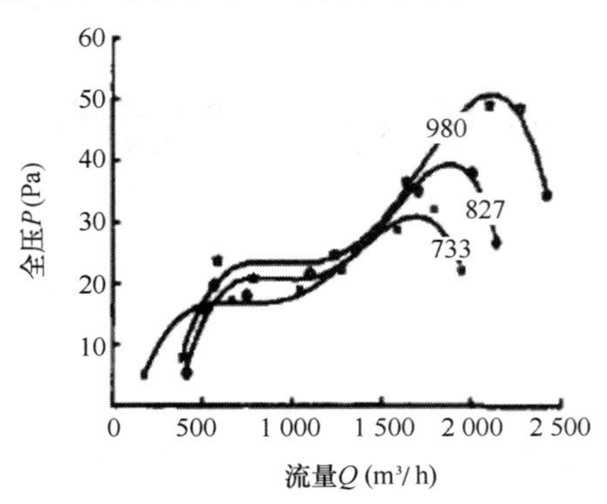

图 1　离心-横流串联临界曲线

将离心风机的转速固定,再确定一种管网阻力,然后通过变频器调节横流风机的转速,当串联风机的总排气全压及流量与离心风机单机在同工况下的全压及流量相等时,横流风机的此转速即为临界转速;与离心风机作为前一级风机时测量临界转速的方法相同,测出离心风机在 3 种固定转速下的临界转速(如表 1) ,通过曲线拟合可得到离心风机在 3 种固定转速下的串联临界曲线(见图 2) ,曲线上的数字是离心风机的转速(单位 r/min) 。

表 1　横流风机与离心风机串联临界转速　　单位:r/min

固定转速	工况 1	工况 2	工况 3	工况 4	工况 5	工况 6	工况 7
633	228	330	463	533	605	691	721
715	275	386	525	600	694	791	832
823	321	436	606	696	756	896	944

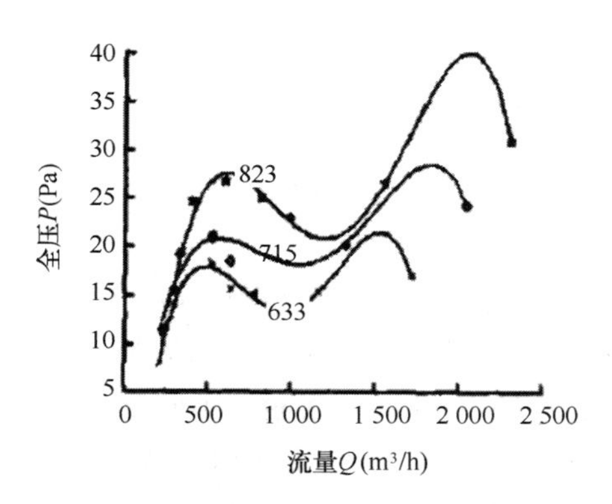

图 2　横流-离心串联临界曲线

3 意义

在此建立了风机的气流模型,确定了串联临界点是风机串联运行的一个重要参数。根据对风机气流模型计算得到的结果,在多种工况下,检测了横流风机与离心风机串联工作时的临界点,绘制了横流风机与离心风机串联临界曲线,这为横流风机与离心风机串联运行时的参数选择提供了理论依据。对于同一种串联方式,不同转速下的串联临界曲线形状相似;不同转速下的临界曲线上同工况各临界点对应的全压随转速的提高而增大。

参考文献

[1] 丁慧玲,刘师多,师清翔,等. 横流风机与离心风机串联临界点的试验研究. 农业工程学报,2005,21(10):181-183.

华北作物的需水量公式

1 背景

华北地处东亚季风区,是中国重要的粮棉主产区之一。但华北地区水资源匮乏,并且与人口和耕地分布、生产力布局极不匹配,加之干旱灾害频繁,是中国水环境与生态环境最为脆弱的地区之一。农业是用水大户,仅农田灌溉用水就占总用水量的67% ,再加上其他农业用水,将占到总用水量的80%。因此,华北地区水资源供需情况及其变化趋势历来受人关注。刘晓英等[1]通过作物需水量与气象因子同步分析,探讨华北主要作物需水量的变化趋势及原因,为未来农业用水规划提供参考依据。

2 公式

在华北地区选取6个有代表性的气象站点,包括北京、天津、石家庄、郑州、济南和太原,各站基本情况见表1。华北地区热量充足,适宜多种粮食及经济作物生长,播种面积最大的3种作物为冬小麦、夏玉米和棉花。现只考察前两种作物需水量的变化趋势。

表1 各站基本情况表

站点	纬度(N)	经度(E)	海拔(m)	多年平均降雨量(mm)	多年平均干燥度	资料系列长度(年)
北京	39°48′	116°28′	31.3	616.4	3.35	1951—2000
天津	39°05′	117°04′	25	553.7	2.29	1955—2000
石家庄	38°02′	114°25′	81.0	539.2	2.28	1955—2000
郑州	34°43′	113°39′	110.4	637.5	1.94	1955—2000
济南	36°41′	116°59′	51.6	671.6	2.19	1951—2000
太原	37°47′	112°33′	778.3	445.4	2.64	1951—2000

作物需水量由综合的气候学方法计算得到。根据联合国粮农组织推荐的公式,在土壤水分充足的条件下,有:

$$ET_p = K_c \times ET_0$$

式中，ET_p 为充分供水下作物需水量，mm，；K_c 为作物系数，各站点冬小麦和夏玉米的作物系数见表 2；ET_0 为参照作物蒸散量，mm。

表 2　各站点作物系数

	北京	天津	石家庄	郑州	济南	太原
冬小麦	0.88	0.88	0.82	1.04	1.04	0.87
夏玉米	1.05	0.73	0.89	0.99	1.15	1.09

3　意义

利用 FAO 推荐的作物系数乘以参考作物蒸散量的方法，建立了华北作物的需水量公式，计算了华北地区 6 个站点近 50 年主要作物的需水量，并确定了其变化趋势。应用华北作物的需水量公式，计算可知除北京外，华北冬小麦和夏玉米两大作物需水量均呈下降趋势。夏玉米需水量下降幅度超过冬小麦。其中以华北南部的郑州减少最多，下降幅度在 19. 2~24. 3 mm/（10a）。由于日照减少造成到达地面的能量减少，风速减小可削弱陆地与大气的水分和能量交换强度，故近 50 年来华北日照与风速的减小是作物需水量下降的主要原因。

参考文献

[1]　刘晓英，李玉中，郝卫平．华北主要作物需水量近 50 年变化趋势及原因．农业工程学报，2005，21（10）：155-159.

小流域的水力侵蚀模型

1 背景

利用室内小流域模型研究小流域水力侵蚀运动，其本质是通过室内模拟试验，预测实际流域降雨径流侵蚀泥沙来源，优化治理措施，通过合理调控，控制水土流失，达到小流域水土资源高效利用的目的。模拟试验要达到定量预测，模型与原型就必须相似，这要求模型除了必须满足正确的相似比例要求外，设计理论还必须正确，更重要的是还必须得到原型资料的验证。高建恩等[1]基于对模拟试验新的认识，依据小流域模拟试验理论，选择黄土高原延安燕沟康家圪崂小流域为原型对模拟设计理论进行检验和验证。

2 公式

本模型设计的思路是，先根据现有条件，在满足小流域模型侵蚀产沙悬移运动相似条件下，初步选定模型几何比尺，再校核起动冲刷相似。根据分析，得到小流域降雨径流模型相似比尺。

几何相似：

$$\lambda_x = \lambda_y = \lambda_z = \lambda_l$$

式中，λ_x、λ_y、λ_z、λ_l 为几何相似比尺。

降雨径流相似：

$$\lambda_i = \lambda_l^{1/2}$$

式中，λ_i 为雨强相似比尺。

水流运动相似：

（1）水流惯性重力比相似：

$$\lambda_u = \lambda_l^{1/2}$$

（2）水流惯性阻力比相似：

$$\lambda_f = 1 \text{ 或 } \lambda_n = \lambda_l^{1/6}$$

（3）水流连续相似：

$$\lambda_Q = \lambda_l^{5/2}$$

（4）水流时间比尺：

$$\lambda_t = \lambda_l^{1/2}$$

式中，λ_u，λ_f，λ_Q，λ_t 分别为流速比尺、阻力比尺、流量比尺和水流时间比尺。

侵蚀产沙运动首先应该满足悬浮、起动及挟沙相似，即：

$$\lambda_u = \lambda_{u_c} = \lambda_{u*} = \lambda_\omega$$

式中，λ_{u_c}、λ_{u*}、λ_ω 分别为泥沙起动流速比尺、摩阻流速比尺和沉速比尺。

土壤悬移相似条件在有悬移质的动床模型试验中，主要用来控制对模型床沙的选择。燕沟泥沙较细，中径 0. 025 mm 左右，98%泥沙小于 0. 1 mm，可选 STORKS 滞流区的静水沉降公式：

$$\omega = 0.039 \frac{\rho_S - \rho}{\rho} g \frac{d^2}{v}$$

式中，ω、ρ_S、ρ、g、d、v 分别为泥沙沉速、密度，水的密度，重力加速度，粒径及水动力黏滞系数，单位采用标准国际单位制。写成比尺关系式应为：

$$\frac{\lambda_\omega \lambda_v}{\lambda_{\frac{\rho_S-\rho}{\rho}} \lambda_d^2} = 1$$

考虑悬浮相似及惯性力比、重力比相似有：

$$\lambda_d = \frac{\lambda_l^{1/4} \lambda_v^{1/2}}{\lambda_{\frac{\rho_S-\rho}{\rho}}^{1/2}}$$

式中，λ_ω 为悬沙颗粒沉速比尺；$\lambda_{\frac{\rho_S-\rho}{\rho}}$ 为泥沙颗粒的浮重比尺。采用原型砂，几何比尺为 100，则 $\lambda_d = 3.16$；$d_{m50} = \frac{0.025}{3.16} = 0.008\ \text{mm}$。

起动相似要求：

$$\lambda_{u_c} = \lambda_u$$

挟沙相似要求含沙量比尺 λ_s 应与水流挟沙能力比尺 λ_{s*} 相等。即：

$$\lambda_s = \lambda_{s*}$$

沟床面变形相似比尺为：

$$\lambda_{t'} = \frac{\lambda_l}{\lambda_u} \frac{\lambda_0}{\lambda_s} = \frac{\lambda_{r'}}{\lambda_s} \lambda_t$$

式中，$\lambda_{t'}$ 为冲淤时间比尺，$\lambda_{r'}$ 为泥沙干容重比尺。

基于试验设计，制作了延安燕沟康家圪崂小流域模型，通过预备降雨产流试验，确定含沙量比尺为 $\lambda_s = 3$，这样得到小流域模型试验的相似比尺（表 1）。

表 1　模型主要比尺一览表

名称		比尺符号	比尺值	备注
几何相似	平面比尺	λ_l	100	正态
	垂直比尺	λ_h	100	
降雨相似	雨强比尺	$\lambda_l=\lambda_V=\lambda^{1/2}$	10	
	降雨量比尺	$\lambda_P=\lambda_i\lambda_{t1}$	33.3	
	降雨时间比尺	λ_{t1}	3.3	
水流运动相似	速流比尺	$\lambda_u=\lambda_l^{1/2}$	10	
	流量比尺	$\lambda_Q=\lambda_l^{5/2}$	100 000	
	糙率比尺	$\lambda_n=\lambda_l^{1/6}$	1.47	
	水流时间比尺	$\lambda_{t1}=\lambda_l^{1/2}$	10	
侵蚀泥沙运动相似	悬移运动相似	$\lambda_d=\frac{\lambda_l^{1/4}\lambda_p^{1/2}}{\frac{\lambda_{p_s-p}^{1/2}}{p}}$	3.16	
	起动相似	$\lambda_{u_c}=\lambda_l^{1/2}$	10	
	含沙量比尺	λ_s	3	
	变形时间相似	$\lambda_{t'}$	3.3	
	输沙率比尺	λ_G	300 000	
土壤水相似	土壤含水量比尺	λ_θ	1	
	入渗率比尺	$\lambda_f=\lambda_V=\lambda_l^{1/2}$	10	

窦国仁[2]在研究颗粒黏结力时,给出黏结力关系式为:

$$N=\varphi\frac{\pi}{2}\rho\varepsilon_k d$$

式中,$\varphi=\frac{1}{16}$,为修正系数;ρ 为水的容重;$\varepsilon_k=2.56\ cm^3/s^2$,为黏结力参数。

3　意义

基于降雨、径流及入渗的水动力学原理,建立了小流域的水力侵蚀模型,利用相似论较完整地给出了一套可对黄土高原小流域降雨径流进行模拟的模型。通过小流域的水力侵蚀模型的计算可知,在正态条件下,满足几何相似,降雨相似,水力侵蚀产沙、输沙相似及床面变形相似等条件下,所建造的黄土高原延安燕沟康家圪崂小流域模型,在采用几何比尺为 100 时,其降雨、汇流、产沙、输沙是基本符合实际情况的,可以作为该流域治理水土流失、优化治理方案和寻求水土资源高效利用措施的工具。

参考文献

[1] 高建恩,吴普特,牛文全,等. 黄土高原小流域水力侵蚀模拟试验设计与验证. 农业工程学报,2005,21(10):41-45.

[2] 窦国仁. 论泥沙的起动流速[J]. 水利学报,1960,4:44-60.

稻米品质的评判模型

1 背景

灰色系统理论自创立以来，人们对其在作物、稻米品质等方面的应用做了一些有益的探讨。稻米品质一般包括加工品质、外观品质、营养品质、蒸煮和食用品质，一些品质指标之间有不同程度的联系，同时其品质形成受品种特性、自然条件和栽培管理措施等因素的影响。杨政水[1]尝试了以稻米质量的加权关联度作为灰色米质指数，对其在米质综合评判和分级的应用进行了初步研究。

2 公式

在算出参考数列与被比较数列各因子的绝对差基础上，找出最大二级差和最小二级差。然后按下式求得关联系数 $a_i(k)$：

$$a_i(k)=\frac{\min\limits_i \min\limits_k |X_0(k)-X_i(k)|+d\max\limits_i \max\limits_k |X_0(k)-X_i(k)|}{|X_0(k)-X_i(k)|+d\max\limits_i \max\limits_k |X_0(k)-X_i(k)|}$$

式中，$\min\limits_i \min\limits_k |X_0(k)-X_i(k)|$ 为最小二级差；$\max\limits_i \max\limits_k |X_0(k)-X_i(k)|$ 为最大二级差；$|X_0(k)-X_i(k)|$ 为 X_0 与 X_i 第 k 个米质指标的绝对差值；d 为分辨系数，在 0 至 1 间取值，一般取 $d=0.5$。

灰色米质指数 e 按下式求得：

$$e_i=\sum a_i(k)\cdot W(k)$$

式中，$W(k)$ 为第 k 个指标的权重系数。

确定糙米率、精米率、整精米率、垩白大小、长宽比、直链淀粉、糊化温度、胶稠度、蛋白质和食味的原始数值，再根据不同的处理方式和权重系数，计算灰色米质指数(表 1)。

表1 6个籼稻品种(系)米质检测结果与灰色米质指数

	糙米率（%）	精米率（%）	整精米率（%）	垩白粒率（%）	垩白大小（%）	长宽比	直链淀粉（%）	糊化温度（碱值）	胶稠度（mm）	蛋白质（%）	食味得分（分）	灰色米质指数
82-61-40	76.0	73.7	60.1	8.0	4.5	2.6	23.7	2	27.0	9.3	14.7	0.575 3
82-36	80.6	72.8	63.0	41.0	9.1	2.4	26.0	2	29.0	9.1	15.7	0.578 8
Do-120	80.0	64.7	56.7	4.5	0.2	3.7	17.8	3	73.5	10.8	14.6	0.621 9
85-6	78.8	73.8	49.5	25.0	2.7	3.0	15.9	2	70.0	9.8	15.5	0.587 9
湘哥选	80.9	71.7	68.2	6.0	0.3	3.5	19.7	6	79.5	7.8	15.8	0.675 4
灿凡17	77.4	69.6	57.1	35.5	2.4	2.7	21.4	6	63.0	8.7	16.5	0.643 1

为使建立的分级模型具有普遍性、适用性,假定在参考数列确定合理的情况下,优质籼米中有这样一个品种(系)或一个指标值与其对应的指标参考值相等,即:

$$|X_0(k) - X_i(k)| = 0$$

同时也有这样一个品种(系)的米质指标使 $|X_0(k) - X_i(k)| = X_0(k)$,于是有:

$$\min_i \min_k |X_0(k) - X_i(k)| = 0$$

$$\max_i \max_k |X_0(k) - X_i(k)| = 1$$

灰色米质指数则为:

$$e = \sum \frac{0.5}{|X_0(k) - X_i(k)| + 0.5} \cdot w(k)$$

3 意义

将加权关联度作为灰色米质指数,建立了稻米品质的评判模型。通过稻米品质的评判模型,确定了该模型的求解原理和方法。通过稻米品质的评判模型,对6个籼稻品种综合米质进行评判,计算结果表明,如参考数列构造合理,权重系数分配得当,依据灰色米质指数对稻米品质进行综合评判和分级是可行的;虚拟的理想参考数列所建立的评判模型,使评判的适用性得到增强。

参考文献

[1] 杨政水. 灰色米质指数及其在稻米质量评判中的应用. 农业工程学报,2005,21(10):190-191.

土壤质量的评价公式

1　背景

土壤质量是目前国际研究的热点问题，以往的研究大多集中在土壤质量指标的筛选、指标权重的确定、评价方法的选取等方面。随着土壤质量研究的深入，其重点逐渐转移到对土壤质量监测方法的研究上，快速准确获得土壤质量状况，通过对土壤质量变化过程的研究，探讨其演变规律及机理，据此提出土壤质量维持和提高的途径，为土壤资源的可持续利用提供依据。李新举等[1]利用 GPS、GIS、RS 技术对黄河三角洲的土壤质量进行评价，试图探索出一套快速简便的土地质量评价方法，借以评价和监测土壤质量的变化。

2　公式

在各指标的指标权重和隶属度确定后，利用指数和公式在 ArcGIS 中自动计算单元综合指标值，形成综合指标值分布图，公式如下：

$$SQ = \sum_{i=1}^{n} \omega_i \cdot f_i$$

式中，SQ 为单元综合指标值，ω_i 为指标权重，f_i 为指标隶属度。

从表 1 和图 1 可以看出基于 3S 的土壤质量评价方法与传统评价方法的一致率在 90% 以上，差异较大的是Ⅵ 和Ⅷ等地，分别比传统方法增加 67. 39%和减少 26. 66%，且仅差一个等级，土壤质量较高的Ⅰ～Ⅴ等地基本无差异，这说明基于 3S 的土壤质量自动化评价结果相对比较准确。

表 1　基于 3S 与传统评价面积比较

		Ⅰ	Ⅱ	Ⅲ	Ⅳ	Ⅴ	Ⅵ	水域	Ⅷ
面积（km^2）	3S 平价	10.87	160.36	331.93	429.74	452.75	331.22	108.98	378.14
	传统评价	12.6	168.51	315.01	429.58	456.17	197.51	108.98	515.63
增（+）减（-）		-1.73	-8.15	16.92	0.16	-3.42	133.71	0	-137.49

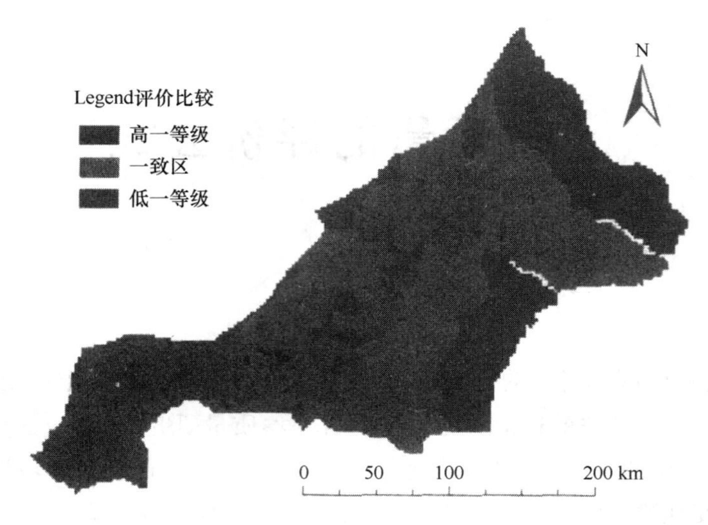

图1　基于3S与传统评价比较

3　意义

利用GPS技术自动获取采样点信息、RS快速获取土地利用现状数据以及MapGIS对数据进行矢量化,建立了土壤质量的评价公式。在ArcGIS下对采样点属性进行Kriging插值形成各指标分布图和隶属度分布图,最后利用指数和公式在ArcGIS下自动运算形成土壤质量分布图,并构建了基于3S技术的土壤质量自动化评价流程。评价结果与传统评价对照分析,一致性在90%以上,说明该方法准确可靠。

参考文献

[1]　李新举,胡振琪,刘宁,等. 基于3S技术的黄河三角洲土壤质量自动化评价方法研究. 农业工程学报,2005,21(10):59-63.

小麦产量的遥感预测模型

1 背景

NOAA AVHRR NDVI 是目前使用最广泛的植被指数。其应用领域包括：土地覆盖变化，农业产量预报，植被与环境因子变化，叶面积指数和有效光合辐射分量，净第一性植被生产力等。虽然 NDVI 应用研究富有成效，但是由于 AVHRR 不是为土地覆盖和植被研究所设计的，其数据的应用有着严重的局限性。王长耀和林文鹏[1]通过实验基于 MODISEVI 对冬小麦产量遥感进行了预测。

2 公式

NDVI 数据集：2000—2003 年的 NDVI 数据集选择了 MODIS 的 NDVI 数据产品，而 2004 年相同时期的 NDVI 数据，采用 MODIS NDVI 数据生成方法来生成，其计算公式为：

$$NDVI = (\rho_{Nir} - \rho_{\mathrm{Red}})/(\rho_{Nir} + \rho_{\mathrm{Red}})$$

式中，ρ_{Nir} 为近红外波段反射率，ρ_{Red} 为红色波段反射率。

EVI 数据集：2000—2003 年选择了 EOS/MODIS 的 EVI 产品数据，而 2004 年相同时期的 EVI 数据，则采用 Huete 构建的一个能同时校正土壤和大气影响反馈机制，即“增强型植被指数”(Enhanced Veg etat ionIndex，EVl)来生成，其基本公式为：

$$EVI = G \times (\rho_{Nir} - \rho_{\mathrm{Red}})/(\rho_{Nir} + C_1 \times \rho_{\mathrm{Red}} - C_2 \times \rho_{Blue} + L)$$

式中，$L=1$，为土壤调节参数；参数 $C_1 = 6$，为大气修正红光校正参数；$C_2 = 7.5$，为大气修正蓝光校正参数。

美国冬小麦产量遥感预测模型是通过将各区域单元内平均 NDVI 和 EVI 值分别与当年产量进行线性拟合，建立遥感预测模型。其计算公式为：

$$Y_{NDVI} = a_1 \times NDVI_m + b_1$$

$$Y_{EVI} = a_2 \times EVI_m + b_2$$

式中，Y_{NDVI} 为基于 NDVI 的预测产量；Y_{EVI} 为基于 EVI 的预测产量；$NDVI_m$ 、EVI_m 为统计区域(州)内平均 NDVI 和 EVI 值，a_1、b_1、a_2、b_2 为方程回归系数。

在逐年差值法比较模型中，引入 ΔEVI 作为年际作物长势比较参数。其计算公式：

$$\Delta EVI = (EVI_2 - EVI_1)/EVI_m$$

式中，EVI_2 为当年 EVI 值，EVI_1 为去年同期值，EVI_m 为多年平均值。

利用 MODIS2003 和 2004 年 5 月的 EVI 数据，首先计算今年与去年同期 EVI_2 和 EVI_1 值，根据上式计算特征参量 ΔEVI 及根据 ΔEVI 的大小，并参考地面观测的情况，对当年的长势做出评价（如图 1 所示）。

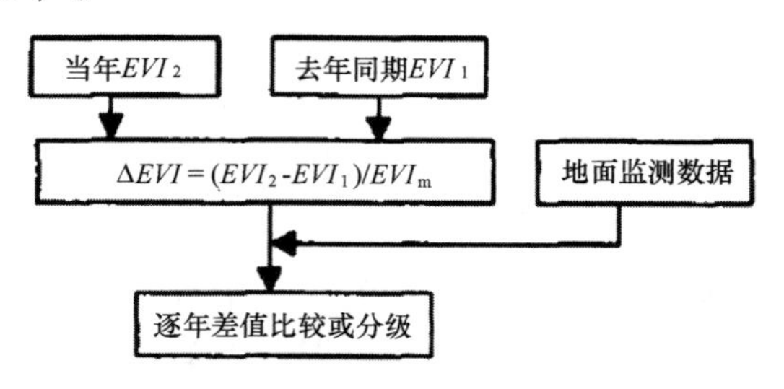

图 1　逐年比较模型与算法

3　意义

根据 MODISNDVI 和 MODISEVI 作为遥感特征参量，建立了小麦产量的遥感预测模型。以美国冬小麦的长势监测与产量预测为例，应用小麦产量的遥感预测模型，其计算结果表明，运用区域作物特定生育期内多年的 NDVI 和 EVI 值与作物产量进行相关分析，EVI 明显地比 NDVI 能更好地与产量建立回归方程。因此，利用 EVI 建立的模型对 2004 年美国冬小麦进行估产。其与美国国家统计署预测单产误差为 3.05%，总产误差为-2.56%；而本研究预测结果单产误差为 2.62%，总产误差为-1.77%，且预测时间比美国国家统计署预测时间提前约半个月。可见 EVI 可以更有效地进行作物监测及估产，并提高预测的准确性。

参考文献

[1]　王长耀，林文鹏．基于 MODISEVI 的冬小麦产量遥感预测研究．农业工程学报，2005，21(10)：90-94.

电热干燥器的温度控制模型

1 背景

电热干燥器是一种应用十分广泛的干燥设备,在农业、食品、化工、冶金、建材等行业都有广泛的应用。干燥器的温度正确与否直接影响物料的干燥速度和干燥质量。但是传统控制方法往往很难获得满意的温度控制效果。近年来智能控制在温度控制中获得了较好的应用效果,其中以模糊控制、神经网络控制和模糊神经网络控制为主。叶军[1]在数字正交神经网络的基础上提出一种新的模拟型正交神经网络算法,并应用于电热干燥器的温度控制中,控制器采用模拟正交神经网络加积分的并行控制方法。

2 公式

在电热干燥器的温度控制中,采用模拟神经网络加积分的并行控制结构,如图 1 所示。图中,$r(t)$为参考输入信号;$u_n(t)$为网络产生相应的输出;$u(t)$为干燥器的控制信号;$y(t)$为干燥器的输出信号;控制误差$e(t)=r(t)-y(t)$。神经网络控制器实现被控对象的直接逆模型控制,加入积分器是为了提高系统的控制精度。

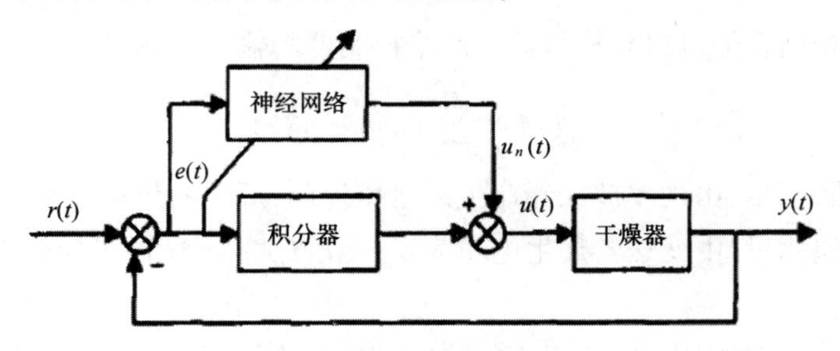

图 1 神经网络控制系统结构图

该系统的控制算法为:

$$u(t)=u_n(t)+k_i\int_0^t e(t)\,\mathrm{d}t$$

式中,$u_n(t)$为神经网络产生相应的控制输出;k_i为积分常数。

对于模拟正交神经网络控制器可从数字正交神经网络的模拟化获得。考虑单输入单

输出 3 层前向神经网络,对于数字正交神经网络的输出为:

$$u_n(k) = \sum_{i=1}^{m} w_i(t) \cdot p_i(k)$$

式中,隐含层第 p_i 个神经元(或称节点)的函数为 Chebyshev 正交多项式,即 $p_1 = 1, p_2 = x$, $p_i = 2x \cdot p_{i-1} - p_{i-2}(i = 3,4,\cdots,m)$,x 为网络输入信号(这里 $x=e$)。正交神经网络的输入层至隐层联接权值恒为 1,隐层第 i 个神经元到输出层神经元之间的连接权值为 $w_i(i = 1, 2,\cdots,m)$,m 为隐层神经元个数。

正交神经网络调整指标为:

$$J(k) = \frac{1}{2}[r(k) - y(k)]^2$$

$$\Delta w(k) = \eta[r(k) - y(k)]P(k) = \eta e(k)P(k)$$

$$w(k) = w(k-1) + \Delta w(k)$$

式中, $w = [w_1,w_2,\cdots,w_m]^T$, $P = [p_1,p_2,\cdots,p_m]^T$, η 为网络学习速率, $\eta \in (0,1)$ 。

为了获得一种模拟神经网络,将上式变形为:

$$w_i(k) - w_i(k-1) = \eta_e(k)p_i(k), i = 1,2,\cdots,m$$

将上式两边同除以采样周期 T,并将 η/T 记为 η' ,当 $T\to 0$ 时可得:

$$\frac{\mathrm{d}w_i}{\mathrm{d}t} = \eta' e(t)p_i(t), i = 1,2,\cdots,m$$

将上式两边积分得:

$$w_i(t) = w_i(0) + \int_0^t \eta' e(t)p_i(t)\mathrm{d}t, i = 1,2,\cdots,m$$

将以上各式相结合便可得到模拟神经网络控制器的输出表达式:

$$w_n(t) = \sum_{i=1}^{m} w_i(t) \cdot p_i(t)$$

热量由热电阻产生,由功率放大器产生的电压控制,产生的热量 $Q = k_1 V_c$ 。温度由放在测量洞中的热电偶测量,由变送器产生电压为 $V_m = k_2 T_m$ 。干燥器可作为干燥/烤物料。干燥器的参数如下:

R_a 为机壳传导的热电阻; C_a 为机壳的热容; R_m 为测量洞中的传导热电阻; C_m 为测量洞的热容; R_f 为向干燥器外的热泄漏电阻; C_e 为干燥器外的热容,认为很大; T_a 、T_m 、T_e 分别表示干燥器机壳、测量洞和干燥器外的温度。

对于该神经网络控制器,可对未知对象做直接控制,但为了仿真试验的需要,在此建立干燥器的动态模型。由此热力学系统方程可描述为:

$$Q = C_a \frac{\mathrm{d}T_a}{\mathrm{d}t} + C_m \frac{\mathrm{d}T_m}{\mathrm{d}t} + \frac{T_a - T_e}{R_f}$$

$$T_m = T_a - R_m C_m \frac{dT_m}{dt}$$

对于以上两式使用拉普拉斯变换，经过一些计算后得：

$$T_a = \frac{(Q + T_e/R_f) \times R_f(1 + R_m C_m s)}{1 + (R_m C_m + R_f C_m + R_f C_a)s + R_f R_m C_m C_{as}{}^2}$$

$$\frac{T_m}{T_a} = \frac{1}{1 + R_m C_m s}$$

式中，

$$G_1(s) = \frac{R_f(1 + R_m C_m s)}{1 + (R_m C_m + R_f C_m + R_f C_a)s + R_f R_m C_m C_a s^2}$$

$$G_2(s) = \frac{1}{1 + R_m C_m s}$$

3 意义

在数字正交神经网络的基础上，建立了电热干燥器的温度控制模型，给出模拟神经网络的学习算法，然后提出模拟正交神经网络加积分的并行控制方法，并应用于电热干燥器的温度控制中。根据电热干燥器的温度控制模型计算出的温度控制仿真结果证明，这种控制器比 PID 控制器具有更好的快速性和较小的超调，温度控制获得了满意的控制效果。该模拟神经控制器能用于不确定对象的控制，为不确定系统控制提供了一种新的途径。

参考文献

[1] 叶军．基于模拟正交神经网络的电热干燥器温度控制．农业工程学报，2005，21(10)：105-108.

奶牛的精细饲养模型

1 背景

以个体体况信息为基础的精细饲养是现代奶牛科学饲养的主要研究方向，其复杂程度也因奶牛个体不断进行繁育与泌乳生产的双重性而一直受到国内外同行的关注。影响制定集约化奶牛场的整体营养策略的因素是多方面的，首先是牛群的整体结构和总的数量，粗略决定制备饲喂不同牛只类型的饲料类型和饲料数量；其次就奶牛个体而言，因其品种、体重、生理阶段不同，尤其是泌乳奶牛，影响其日营养需要的因素包括环境温度、饲喂方式、成年体重等。熊本海等[1]通过实验实现了基于奶牛个体体况的精细饲养方案的设计。

2 公式

为了发挥奶牛的产奶潜力，保持牛只健康，则奶牛需要满足一定的干物质进食量。在此按以下模型计算产奶母牛的干物质参考进食量：

$$干物质进食量 = 0.062W^{0.75} + 0.40Y \text{（适于偏精料型日粮，即精粗比约 60：40）}$$

$$= 0.062W^{0.75} + 0.45Y \text{（适于偏粗料型日粮，即精粗比约 45：55）}$$

式中，Y 为标准乳，kg；W 为牛的体重，kg。

标准乳 Y 的换算公式为：

$$Y = (0.4 + 0.15 \times 实际乳脂率) \times 日产奶量$$

如果环境温度低于 18℃，还需要提高维持需要；如果在泌乳期间出现增重或减重，也应相应调整能量需要；如果到了妊娠 6~9 月时，因胎儿能量沉积已明显增加，也需要适当增加能量需要。因这 3 种情形在研究中未涉及而不考虑，故仅列出一般维持和产奶的净能需要（kJ）。

成年母牛维持净能需要：

$$NE_m = 4.184 \times (85 \times BW^{0.75})$$

$$产奶的能量需要 = 4.184 \times (M \times 日产奶量)$$

式中，M 为每 kg 奶的能量，kJ/kg，可以用不同的回归公式计算。此处选用的公式为：

$$M = 4.184 \times (342.66 + 99.26 \times 乳脂率)$$

因此，在此用模型计算个体奶牛的泌乳净能（kJ）需要的公式为：

$$NE_L = 4.184 \times [85 \times BW^{0.75} + (342.66 + 99.26 \times 乳脂率 \times 日产奶量)]$$

式中,BW 为体重,kg;乳脂率,%;日产奶量,kg。

考虑到中国荷斯坦奶牛的产乳性能和国际上对各种模型研究的认可程度,在此选用 Wilmink 推荐的泌乳曲线模型:

$$y = w_0 + w_1 \times t + w_2 \times e^{-0.05} \times t$$

式中,y 为日产奶量,kg,t 为产奶天数, w_0、w_1、w_2 为回归参数。

表 1 所示为计算精补料的配方模型,即系数矩阵。

表 1　奶牛精补料的配方模型

项目	玉米	小麦麸	豆饼	鱼粉	磷酸氢钙	石粉	食盐	预混料	约束方式	标准要求	标准单位
产奶净能(MJ/kg)	41.13	30.79	38.87	27.49					⩾	764.00	MJ/100 kg
粗蛋白(%)	8.84	16.25	49.07	58.13					⩾	23.00	g/g
钙(%)	0.02	0.20	0.31		21.89	35.94			=	1.30	g/g
磷(%)	0.41	0.88	0.67		8.66				=	0.80	g/g
食盐(%)							98.00		⩾	1.80	g/g
玉米(%)	1								⩾	25.00	%
小麦麸(%)		1							⩽	15.00	%
鱼粉(%)				1					⩾	3.00	%
石粉(%)				1					⩽	5.00	%
预混料(%)								1	=	0.5	%
配比合计(kg)	1	1	1	1	1	1	1	1	=	100.0	kg
原料价格(元/kg)	1.20	1.10	2.50	3.50	2.40	0.20	0.80				

3 意义

在“奶牛精细养殖技术平台”上，通过奶牛的精细饲养模型，应用RFID、PDA、无线局域网等技术，进行奶牛个体体况信息采集，将采集的数据与系统预先设置的主要养分预测模型、泌乳奶牛泌乳曲线模型等结合，按个体计算出符合筛选条件的奶牛的日营养需要量。然后根据奶牛的精细饲养模型，对相同生产或生理阶段的奶牛，采用相同的精补料类型以及相同的粗饲料原料，由系统按线性规划原理批量优化依个体体况不同而异的日粮配方。从而可知主要从几种原料的不同用量上，体现日粮的个体差异性，从而实现基于奶牛个体的精细饲养。

参考文献

[1] 熊本海，钱平，罗清尧，等．基于奶牛个体体况的精细饲养方案的设计与实现．农业工程学报，2005，21(10)：118-123.

区域土壤的侵蚀估算模型

1 背景

密云水库是北京市目前唯一的地表水饮用水源。上游地区的水土流失一方面将会造成土地退化和土地生产力下降,引起农业生态环境恶化;另一方面大量泥沙将会淤积水库,使水质受到严重污染,缩短水库使用期限,所以其上游的水土保持对水源涵养和水库水环境具有重要意义。周为峰和吴炳方[1]在通用土壤流失方程框架基础上建立的区域土壤侵蚀模型,经过诸因子算式及监测模型运算,逐个计算出各像元的土壤侵蚀模数,最终估算出全区周年土壤侵蚀量。

2 公式

水土流失监测模型的数学表达式为:

$$A = f\ R\ K\ L\ S\ C\ P$$

式中,R 为降雨侵蚀因子,K 为土壤可蚀性因子,L 为坡长因子,S 为坡度因子,C 为作物经营管理因子,P 为土壤侵蚀控制措施因子。通常将 L 因子和 S 因子、C 因子和 P 因子放在一起考虑。A 为土壤流失量,是上述几个重要因子的积;f 为单位换算系数:若 A 取用英美制单位,$f=1$。

R 因子算式如下:

$$R_j = 0.1281 I_{30B} P_f - 0.1575 I_{30B}$$

式中,P_f 为汛期雨量,mm;I_{30B} 为年 I_{30} 值的代表值,I_{30B} 以 cm/h 为单位;R 使用英美制习用单位。

$$I_{30B} = \sum (P_{30} i \times 2 \times P_t i) / P_t i$$

式中,i 为侵蚀性降雨的雨次,P_{30} 为连续 30 min 降雨量,P_t 为汛期月份的月降雨总量。

依据土壤表层的砂粒(直径在 0.05~2.00 mm 之间)、粉砂粒(直径在 0.05~0.002 mm 之间)和黏粒(直径小于 0.002 mm)含量,可以求出 K 值。用 $Soil_{黏}$、$Soil_{粉}$、$Soil_{砂}$分别表示土壤中黏粒、粉砂粒和砂粒在土壤中的百分比含量,用以下公式来计算 K 值:

$$K = \{2.1 \times 10^{-4} \times (12 - a) \times [Siol \times (100 - Siol)]^{1.14} + 3.25 \times (b - 2) + 2.5 \times (c - 3)\} / 100$$

式中,a 为土壤有机质含量,b 为土壤结构等级,c 为土壤渗透等级。根据土壤有机质含量和黏粒含量的对应等级来确定土壤结构等级和渗透等级,见表 1 和表 2。

表 1　土壤结构等级对应表

a	≤0.5	0.51~1.5	1.51~4.0	≥4.0
b	4	3	2	1

表 2　土壤渗透等级对应表

$Soil_{黏}$	≤10	10~15.9	16~21.6	21.7~27.4	27.5~39	>39.1
e	1	2	3	4	5	6

SL 坡度坡长因子被用来衡量地形对土壤侵蚀的影响。基于栅格的数字高程模型可以实现基于像元的坡度与坡长的计算。像元坡度算式:

$$\theta_i = \max_{j=1-8} \tan^{-1}\left(\frac{h_i - h_j}{D}\right)$$

式中,θ_i 为待求像元 i 的坡度,(°);h_i 为待求像元的高程;h_j 为其 8 个邻像元 j 的高程;D 为两邻像元中心距,当 j=2,4,6,8(即为北、西、南、东方向)时,$D=d$(像元边长值),而当 j=1,3,5,7(即为东北、西北、西南、东南方向)时,$D = \bar{2}d$;max 为最大值符;$\tan^{-1}$ 为反正切符。

像元坡度因子算式:

$$S = 65.41\sin^2\theta_i + 4.56\sin\theta_i + 0.065$$

像元坡面坡长的算式:

$$l_i = \sum_1^i (D_i/\cos\theta_i) - \sum_1^{i-1} (D_i/\cos\theta_i)/D_i/\cos\theta_i$$

式中,l_i 为像元坡长,D_i 为沿径流方向每个像元坡长的水平投影距(实际为两邻像元的中心距);i 为自山脊像元至该待求像元的个数。

在 DEM 计算出坡度的基础上,采用基于像元的坡长因子算式:

$$L_i = \left[\left(\sum_1^i D_i/\cos\theta_i\right)^{1+m} - \left(\sum_1^{i-1} D_i/\cos\theta_i\right)^{1+m}\right]$$

式中,m 为指数,其余与前述式含义相同。m 值随坡度而变:当坡度 H≥5.14°时,m=0.5;当 5.14°>H≥1.72°时,m=0.4;当 1.72°>H≥0.57°时,m=0.3;当 H<0.57°时,m=0.2。

3　意义

采用美国通用土壤流失方程的基本框架,使用 2001 年和 2002 年的站点降雨资料以及第二次全国土壤普查的土壤数据,建立了区域土壤的侵蚀估算模型。通过该模型,计算降雨侵蚀力和土壤可蚀性因子,利用遥感数据,获取水土流失的植被和土地利用信息,提取模型所需的植被和人为措施因子,从而得到了区域土壤侵蚀模型,并用其对密云水库上游的土壤侵蚀进行了定量估算。从结果可知运用模型实现对密云水库上游土壤侵蚀量的年度估算是可行的。

参考文献

[1] 周为峰,吴炳方．基于遥感和 GIS 的密云水库上游土壤侵蚀定量估算．农业工程学报,2005,21(10):46-50.

滴灌系统的黄瓜生长模型

1 背景

滴头流量和滴头间距是影响滴灌系统投资的重要参数。滴头流量越大,滴头间距越小,毛管允许铺设长度就越短,支管数量增加或直径增大,系统投资也相应增加,因此从工程经济角度来讲,在保证作物产量与品质的前提下,希望滴灌系统采用较小的滴头流量和较大的滴头间距。王舒等[1]通过日光温室田间试验,研究滴头流量和间距对黄瓜生长、产量、品质以及生理指标的影响,从而探索降低滴灌系统投资的可能性。

2 公式

黄瓜耗水量依据水量平衡原理计算:

$$ET = \Delta W + P + I + S_G - DP$$

式中,ET 为阶段耗水量,mm ;ΔW 为时段内土壤储水变化量,mm;P 为时段内降雨量,mm;I 为时段内灌水量,mm;S_G 为时段内地下水补给量,mm;DP 为时段内深层渗漏量,mm

由表 1 可见,盛瓜期内作物系数($K_c = ET/ET_P$)均值为 1,需水系数($\alpha = ET/ET_{Pan}$)均值为 1.1。表明黄瓜盛瓜期耗水量与潜在腾发量及室内蒸发皿蒸发量基本一致;也表明用蒸发皿蒸发量来指导盛瓜期灌水管理是可行的。

表 1 生育期各阶段作物系数和需水系数

生育期	苗期	初花初瓜期	盛瓜期	生长后期
移载后天数(d)	36	37~72	73~143	144~158
日期(月-日)	12-06 至 01-10	01-11 至 02-16	02-17 至 04-28	04-29 至 05-13
需水系数 $\alpha_{内}$/范围(均值)	1.41~1.46(1.44)	1.05~1.62(1.40)	0.80~1.36(1.09)	—
作物系数 $K_{c内}$/范围(均值)	1.43~1.66(1.53)	1.00~1.64(1.40)	0.91~1.22(1.00)	—

图 1 和图 2 列出了黄瓜在 2 月 28 日至 4 月 26 日(移栽后 83~141d)株高和叶面积指数变化过程。

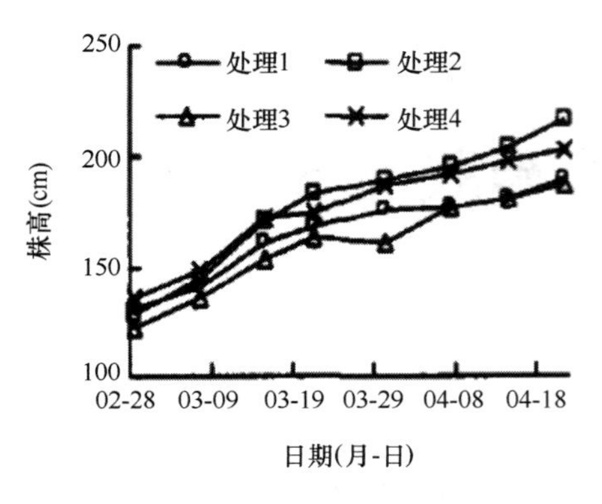

图1　不同处理黄瓜株高变化

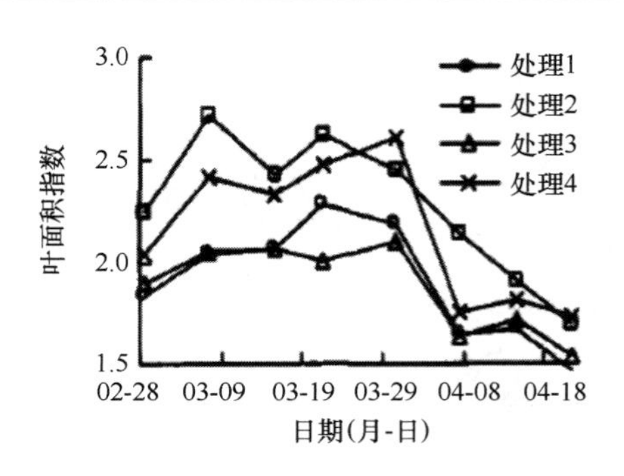

图2　不同处理黄瓜叶面积指数变化

3　意义

滴头流量和滴头间距是影响滴灌系统投资的重要参数,为探索降低系统投资,在日光温室中进行了滴头流量和滴头间距对黄瓜生长影响的试验,建立了滴灌系统的黄瓜生长模型。根据滴灌系统的黄瓜生长模型,通过计算结果可知,在相同灌水量情况下,4 种处理的产量分别为 80.63 t/hm^2、85.66 t/hm^2、94.31 t/hm^2 和 90.91 t/hm^2,作物水分利用效率分别为 23.6 kg/m^3、24.9 kg/m^3、27.9 kg/m^3 和 25.4 kg/m^3,没有形成显著统计差异。由此可见,通过滴灌系统的黄瓜生长模型表明,在试验限定条件下对于温室垄作黄瓜,滴灌系统采用较大的滴头间距和较小的滴头流量时,不会影响产量与质量,但可降低系统投资。试验还得出了黄瓜各生育阶段的耗水量、作物系数和需水系数。

参考文献

[1]　王舒,李光永,孟国霞,等. 日光温室滴灌条件下滴头流量和间距对黄瓜生长的影响. 农业工程学报,2005,21(10):167-170.

作物灌溉制度的优化模型

1 背景

在农田土壤水分的模拟研究中,降水与参考作物腾发量是两个很重要的因素,且都表现出明显的随机特性,对其随机特性的研究是进行农田墒情随机预报、实现作物灌溉制度随机优化的基础。田俊武等[1]将山西潇河灌区参考作物腾发量序列和降水序列的随机变化特性放在一起研究,并初步分析了它们的相互关系,为灌区灌溉制度的随机优化提供参考依据。

2 公式

趋势项的识别可以采用 Kendall 秩次相关检验法。该方法具体如下:

对序列, $x_1, x_2, \cdots, x_n$,确定所有的对偶值($x_i, x_j, i < j$)中的 $x_i < x_j$ 出现的个数(设为 p)。检验统计量为:

$$U = \frac{\tau}{[V_{ar}(\tau)]^{1/2}}$$

式中, $\tau = \frac{4p}{n(n-1)} - 1$, $V_{ar}(\tau) = \frac{2(2n+5)}{9n(n-1)}$ 。

对于提取了趋势项 N_t 后的序列:

$$S_t = x_t - N_t$$

其中可能含有周期成分。为了消除周期成分的影响,需要对其进行标准化。将 S_t 序列以旬为单位计算出各旬的均值和标准差,表示为:

$$\overline{E_1}, \overline{E_2}, \cdots, \overline{E_\tau} \cdots, \overline{E_T}$$

$$\sigma_1, \sigma_2, \cdots, \sigma_\tau, \cdots, \sigma_T$$

式中, T 为基本周期,在此 T 应取为 36(旬)。序列的旬均值和标准差可用 Fourier 级数表示为:

$$\begin{cases} \bar{E} = (\bar{E}) + \sum_{j=1}^{d} [EA(j)\cos(\frac{2\pi j\tau}{T}) + EB(j)\sin(\frac{2\pi j\tau}{T})] \\ \sigma = (\sigma) + \sum_{j=1}^{d} [DA(j)\cos(\frac{2\pi j\tau}{T}) + DB(j)\sin(\frac{2\pi j\tau}{T})] \end{cases}$$

式中，$\bar{E}$ 为各旬均值；$(\bar{E})$ 为 $\bar{E}$ 的平均值；d 为 Fourier 级数的阶数，可用 Fisher 统计量确定；$EA(j)$，$EB(j)$ 为均值的 Fourier 级数 d 阶分量的系数；τ 为旬序数，一月上旬为 1；σ 为标准差；(σ) 为 σ 的平均值；$DA(j)$，$DB(j)$ 为标准差的 Fourier 级数 d 阶分量的系数。

用 Fourier 级数所拟合的各旬均值 $\bar{E}$ 和相应旬的标准差 σ 对各旬的 S_t 进行标准化，得到标准化的随机序列 η_t：

$$\eta_t = \frac{S_t - \bar{E}}{\sigma}$$

式中，η_t 为经过标准化处理后的随机项，为离散的时间序列，在理论上有 $E[\eta_t] = 0$，$E[\eta_t\eta_t] = 1$。

根据上式，可以将 S_t 分解成确定性的趋势项与随机项之和：

$$S_t = \bar{E} + \sigma\eta_t$$

序列自相关系数 r_k 可以按下式计算：

$$r_k = \frac{\sum_{i=1}^{n-k} \eta_t\eta_{t+k}}{\sum_{t=1}^{n} \eta_t^2}$$

序列偏相关系数 $\varphi_{k,k}$ 是反映消除$(k-1)$阶自相关影响后所剩余的自相关程度。其推算公式如下：

$$\begin{cases} \varphi_{1,1} = r_1 \\ \varphi_{k+1,k+1} = (r_{k+1} - \sum_{j=1}^{k} r_{k+1-j}\varphi_{k,j}) \\ \varphi_{k+1,j} = \varphi_{k,j} - \varphi_{k+1}\varphi_{k,k+1-j}, j = 1,2,\cdots,k \end{cases}$$

利用 Kendall 秩次相关检验法对 ET_0 和 P 序列的趋势项进行检验，结果表明(表 1)二者均具有显著的趋势。其趋势项可分别表示为：

$$N_t(ET_0) = 24.066 + 0.0071t \qquad (t = 1,2,\cdots,936)$$

$$N_t(P) = 11.709 - 0.0018t \qquad (t = 1,2,\cdots,936)$$

表 1　ET_0 和 P 序列的趋势项检验结果(α=0.05)

	n	p	τ	$V_{ar}(\tau)$	U	$U_{\alpha/2}$
ET_0	936	235 080	0.074 5	0.000 477	3.41	1.96
P	936	193 425	−0.115 9	0.000 477	−5.31	1.96

通过 Fisher 统计量确定 ET_0 和 P 序列的 Fourier 级数都应取为二阶。因为序列被提取

过趋势项，故 $(\bar{E})=0$，所以均值和方差的 Fourier 级数形式分别为：

$$\bar{E}=\sum_{j=1}^{2}\left[EA(j)\cos\left(\frac{\pi j\tau}{18}\right)+EB(j)\sin\left(\frac{\pi j\tau}{18}\right)\right]$$

$$\sigma=(\sigma)+\sum_{j=1}^{2}\left[DA(j)\cos\left(\frac{\pi j\tau}{18}\right)+DB(j)\sin\left(\frac{\pi j\tau}{18}\right)\right]$$

Fourier 级数二阶分量的系数见表 2。

表 2　ET_0 序列和 P 序列均值及标准差的 Fourier 二阶分量的系数

	$EA(1)$	$EA(2)$	$EB(1)$	$EB(2)$	$DA(1)$	$DA(2)$	$DB(1)$	$DB(2)$
P	-11.96	0.00	-6.01	3.64	-10.31	0.17	-4.19	1.69
ET_0	-20.10	0.04	-0.46	-1.00	-1.99	0.31	-0.24	-0.52

又根据表 3 的 AIC 准则检验结果，P 随机序列的模型阶数可取为 4，ET_0 序列的模型阶数可取为 8，即：

$$\eta_t(P)=\sum_{k=1}^{4}\varphi_k(P)\eta_{t-k}(P)+\varepsilon_t$$

$$\eta_t(ET_0)=\sum_{k=1}^{9}\varphi_k(ET_0)\eta_{t-k}(ET_0)+\varepsilon_t$$

式中，$\varphi_k(P)$ 和 $\varphi_k(ET_0)$ 如表 3 所示。

表 3　随机序列的参数估计

	k	1	2	3	4	5	6	7	8	9	10
P	φ_k	0.217	0.166	0.111	0.031	-0.020	-0.004	-0.034	0.042	-0.020	0.027
	$AIC(k)$	0.042	-0.006	-0.033	-0.037	-0.032	-0.030	-0.026	-0.027	-0.025	-0.024
ET_0	φ_k	0.317	0.098	0.049	0.067	-0.052	0.045	0.008	0.109	0.011	-0.033
	$AIC(k)$	-0.011	-0.047	-0.060	-0.078	-0.067	-0.075	-0.075	-0.105	-0.104	-0.096

3　意义

在此建立了作物灌溉制度的优化模型，利用 FAO 推荐的 Penman-Monteith 公式，计算了逐旬的参考作物腾发量（ET_0）。采用时间序列分析方法，对 ET_0序列和降水（P）序列的随机特性进行了分析，并将以上序列分解为趋势项、周期项和平稳随机项。根据作物灌溉制度的优化模型,计算可知近 20 多年来潇河灌区,ET_0序列具有递增趋势,而降水具有递减趋势,同时二序列存在负相关关系。并且去除趋势项的 ET_0和 P 序列的旬均值和标准差具有周期性变化的特征,可以用 Fourier 级数的二阶分量来描述,二序列的平稳随机成分可以用自回归模型来描述。以上结果可以进一步用于农田墒情的随机预报和作物灌溉制度的随机优化。

参考文献

[1] 田俊武,尚松浩,孙丽艳,等. 山西潇河灌区参考作物腾发量和降水的随机特性. 农业工程学报,2005,21(10):26-30.

生物质的闪速热解模型

1 背景

热解是生物质材料进行热化学转换的第一步,它受如生物质的组分、尺寸、粒径、热解温度及加热速率等诸多因素的影响。由于生物质结构复杂,热解机理涉及多种化学反应。为了研究闪速升温速率下生物质的热解机理,挂靠于山东理工大学的山东省清洁能源工程技术研究中心利用以等离子体为热源的层流炉系统,并用 Arrhenius 一级反应动力学模型来描述生物质的热解机理,结果表明该模型与实验数据吻合较好,为进一步研究生物质闪速热解提供了理论基础。李志合等[1]通过实验分析了生物质闪速热解挥发特性的模型。

2 公式

根据表 1 设定的实验条件进行了生物质闪速热解挥发实验,利用灰分示踪法得到了挥发百分比数据。表 2 列出了 4 个不同热解温度、不同反应时间下小麦秸秆的实验结果。

表 1 实验参数表

参数	参数值			
热解温度(K)	750	800	850	900
氩气流量(m^3/h)	5.17	5.52	5.86	6.21
气体流速(m/s)	1.46	1.56	1.65	1.76
反应距离(m)	0.2,0.25,0.3,0.35	0.2,0.25,0.3,0.35	0.2,0.25,0.3,0.35	0.2,0.25,0.3,0.35
反应时间(s)	0.137,0.171, 0.206,240	0.128,0.160, 0.192,0.23	0.121,0.151, 0.181,0.217	0.115,0.144, 0.172,0.201
升温速率(10^4 K/s)	1.3	1.5	1.8	2.1

表 2　小麦秸秆的实验结果

热解温度 750 K					热解温度 800 K				
挥发时间(s)	0.137	0.171	0.206	0.24	挥发时间(s)	0.128	0.160	0.192	0.23
挥发百分比(%)	47.54	52.14	56.87	61.27	挥发百分比(%)	57.42	61.52	65.19	68.71
热解温度 850 K					热解温度 900 K				
挥发时间(s)	0.121	0.151	0.181	0.217	挥发时间(s)	0.115	0.144	0.172	0.201
挥发百分比(%)	61.15	65.22	70.32	72.87	挥发百分比(%)	64.09	69.18	72.32	75.95

根据 Arrhenius 公式,反应速率可表示为:

$$\frac{d\alpha}{dt} = K \cdot f(\alpha),即\ K = A \cdot e^{\frac{-E}{RT}}$$

式中,K 为 Arrhenius 速率常数;E 为表观活化能,kJ/mol;A 为表观频率因子,l/s;R 为气体常数;T 为绝对温度,K。对上式经过一系列变换可以转化为以下形式:

$$\frac{dW}{dt} = A\ (W_0 - W)^n e^{-\frac{E}{RT}}$$

式中,W 为 t 时刻,热解所产生的挥发分质量与初始生物质质量的比值, W_0 为实验物料的最终挥发分百分比。当 $n=1$ 时,即为本实验研究所建立的生物质 Arrhenius 一级反应动力学方程。

$$\frac{dW}{dt} = A(W_0 - W)e^{-\frac{E}{RT}}$$

令上式中

$$B = A \cdot e^{-\frac{E}{RT}}$$

对上式两边取对数,得到:

$$\ln(B) = \ln(A) - \frac{E}{RT}$$

化简可得:

$$\frac{dW}{dt} = B(W_0 - W)$$

代入初始条件 $t=0$,$W=0$,并对两边进行积分,则:

$$\ln\left(\frac{W_0}{W_0 - W}\right) = B \cdot t$$

对于麦秸而言,最终挥发量 W_0 约为 80% ,即 $W_0=80\%$,所以小麦秸秆的闪速热解挥发特性的动力学模型可以描述为:

$$\frac{dW}{dt} = 1048 \cdot (80 - W)e^{\frac{3807}{T}}$$

利用实验得到的数据以及相同的分析方法可以计算出椰子壳、稻壳、棉花柴、花生壳、玉米秸秆的表观活化能和表观频率因子的值(表3)。

表3 生物质热解动力学参数

参数	玉米秸	稻壳	花生壳	椰子壳	棉花柴
表观活化能 E/R	4 078	4 727	3 487	5 861	4 912
表观频率因子 A	1 039	1 189	706	6 836	2 435

它们的闪速热解模型分别为:

椰子壳:

$$\frac{dW}{dt} = 6836(W_0 - W)e^{(\frac{5861}{T})}$$

稻壳:

$$\frac{dW}{dt} = 1189(W_0 - W)e^{(\frac{4727}{T})}$$

花生壳:

$$\frac{dW}{dt} = 706(W_0 - W)e^{(\frac{3487}{T})}$$

棉花柴:

$$\frac{dW}{dt} = 2435(W_0 - W)e^{(\frac{4912}{T})}$$

玉米秸秆:

$$\frac{dW}{dt} = 1039(W_0 - W)e^{(\frac{4078}{T})}$$

3 意义

利用 Arrhenius 一级反应动力学模型来研究生物质闪速热解挥发特性,建立了生物质的闪速热解模型。通过理论计算,得到了生物质的闪速热解模型的表观活化能和频率因子动力学参数。通过在层流炉上进行的多种生物质闪速热解挥发实验,并利用灰分示踪法计算得到了挥发百分比实验数据。通过比较,表明实验数据与理论模型吻合很好,对不同生物质而言只是模型中的表观活化能与表观频率因子动力学参数值有差异,该模型可以用来描述生物质闪速热解特性。

参考文献

[1] 李志合,易维明,修双宁,等. 生物质闪速热解挥发特性的模型研究. 农业工程学报,2005,21(10):1-4.

输卤泵的湍流场模型

1 背景

输卤泵叶轮机械内部伴有盐析的液固两相流动这一基础科学问题一直是学术界和工程界的难题。在工农业生产的各相关部门中，混流式输卤泵内部结盐现象相当普遍，具有代表性。由于黏性的影响及伴有盐析的液固两相流动，使混流式输卤泵叶轮内部流动非常复杂。为揭示卤水在叶轮内部流动的真实状态，杨敏官等[1]首先着眼于在清水状态下混流式输卤泵叶轮内部流动情况的研究，并运用数值计算、实验测量及理论分析的方法，首次系统地研究了该型泵内部三维不可压湍流场。

2 公式

基于 Navier-Stokes 方程和标准的 J- E 湍流模型，模拟混流式叶轮内部的三维湍流场。其连续性方程和动量方程表达为：

$$\frac{\partial E}{\partial x}+\frac{\partial F}{\partial y}+\frac{\partial G}{\partial z}=S$$

$$E=\left[\rho u \rho u u-\mu_{eff}\frac{\partial u}{\partial x}\rho v u-\mu_{eff}\frac{\partial v}{\partial x}\rho v w-\mu_{eff}\frac{\partial w}{\partial x}\right]^{T}$$

$$F=\left[\rho v \rho v u-\mu_{eff}\frac{\partial u}{\partial y}\rho v v-\mu_{eff}\frac{\partial v}{\partial y}\rho v w-\mu_{eff}\frac{\partial w}{\partial y}\right]^{T}$$

$$G=\left[\rho w \rho w u-\mu_{eff}\frac{\partial u}{\partial z}\rho w u-\mu_{eff}\frac{\partial v}{\partial z}\rho w w-\mu_{eff}\frac{\partial w}{\partial z}\right]^{T}$$

$$S=\begin{bmatrix}\frac{\partial}{\partial x}\left(\mu_{eff}\frac{\partial u}{\partial x}\right)+\frac{\partial}{\partial y}\left(\mu_{eff}\frac{\partial v}{\partial x}\right)+\frac{\partial}{\partial z}\left(\mu_{eff}\frac{\partial w}{\partial x}\right)-\frac{\partial p^{*}}{\partial x}+2\rho\omega_{v}\\ \frac{\partial}{\partial x}\left(\mu_{eff}\frac{\partial u}{\partial y}\right)+\frac{\partial}{\partial y}\left(\mu_{eff}\frac{\partial v}{\partial y}\right)+\frac{\partial}{\partial z}\left(\mu_{eff}\frac{\partial w}{\partial y}\right)-\frac{\partial p^{*}}{\partial y}+2\rho\omega_{u}\\ \frac{\partial}{\partial x}\left(\mu_{eff}\frac{\partial u}{\partial z}\right)+\frac{\partial}{\partial y}\left(\mu_{eff}\frac{\partial v}{\partial z}\right)+\frac{\partial}{\partial z}\left(\mu_{eff}\frac{\partial w}{\partial z}\right)-\frac{\partial p^{*}}{\partial z}\end{bmatrix}$$

式中，u、v、w 为相对速度在三个坐标轴上的分量；ρ 为流体的密度；p^{*} 为包含湍动能、离心力、哥氏力的折算压力；μ_{eff} 为有效黏性系数，等于分子黏性系数和湍黏性系数 μ_{t} 之和。结合工程实践采用标准 k- ε 湍流模型使方程封闭。

结合前人的计算经验及在此所采用的网格特点,在标准 k- ε 方程添加源项:

$$G_c = 9\omega\tau_\omega - \frac{9U_\omega\tau_\theta}{2\rho}$$

式中,τ_ω 为垂直于加速度方向的切应力分量,ω 为叶轮旋转角速度,U_ω 为相对速度,τ_θ 为垂直于流线曲率方向的切应力分量,ρ 为曲率半径。

通过叶轮进出口各预留的测孔,同时测量叶轮进出口流场。测量及计算结果如图 1~4 所示(图中总压为表压强)。通过划分垂直平面及轴截面的方法,对各测点精确定位后获得其速度、压力计算值。

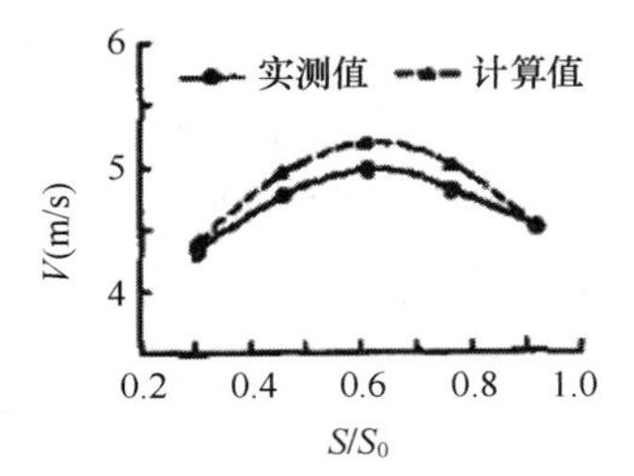

图 1　叶轮进口速度分布曲线

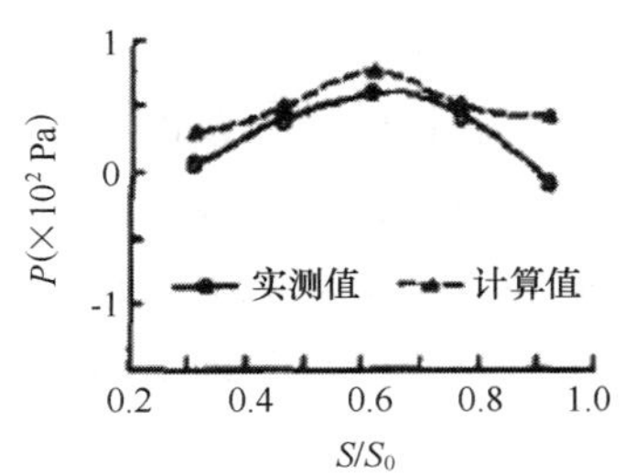

图 2　叶轮进口总压分布曲线

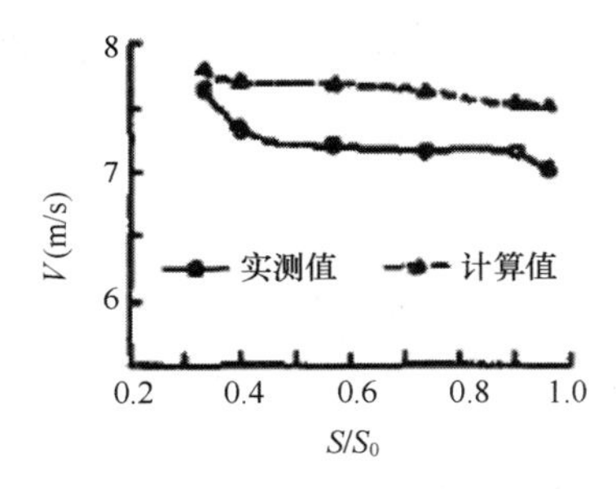

图 3　叶轮出口速度分布曲线

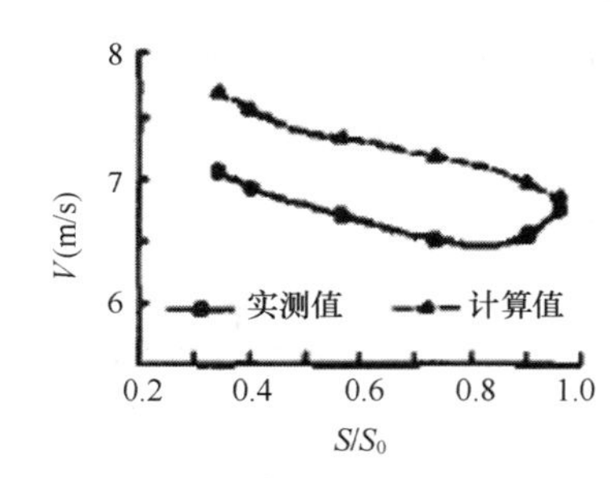

图 4　叶轮出口总压分布曲线

3　意义

基于 Navier-Stokes 方程和标准的 J-E 湍流模型,首次模拟了清水状态下输卤泵叶轮内部的三维湍流场。并通过输卤泵的湍流场模型,计算得到了叶轮进出口的流场,给出了速度和压力分布图。同时,结合数值计算与实验研究,对输卤泵叶轮进出口流场进行了初步的理论分析。计算所采用的 J- E 模型的修正方法基本符合此型泵内部流动的实际情况;并认为应注意叶轮进口处特殊的轴向速度分布,以便改进叶片的设计。所提出的结论、观点将为今后该型泵内部卤水流动研究提供依据。

参考文献

[1] 杨敏官,贾卫东,周洪斌,等. 输卤泵叶轮内部湍流流动的分析. 农业工程学报,2005,21(10):86-89.

土地整理的效益评价模型

1 背景

土地整理是在一定地域范围内,按照土地利用总体规划的要求,采取一定的措施和手段,调整土地利用和社会经济关系,科学规划,合理布局,提高土地资源的利用率和产出率,增加可利用土地数量和质量,确保经济、社会、环境三大效率的良性循环。王炜等[1]利用层次分析法,选择合理的评价指标,以量化的形式来研究项目区土地整理综合效益的评价,旨在通过定量研究,有效地分析土地整理在经济、社会和生态等方面引起的效应,剖析项目区土地整理存在的问题。

2 公式

在确定了土地整理综合效益评价指标体系、各指标的权重及分值后,计算土地整理综合效益评价的模型为:

$$p = C_1W_1 + C_2W_2 + \cdots + C_nW_n = \sum_{i=1}^{n} C_iW_i \qquad (j = 1,2,3,\cdots,n)$$

式中,p 为综合效益评价值, C_i 为第 i 个指标的分值, W_i 为权重值,n 为评价指标的个数。

根据专家综合意见,通过每 2 个指标比较评分得出指标间相对重要性比较判断矩阵。

(1) 土地整理综合效益的相对重要性判断矩阵

$$A = \begin{bmatrix} 1 & 3 & 3 \\ 1/3 & 1 & 1 \\ 1/3 & 1 & 1 \end{bmatrix}$$

(2) 土地整理经济效益的相对重要性判断矩阵

$$B_1 = \begin{bmatrix} 1 & 1 & 3 & 7 & 3 \\ 1 & 1 & 1 & 3 & 1/5 \\ 1/3 & 1 & 1 & 3 & 1/3 \\ 1/7 & 1/3 & 1/3 & 1 & 1/7 \\ 1/3 & 5 & 1/3 & 7 & 1 \end{bmatrix}$$

（3）土地整理社会效益的相对重要性判断矩阵

$$B_2 = \begin{bmatrix} 1 & 1/7 & 1/3 & 1/7 & 1/6 & 1/5 \\ 7 & 1 & 3 & 1 & 3 & 3 \\ 3 & 1/3 & 1 & 1/3 & 1/3 & 1/3 \\ 7 & 1 & 3 & 1 & 3 & 3 \\ 6 & 1/3 & 3 & 1/3 & 1 & 1 \\ 5 & 1/3 & 3 & 1/3 & 1 & 1 \end{bmatrix}$$

（4）土地整理生态效益的相对重要性判断矩阵

$$B_3 = \begin{bmatrix} 1 & 1/3 & 1/5 & 1/7 & 1/3 \\ 3 & 1 & 1/3 & 1/5 & 1 \\ 5 & 3 & 1 & 1/5 & 3 \\ 7 & 5 & 5 & 1 & 5 \\ 3 & 1 & 1/3 & 1/5 & 1 \end{bmatrix}$$

利用方根法求解 A 的特征向量,并通过一致性检验验证判断矩阵的满意程度,满足一致性检验时,所求特征向量就是各指标的权重。首先计算方根向量：

$$\overline{W_i} = \sqrt[n]{\overline{M_i}}\,(i = 1,2,3,\cdots,n)$$

式中, $M_i = \prod_{j=1}^{n} a_{ij}(i,j = 1,2,\cdots,n)$, $\overline{W_i}$ 为 M_i 的 n 次方根,对方根向量正规化处理,即得权重向量：

$$W_i = \frac{\overline{W_i}}{\sum_{i=1}^{n} W_i} \quad (i = 1,2,3,\cdots,n)$$

然后计算两两判断矩阵的最大特征根 λ_{max} ：

$$\lambda_{max} = \sum_{i=1}^{n} \frac{\sum_{j=1}^{n} a_{ij} W_j}{n W_i}$$

$$(i = 1,2,\cdots,n, j = 1,2,3,\cdots,n)$$

其随机一致性比率为：

$$CR = CI/RI$$

若 $CR<0.1$,则认为判断矩阵满足一致性要求,否则,需要重新调整判断矩阵,直到满足要求为止。

式中,CI 为两两判断矩阵的一致性指标, $CI = \frac{|\lambda_{max} - n|}{n - 1}$;RI 为判断矩阵的平均随机一致性指标,可根据 n 查取。

3 意义

土地整理综合效益评价包括经济效益、社会效益和生态效益三方面,根据土地整理的效益评价模型,逐次求取影响土地整理综合效益评价的指标,用层次分析法(AHP)确定各评价指标权重,量化各评价指标,求出综合效益评价值。以江苏省溧阳市新昌镇土地整理综合效益评价为例,通过土地整理的效益评价模型,该镇土地整理综合效益评价效果较好,但社会效益和部分生态效益指标增加不明显,在土地整理实践中应重视促进土地整理的经济效益、社会效益和生态效益协调发展。

参考文献

[1] 王炜,杨晓东,曾辉,等. 土地整理综合效益评价指标与方法. 农业工程学报,2005,21(10):70-73.

牛乳货架期的预测模型

1 背景

食品在流通过程中,其变质速率是温度、相对湿度(RH)和气体等因素的函数。气体组成和相对湿度通常可以通过适当的包装来进行较好的控制;而食品的温度则取决于贮藏条件。引起食品腐烂变质主要是由于微生物作用和酶的催化作用,而这些作用的强弱均与温度紧密相关。牛乳是一种仅次于人乳的营养成分最全、营养价值最高的液体食品。牛乳在保存的过程中受温度的影响比较大。谷雪莲等[1]通过实验研制了预测牛乳货架期的时间-温度的指示器。

2 公式

实验过程中滴定酸度的变化情况如图 1 所示。从图 1 可以看出,存放过程中,由于脂肪分解等原因,使牛乳的酸度发生变化。

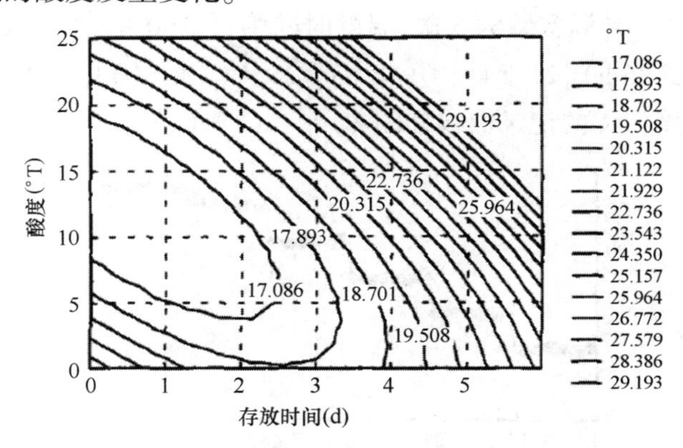

图 1 时间和温度对酸度影响的等高线图

实验过程中,选择了酸度和菌落总数两个参数做判断,判定标准为只要一个参数超标,则判断牛乳到达期限。根据实验可以得到数据,利用线性插值法可以得到 TTT 曲线,如图 2 所示。

所谓剩余货架期(Remaining Shelf Life,RSL),是指食品经过一段冷藏链后,在 T_1(如

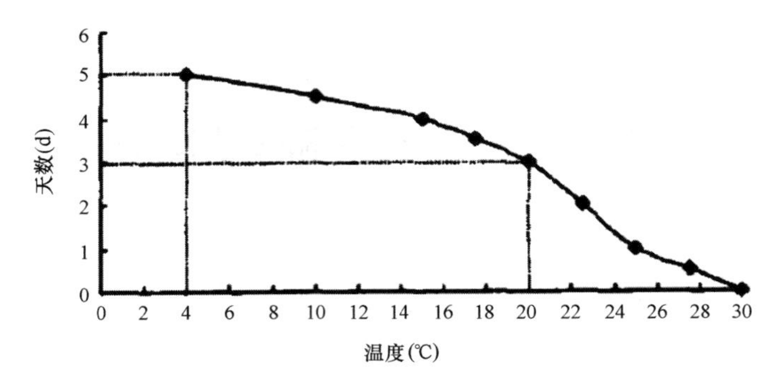

图 2　牛乳的 TTT 曲线

4℃)下所能存放的时间。时间-温度指示器的采集周期为 1h,同时计算 1 次剩余货架期。食品的剩余货架期可按下式计算:

$$RSL_m = (1 - \sum_{i=1}^{m} \frac{1}{d_i} \times \frac{1}{24}) \times D_1$$

式中,RSL_m 为食品在冷藏链中经过 m 时间后的食品剩余货架期,d; d_i 为温度 t_i 时的货架期,d; D_1 为 TTT 曲线中,温度 T_1 下所对应的货架期,d。

为了验证电子式时间- 温度指示器用于牛乳货架期预测的精确性,设计了阶梯温度实验。实验过程中,温度每 12 h 升高一次,直至节点取出样品进行感官测试为变质时,立刻升温结束。在实验中起点用 O(0 h) 表示,每个升温节点分别用 A(12h)~E(60h) 五个字母表示,终点为 F(72 h)。升温次数为 5 次,温度时间为:[O(0 h)]8. 3℃[A(12 h)]12. 6℃[B(24 h)]16. 8℃[C(36 h)]21. 1℃[D(48 h)]25. 4℃[E (60 h)]27. 6℃[F(72 h)]。时间-温度指示器对温度历程的记录曲线如图 3。

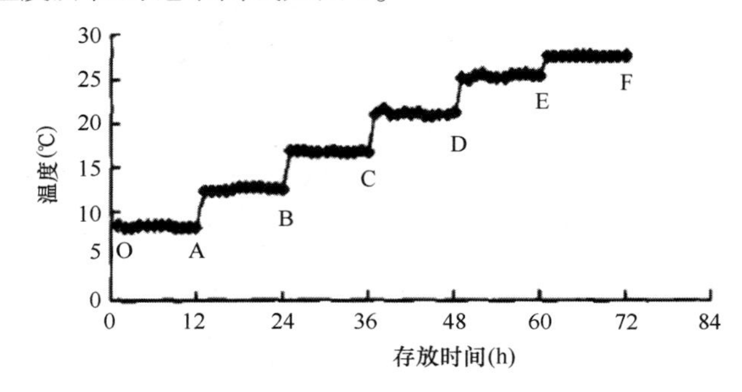

图 3　时间-温度指示器对温度历程的记录曲线

3　意义

根据牛乳货架期的预测模型,采用生物化学方法,得到了牛乳品质与存放温度、时间的关系,并根据菌落总数和酸度作为依据得出时间-温度-货架期曲线。应用单片机技术,研制出能实测和记录冷藏链时间-温度变化和剩余货架期的指示器,以期实现冷藏链中牛乳的品质监测。应用牛乳货架期的预测模型,其计算结果表明,在存放过程中,菌落总数随着温度的升高和时间的延长而增加,新鲜度随温度的升高和时间的延长而降低。对于经历了不同温度-时间存放的牛乳,应用指示器实测的剩余货架期和生物化学实验得到的结果相比,偏差在 0.5 d 以内。当牛乳剩余货架期少于 1 d 时,指示器发出声音报警。

参考文献

[1] 谷雪莲,杜巍,华泽钊,等. 预测牛乳货架期的时间-温度指示器的研制. 农业工程学报,2005,21(10):142-146.

肉制品的嫩度量化模型

1 背景

随着国内外畜牧业生产的快速发展,消费者不仅关心肉和肉制品的生产数量,而且对其食用品质提出了更高的要求。肉制品的食用品质包括色泽、风味和以感官品评为基础的食用物理特性,如嫩度、多汁性等。肉制品的食用物理特性一方面和家畜的种类、饲养条件、肌肉组织的部位有关,另一方面和肌肉中的蛋白质、脂肪在加工和贮藏中的物理化学性质变化有关。丁武等[1]使用英国 CNS Franell 公司生产的 TA-X12 型号的质构仪(QTS Texture Analyzer),模拟口腔咀嚼肌肉的穿透测定方法,研究穿透测定值与感官品评值的相关性,旨在为肉制品嫩度量化测定的可行性提供依据。

2 公式

猪不同部位肌肉穿透测定参数值与感官品评值列于表 1,牛不同部位肌肉穿透测定参数值及感官品评值列于表 2。

表 1　猪不同部位肌肉穿透参数值及感官品评值

部位	里脊	冈上肌	臂三头肌	背最长肌	股二头肌	臂肌
Y_1/g	699.29	811.73	1 080.07	1 141.33	1 280.25	1 980.69
Y_2/g	560.50	676.73	925.27	974.22	1 199.29	1 793.99
Y_3/g	918.15	1 417.41	1 133.45	1 084.44	2 064.06	2 218.88
Y_4/g	316.73	337.48	494.66	464.00	545.41	697.42
Y_5/g	1 489.54	1 916.55	1 982.13	1 999.29	3 187.66	3 213.88
X/分	2.73	3.56	4.34	4.71	4.81	6.43

表 2　牛不同部位肌肉穿透参数值及感官品评值

部位	半棘肌	臂三头肌	股二头肌	胸深肌
Y_1/g	1 001.78	1 321.89	1 615.63	2 163.58
Y_2/g	868.56	1 126.61	1 224.48	1 794.19
Y_3/g	1 211.37	2 583.69	1 784.55	4 346.97
Y_4/g	582.59	993.56	1 046.52	1 167.55
Y_5/g	2 161.24	3 670.63	3 853.13	7 040.89
X/分	5.18	6.75	7.40	8.97

将表 1 中的第一极值（Y_1）与感官品评值（X）的每一对数据在坐标系中描点，得到散点图，设 Y_1 对 X 的回归函数为线性函数 $Y_1 = a + bX$。

利用最小二乘法求出 a、b 的最小的估计值 a'、b'，得到：

$$b' = \frac{\sum (x_i - \bar{x})(y_i - \bar{y})}{\sum (x_i - \bar{x})^2} = 351.9543$$

$$a' = \bar{y} - b'\bar{x} = -393.9342$$

由此得到 Y_1 对 X 的回归方程为 $y = 351.9543x - 393.9342$，进一步计算得到相关系数为：

$$r = \frac{\sum (x_i - \bar{x})(y_i - \bar{y})}{\sum (x_i - \bar{x})^2 \sum (y_i - \bar{y})^2} = 0.9748$$

查表得，相关系数临界值 $r_{0.01} = 0.917$。Y_1 与 X 之间呈极显著正相关，因此用质构仪测定值 Y_1 来反映肉的嫩度是可行的。

猪肉的 Y_2、Y_3、Y_4、Y_5 与感官品评平均值 X 的相关性用相同的方法计算，结果为：

$Y_2: y = 341.3723x - 490.938$　　相关系数 $r = 0.9728 > 0.917$

$Y_3: y = 333.3961x - 4.5296$　　相关系数 $r = 0.7688 < 0.917$

$Y_4: y = 110.4848x - 6.9363$　　相关系数 $r = 0.954 > 0.917$

$Y_5: y = 484.77x + 150.18$　　相关系数 $r = 0.8413 < 0.917$

同理根据牛肉的穿透参数值（Y）（见表 2），可以求得牛肉穿透过程中的 Y_1、Y_2、Y_3、Y_4 和 Y_5 以及与感官品评值 X 的回归方程以及其相关系数，结果为：

$Y_1: y = 314.493x - 699.318$　　相关系数 $r = 0.9984 > 0.990$

$Y_2: y = 248.368x - 503.743$　　相关系数 $r = 0.9967 > 0.990$

$Y_3: y = 744.5513x - 2786.06$　　相关系数 $r = 0.8548 < 0.990$

$$Y_4: y = 156.098x - 156.838 \qquad \text{相关系数 } r = 0.9632 < 0.990$$

$$Y_5: y = 1260.8x - 4739 \qquad \text{相关系数 } r = 0.9631 < 0.990$$

3 意义

为了量化评定肉制品的食用物理特性——嫩度,建立了肉制品的嫩度量化模型。以猪和牛不同部位的肌肉为材料,使用高精度 TA-X12 质构仪,模拟口腔咀嚼肌肉的穿透方法,应用肉制品的嫩度量化模型,确定了不同肌肉的穿透曲线,得到了不同肌肉的穿透参数与感官品评嫩度值之间的相关关系。通过肉制品的嫩度量化模型,计算可知质构仪穿透法测得的第一个极值点(Y_1)与猪和牛不同部位的肌肉的感官品评嫩度值相关系数分别为 0.9784 和 0.9984,呈极显著的正相关关系($P<0.01$),穿透法第一极值点(Y_1)可作为猪肉、牛肉肉制品的嫩度测定量化参数。

参考文献

[1] 丁武,寇莉萍,张静,等. 质构仪穿透法测定肉制品嫩度的研究. 农业工程学报,2005,21(10):138-141.

腐竹生产的效率模型

1 背景

腐竹又名腐皮,是中国的一种传统豆制品,味美可口,营养丰富,在中国、日韩及欧美各国深受消费者喜爱。研究表明,腐竹中含蛋白质 55%,中性脂肪 26%,生化磷脂 2%左右,特别是其中的蛋白质,人体吸收率接近 100%。在腐竹的工业化生产中,调整豆浆的浓度以获得较大的产率是尤为重要的。国内外关于豆浆浓度对腐竹成膜速度的影响研究还不多见,韩智等[1]通过实验研究了豆浆浓度和浆液深度对腐竹产率和成膜速度的影响。

2 公式

取浓度为 11.5%的豆浆加入蒸馏水调整豆浆浓度(见表 1)。

表 1 试验用豆浆浓度及配制方法

原豆浆(g)	水(g)	豆浆浓度(%)	原豆浆(g)	水(g)	豆浆浓度(%)
275	825	2.5	651	449	7.0
314	786	3.5	733	367	7.5
367	733	4.0	797	303	8.0
440	660	4.5	880	220	9.0
550	550	5.5	1 100	0	11.5
611	489	6.0			

产率(Y)表示每 100 mL 豆浆的腐竹产量,成膜速度(V)表示每 10 min 内的腐竹产量。计算公式如下:

$$Y = \frac{M}{G} \times 100 \qquad V = \frac{M \times 10}{T}$$

式中,Y 为产率,g/(100 mL);V 为成膜速度,g/min;M 为腐竹产量,g;G 为调制后的豆浆体积,mL;T 为时间,min。

由图 1 可以看出,在豆浆浓度低于 5.5%时,腐竹的产率随着豆浆浓度的增加而增大,当豆浆浓度达到 5.5%左右时,腐竹产率达到最大值,为 9.5 g/(100 mL)。

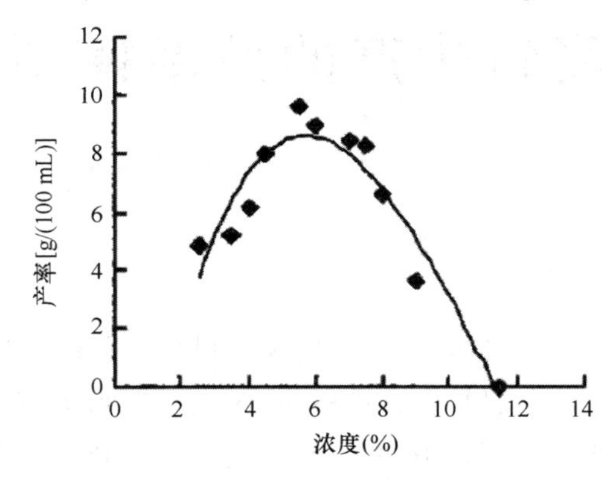

图 1　豆浆浓度对腐竹产率的影响

3　意义

通过水浴加热方法,建立了腐竹生产的效率模型,确定了豆浆浓度和浆液深度对腐竹产率和成膜速度的影响。通过对腐竹生产效率模型的计算可知,在豆浆浓度小于 5.5%时,腐竹的产率和成膜速度随着豆浆浓度的增加而增加,当豆浆浓度大于 5. 5%时,腐竹的产率和成膜速度反而随着豆浆浓度增加而降低,同时腐竹的品质也有所下降。控制豆浆浓度为 5.5%、浆液深度在 5 cm 左右时,腐竹的品质较好。

参考文献

[1]　韩智,石谷孝佑,李再贵．不同豆浆浓度和浆液深度对腐竹生产的影响．农业工程学报,2005,21(11):179-181.

作物和杂草的灰度比值模型

1 背景

作物和杂草同属植物,具有多样性和不规则性,这就使得在图像中用计算机识别作物和杂草很困难。目前人们采用了多种方法来研究这一问题,但是提高图像中作物和杂草的灰度比值,是识别的最基本的问题。吕俊伟等[1]采用多光谱图像融合的方法来研究洋葱和野芥末草在图像中的灰度比值,在多波段图像融合方式中,为了增加其实用性,采用试验对比的方法来研究多光谱图像的融合方式,从而充分利用了近红外、红色、绿色、蓝色4个波段的信息。

2 公式

为了研究图像中各物体像素灰度比值,采用了两个指标来评价图像中各物体像素灰度水平:像素灰度平均值和方差。其公式如下:

$$M_g(objet) = \frac{1}{N}\sum_{i=1}^{N} M_i(objet)$$

$$D_g(objet) = \frac{1}{N}\sum_{i=1}^{N} D_i(objet)$$

式中,$M_g(objet)$,$D_g(objet)$ 分别表示在某一个通道中的所有图像中某个物体总的灰度平均值和方差。

当物体1在图像中的灰度指标值大于物体2在图像中的灰度指标值时,有:

$$Diff(objet1,objet2) = M_g(objet1) - 2D_g(objet1) - M_g(objet2) - 2D_g(objet2)$$

当物体2在图像中的灰度指标值大于物体1在图像中的灰度指标值时,有:

$$Diff(objet2,objet1) = M_g(objet2) - 2D_g(objet2) - M_g(objet1) - 2D_g(objet1)$$

式中,$Diff$ 为两物体在图像中的灰度差额,其意义是两物体的灰度分布函数的间隔。

对于计算机的具体操作,可预先定义一个阈值来区分图像中的这两个物体,假设用THR表示这个阈值。

当物体1的灰度平均值大于物体2的灰度平均值时:

$$THR = [M(objet1) - D(objet1) + M(objet2) + D(objet2)]/2$$

当物体 2 的灰度平均值大于物体 1 的灰度平均值时：

$$THR = [M(objet2) - D(objet2) + M(objet1) + D(objet1)]/2$$

表 1 列出了植物和土壤在 4 种光通道上拍摄的图像中的灰度平均值和方差值。可看到在红色光、绿色光和蓝色光通道的图像中的植物和土壤，其 *Diff* 值均小于 0，而只有近红外通道中的 *Diff* 值大于 0。

表 1　植物和土壤在图像中总的灰度平均值和方差值

(20 幅样本图像)

光通道	植物		土壤		
	M_g	D_g	M_g	D_g	*Diff*
近红外	0.699 1	0.171 8	0.219 1	0.040 9	0.054 6
红色	0.523 7	0.147 4	0.211 5	0.040 9	-0.064 4
绿色	0.295 4	0.140 2	0.146 5	0.036 3	-0.204 1
蓝色	0.266 3	0.157 6	0.141 3	0.034 6	-0.259 4

采用多种图像融合方式，以下为几种典型的图像融合方式：

$$ir/r, ir/g, ir/b, g/r, b/r, b/g, (ir - b)/(ir + b), (ir - g)/(ir + g)$$

$$RP = \frac{g + r - ir}{b} \times \frac{ir}{g} \times \frac{ir - b}{ir + b}$$

$$2b - g - r, 2g - b - r, 2r - g - b, ir + r, ir + r - b, ir + r - g, b + ir - g - r$$

在 $L^* a^* b^*$ 彩色空间：

$$ir/L^*, ir/b^*, ir/a^*, r/b^*, g/b^*, r/a^*, g/a^*$$

在 HSI 彩色空间：

$$ir/H, ir/S, ir/I, r/H, r/S, g/H, g/S$$

式中，r 为在红色光通道所拍摄的图像；g 为在绿色光通道所拍摄的图像；b 为在蓝色光通道所拍摄的图像；ir 为在近红外光通道所拍摄的图像。

为了验证多光谱图像融合技术在区分洋葱和野芥末草的应用效果，采用 $b + ir - g - br$ 融合图像方式来区分洋葱和野芥末草，按照所给出的公式来确定阈值：

$$THR = (Monion - Donion + Mmoutard + Dmputard)/2$$
$$= (0.3092 - 0.0607 + 0.1191 + 0.0384)/2 = 0.203$$

设按此种方法区分所得到的洋葱在图像中所占的面积为 S_{man}，整个图像面积为 S，则洋葱在图像中所占的比例为：

$$P_{man} = S_{man}/S$$

假设以人工所获得的洋葱在图像中所在的面积的百分数为真值,记为 P_{man} ,而把计算机计算所得的值 $P_{\exp}$ 作为测量值,则其绝对误差为:

$$\Delta P = \| P_{\exp} - P_{man} \|$$

其相对误差为:

$$\Delta P/P = \frac{\| P_{\exp} - P_{man} \|}{P_{man}}$$

3 意义

根据作物和杂草的灰度比值模型,作物和杂草在图像中的灰度比值对识别率有着重要的影响,于是,提出了一种利用多光谱图像融合的方法以来提高它们在图像中的灰度比值。为了采用多光谱图像,研制了基于黑白摄像机和多种滤光片的计算机控制的多光谱图像采集系统。利用作物和杂草的灰度比值模型,计算得到了洋葱、野芥末草和土壤在多光谱图像中灰度比值,并且以多光谱图像融合的方式进行了对比试验研究,通过作物和杂草的灰度比值模型的计算可知,多光谱图像融合方法相比采用彩色分量的融合方法,其识别误差减少了 22%,同时给出了评价作物、杂草和土壤在图像中灰度比值指标的方法。

参考文献

[1] 吕俊伟,马成林,于永胜. 采用多光谱图像融合提高作物和杂草灰度比值. 农业工程学报,2005,21(11):99-102.

单管滴灌的葡萄生长模型

1 背景

在国内,滴灌在葡萄上的应用已有大量文献报道,但未见控制性交替滴灌方面的报道,国外的研究大都是在地中海式气候条件下进行的,而且以酿酒葡萄为主,双管交替的方式增加了投资,也是大面积应用推广的一个限制因素。为了验证交替滴灌对葡萄生长的影响及其节水效应,因此在干旱缺水的甘肃河西荒漠绿洲区研究了单管滴灌条件下不同根区湿润方式对葡萄生长和水分利用的影响,以期为这一新的节水灌溉方式在干旱地区的应用提供理论依据。杜太生等[1]通过实验分析了滴灌条件下不同根区交替湿润对葡萄生长和水分利用的影响。

2 公式

选择利用距葡萄园 200 m 处的自动气象站观测日最高、最低气温,风速,风向,相对湿度,太阳辐射,降雨量等指标数据。ET_0 的计算采用 FAO 推荐的计算时段为小时的 Penman-Monteith 公式:

$$ET_0 = \frac{0.408(R_n - G) + \gamma \frac{37}{T_{hr} + 273} u_2 [e_0(T_{hr}) - e_a]}{\Delta + \gamma(1 + 0.34u_2)}$$

式中, ET_0 为参考作物蒸发蒸腾量,mm/d; R_n 为作物表面的净辐射量,MJ/(m² · d);G 为土壤热通量,MJ/(m² · d); T_{hr} 为时段平均气温,℃; u_2 为 2 m 高处的平均风速,m/s; e_0 为饱和水汽压,kPa; e_a 为实际水汽压,kPa;Δ 为饱和水汽压与温度曲线的斜率,kPa/℃; γ 为干湿表常数,kPa/℃。

2005 年葡萄生长季 5—10 月期间不小于 10℃ 的日平均气温之和(即活动积温)为 2 637.21℃,该年度葡萄不同时期水热系数和降雨量如表 1。

表 1　葡萄不同生育时期的降雨量、活动积温、参考作物蒸发蒸腾量及水热系数

日期(月-日)	05-07 至 05-31	06-01 至 06-30	07-01 至 07-31	08-01 至 08-31	09-01 至 10-15
降雨量(mm)	2.0	17.0	47.0	46.0	22.0
活动积温(℃)	407.42	559.86	649.44	593.64	426.86
ET_0(mm/d)	5.17	5.06	5.01	3.76	2.99
水热系数	0.049	0.304	0.724	0.775	0.515

对不同根区湿润方式下葡萄叶片光合速率、蒸腾速率和气孔导度日变化的测定结果表明(表 2)，在一天的动态变化中，常规滴灌处理的叶片光合速率和蒸腾速率均显著高于 ADI 和 FDI 处理，尤其在上午时更为明显，但这种较高的光合速率是以更多的水分消耗为代价的，其水分利用效率一直处于较低的水平。

表 2　不同根区湿润方式下葡萄叶片光合速率、蒸腾速率与水分利用效率日变化

测定指标	处理	测定时间						
		7:00	9:00	11:00	13:00	15:00	17:00	19:00
太阳辐射[MJ/(m² · h)]		17.46	361.087	51.389	52.719	33.756	83.242	77.11
ET_0(mm/h)		0.011 4	0.238	0.522	0.678	0.669	0.464	0.134
P_n	ADI	10.38	10.34	8.75	8.56	7.20	7.64	6.28
	FDI	10.64	10.94	9.83	9.81	8.29	7.23	7.22
	CDI	13.40	12.52	12.24	11.32	8.74	9.47	8.15
T_r	ADI	4.54	5.12	6.69	7.13	5.67	5.63	4.71
	FDI	5.23	7.94	8.44	9.38	8.53	8.01	5.22
	CDI	5.81	7.58	9.42	10.33	10.48	10.14	6.61
g_s	ADI	0.58	0.64	0.42	0.38	0.20	0.20	0.13
	FDI	0.57	0.55	0.39	0.36	0.23	0.21	0.14
	CDI	0.68	0.94	0.90	0.73	0.44	0.56	0.24
WUE	ADI	2.29	2.02	1.31	1.20	1.27	1.36	1.33
	FDI	2.04	1.38	1.16	1.04	0.97	0.90	1.38
	CDI	2.51	1.65	1.30	1.09	0.82	0.91	1.20

3 意义

根据单管滴灌的葡萄生长模型,在干旱缺水的甘肃河西荒漠绿洲区,得到了滴灌条件下不同根区湿润方式对葡萄生长和水分利用的影响。利用单管滴灌的葡萄生长模型,通过计算可知对传统的滴灌方式适当改进可以实现根系分区交替灌溉;控制供水条件下葡萄叶片气孔导度下降,光合作用降低不明显,而蒸腾速率大大降低,水分利用效率明显提高;在控制局部根区交替供水条件下,葡萄累积茎液流量比常规双侧滴灌处理下降了25%。表明在葡萄上应用根系分区交替滴灌可以调控营养生长与生殖生长,减少生长冗余,明显了提高水分利用效率。

参考文献

[1] 杜太生,康绍忠,夏桂敏,等. 滴灌条件下不同根区交替湿润对葡萄生长和水分利用的影响. 农业工程学报,2005,21(11):43-48.

作物灌溉的随机模型

1 背景

灌溉管理的主要任务之一就是制定作物的灌溉计划,即确定什么时候给作物灌水和灌多少水。由于气象要素的随机性变化,使得天然供水与作物的需水不相适应,表现在降水在作物生育期内分布的不均匀性和降水发生的不确定性。作物实际需水量也随气象要素的变化而变化。因此,它也是随机的,需用随机方法加以描述。随机模拟方法可克服解析方法的不足,且不需要复杂的数学知识,可将作物生长模型及其环境要素模型融入到整个模型系统中,相对而言对于不同地区具有普遍适用性。温季等[1]采用模拟方法建立作物灌溉的随机模型。

2 公式

选用联合国粮农组织 1979 年推荐的、在世界上应用较为广泛的 Penman 公式(即修正后的彭曼公式),计算月平均潜在蒸发蒸腾量。修正后的彭曼公式为:

$$ET_0 = \left\{\frac{P_0}{P}\frac{\Delta}{\gamma}\left[0.75Q_a\left(a + b\frac{n}{N}\right) - \sigma T_k^4(0.56 - 0.079\overline{e_a})\left(0.1 + 0.9\frac{n}{N}\right)\right] + 0.26(e_s - e_a)(1 + CU_2)\right\} \Big/ \left(\frac{P_0}{P}\frac{\Delta}{\gamma} + 1\right)$$

式中, ET_0 为作物潜在蒸发蒸腾量,mm/d; P_0、P 分别为海平面标准大气压和计算地点的实际大气压,hPa;Δ 为饱和水汽压-温度曲线上的斜率,hPa/℃; γ 为湿度计常数; Q_a 为理论太阳辐射,mm/ d;a、b 为用日照时数计算太阳辐射的经验系数;n、N 分别为实际日照时数和理论日照时数,h;R 为斯蒂芬—玻尔兹曼常数,其值为 2.01×10^{-9}mm/ (d k); T_K 为绝对温度,K(℃)+273.16; e_a 、e_s 分别为空气的实际水汽压与饱和水汽压,hPa;C 为风速修正系数; U_2 为距地面 2m 处的风速,m/s。

月平均潜在蒸发蒸腾量系列可用下式表示:

$$ET_{0(t)} = T_{(t)} + P_{(t)} + U_{(t)}$$

式中, $ET_{0(t)}$ 为月平均潜在蒸发蒸腾量系列, $T_{(t)}$ 为月平均潜在蒸发蒸腾量的趋势成分, $P_{(t)}$ 为月平均潜在蒸发蒸腾量的周期成分, $U_{(t)}$ 为月平均潜在蒸发蒸腾量的随机成分。

识别随机系列中的趋势成分用 kendall 秩次相关检验法。具体方法为:对于系列 X_1,X_2,…,X_N,先确定所有对偶值($X_i, X_j; j > i$)中 $X_i < X_j$ 的出现个数 P,然后计算:

$$M = \frac{\tau}{[Var(\tau)]^2}$$

用原系列 $ET_{0(t)}$ 减去趋势成分 $T_{(t)}$ 得新系列 $Y_{(t)}$,从中识别并提取周期成分 $P_{(t)}$。

$Y_{(t)}$ 可用傅立叶级数展开如下:

$$Y_{(t)} = a_0 + \sum_{i=1}^{k} \left(a_i \cos \frac{2\pi it}{n} + b_i \sin \frac{2\pi it}{n} \right) \qquad t = 1, 2, \cdots, N$$

式中,n 为周期长度,i 为谐波号码,k 为有效谐波数($1 \leqslant k \leqslant N/2$);$a_0$、$a_i$、$b_i$ 为傅立叶系数。为了确定有效谐波数 k,首先计算原数据系列的方差 S^2,$Var(h_i) = (a_i^2 + b_i^2)/2$ 为相应于谐波 i 的方差。令:

$$P_i = Var(h_i)/S^2$$

则累加有:

$$P_{p_j} = \sum_{i=1}^{j} P_i \qquad (i = 1, 2, \cdots, k)$$

从理论上说,k 的取值为:

$$k = \begin{cases} \dfrac{N}{2} & \text{当 } N \text{ 为偶数量} \\ \dfrac{N-1}{2} & \text{当 } N \text{ 为奇数时} \end{cases}$$

但在实际应用中,只从前 6 个谐波中选择有效谐波就够了。有效谐波数 k 的确定采用以下方法:

$$P_{\min} = \alpha \overline{n/L} \qquad (L \text{ 为样本系列的年数})$$

$$P_{\max} = 1 - P_{\min}$$

用相关分析和偏相关分析方法分析潜在蒸发蒸腾量系列的随机成分。相关系数、偏相关系数分别用下面公式计算:

$$\gamma(k) = \frac{\sum_{i=1}^{N-k} (X_t - \bar{X})(X_{t+k} - \bar{X})}{\sum_{i=1}^{N} (X_t - \bar{X})^2}$$

$$\begin{cases} b_{11} = \gamma_{(1)} \\ b_{pp} = \left(\gamma_{(p)} - \sum_{j=1}^{p-1} b_{p-1,j} \gamma_{(p-j)} \right) / \left(1 - \sum_{j=1}^{p-1} b_{p-1,j} \gamma_{(p-j)} \right) \\ b_{pj} = b_{p-1,j} - b_{pp} b_{p-1,p-j} \quad (j = 1, 2, 3, \cdots, p-1) \end{cases}$$

式中,$\gamma(k)$ 为相关系数,b_{pp} 为偏相关系数。

月平均潜在蒸发蒸腾量可按上述各式计算,由前述分析可知,$T_{(t)}=0$,所以,月平均潜在蒸发蒸腾量等于周期成分 $P_{(t)}$ 与随机成分 $U_{(t)}$ 之和,即:

$$ET_{0(t)}=P_{(t)}+U_{(t)}$$

式中,

$$P_{(t)}=1.953834-1.7642\cos\frac{2\pi t}{12}-0.1653\sin\frac{2\pi t}{12}+0.166\cos\frac{4\pi t}{12}$$

$$-0.782\sin\frac{4\pi t}{12}-0.0233\cos\frac{6\pi t}{12}-0.1633\sin\frac{6\pi t}{12}$$

$U_{(t)}$ 可由一个正态分布的纯随机系列变换得出:

$$U_i=\bar{U}+\sigma T_i \qquad (i=1,2,3,\cdots)$$

式中,$\bar{U}$、σ 为$\{U_{(t)}\}$系列的均值和方差;T_i 为一个呈正态分布的纯随机系列,可按下述方法生成。

对随机数 u_1,u_2 做下列变换:

$$T_1=\sqrt{-2\ln u_1}\cos 2\pi u_2$$

$$T_2=\sqrt{-2\ln u_1}\sin 2\pi u_2$$

则 T_1、T_2 为相互独立的标准正态分布 $N(0,1)$ 变量。

用土壤水分平衡法进行作物灌溉模拟,以土壤计划湿润层范围内土壤水储量变化为模拟对象,其方程为:

$$W_i=W_{i-1}+\Delta W_i+P_i+G_i-ET_i$$

式中,W_i、W_{i-1} 为第 i 时段末、初土壤储水量,mm;ΔW_i 为第 i 时段由于计划湿润层增加而增加的水量,mm;P_i 为第 i 时段的有效降水量,mm;G_i 为第 i 时段的地下水补给量,mm,当地下水埋深大于4m时,可认为 $G_i=0$;ET_i 为第 i 时段作物蒸发蒸腾量,mm。

土壤储水量不小于作物允许的最小储水量 W_{min}(以占田间持水量的60%计),也不大于作物允许的最大储水量 W_{max}(以田间持水量计),当某时段的 $W_i \leqslant W_{min}$ 时,则说明需要进行灌溉,其灌水量为:

$$m=W_{max}-W_{min}$$

此时有 $W_i=W_{max}$。

当 $W_i>W_{max}$ 时,说明需要排水,其排水量为:

$$D=W_i-W_{max}$$

此时有 $W_i=W_{max}$。

以下对模拟方程中各量进行计算(不考虑作物对水的利用)。

(1)土壤储水量:

$$W=10\gamma_d H\theta$$

式中，γ_d 为土壤干容重，g/cm³；H 为土壤计划湿润层厚度，m；θ 为土壤含水率，%，以占干容重百分比计。

(2) ΔW_i 的计算：

$$\Delta W_i = 10\gamma_d \Delta H_i \theta_{i-1}$$

式中，ΔH_i 为第 i 时段计划湿润层深度增值，m。

(3) P_i 计算：

$$P_i = \sigma P_{oi}$$

式中，σ 为降水有效利用系数；P_{oi} 为第 i 时段的降水量，mm。

(4) ET_i 的计算：

$$ET_i = k_{ci} ET_{0i}$$

式中，k_{ci} 为第 i 时段作物系数；ET_{0i} 为第 i 时段参考作物蒸发蒸腾量，mm。

3 意义

根据考虑随机因素(气象因素等)对冬小麦灌溉的影响，用时间序列方法建立了蒸发蒸腾量的随机模型，并将其导入田间水量平衡方程，推导出冬小麦灌溉的随机模拟模型。将该模型用于商丘市李庄乡的冬小麦灌溉，其灌水量与实际情况较为符合，最大误差仅为4.7%，可用于制定冬小麦的灌溉计划。该模型在应用中具有精度高，与观测数据拟合较好等优点，但在计算中需要该地区的气象观测资料、冬小麦多年腾发量观测资料、地下水观测资料、土壤的初始含水量等数据，所需的数据量较大。

参考文献

[1] 温季，郭树龙，郭冬冬．冬小麦灌溉随机模拟模型研究．农业工程学报，2005，21(11)：25-28.

小麦根系的水盐运移模型

1 背景

我国水资源紧缺,关于微咸水灌溉以及作物根系吸水条件下的土壤水盐分布情况,一直是非常活跃的研究领域。在应用较为广泛的根系吸水模型中,大都包含根系分布函数。常用的获取根系分布参数的方法是建立经验性的模型或对实测的数据进行拟合。然而根系在土壤剖面中的分布并无标准的模式,会随作物和土壤环境等众多的因素产生极大的变化,因此所得到的根系数据往往与实际值间差距较大。罗长寿等[1]通过实验对冬小麦生长条件下改进遗传算法在根系水盐运移模型中的应用进行了研究。

2 公式

在此次试验中,垂直一维非饱和流情况下,包含根系吸水的水分运移定解问题为:

$$C(h)\frac{\partial h}{\partial t}=\frac{\partial}{\partial z}\left(K(h)\frac{\partial h}{\partial z}\right)-\frac{\partial K(h)}{\partial z}-S(z,t)$$

$$h(z,0)=h_0(z),0\leqslant z\leqslant l_z$$

$$\left[-K(h)\frac{\partial h}{\partial z}+K(h)\right]_{z=0}=E(t),t>0$$

$$h(l_z,t)=h_1(t),t>0$$

式中,h 为土壤水基质势,cm;z 为空间坐标,cm,向下为正;$C(h)$ 为容水度,cm^{-1};$K(h)$ 为非饱和导水率,cm/d;t 为时间坐标,d; $h_0(z)$ 、$h_1(t)$ 分别表示已知函数(或离散点) ; l_z 为模拟区域垂直总深度,cm;$S(z,t)$ 为根系吸水速率,d^{-1};$E(t)$ 为蒸发、灌水强度(蒸发时取"-"号,灌水时取"+"号) ,cm/d。

在试验研究中,不考虑土壤不动水体作用及吸附作用,忽略土壤温度势的影响,垂直一维非饱和土壤盐分运移方程如下:

$$\frac{\partial(\theta C)}{\partial t}=\frac{\partial}{\partial z}\left(\theta D_{sh}\frac{\partial C}{\partial z}\right)-\frac{\partial(qC)}{\partial z}$$

$$C(z,0)=C_0(z)\quad 0\leqslant z\leqslant l_z,t=0$$

$$\left[-\theta D_{sh}\frac{\partial C}{\partial z}+qC\right]_{z=0}=q_0C'_{0(t)}\quad z=0,t>0$$

$$C(L_z,t) = C(t) \quad z = l_z, t > 0$$

式中,C 为土壤盐分浓度,g/L; D_{sh} 为水动力弥散系数,cm^2/d;q 为非饱和达西流速,cm/d;$C_0(z)$ 为已知剖面浓度,g/L;$C(t)$ 为已知浓度,g/L; $C'_{0(t)}$ 为灌溉水的浓度,g/L,蒸发时为 0。

用输入和输出构成的训练样本,对染色体种群中的个体所代表的神经网络进行训练,计算每个个体的学习误差 E:

$$E = \sum_{i=1}^{n} E_i, 其中\ E_i = \sum_{l=1}^{m} (y_l^i - C_l^i)^2/2$$

式中,n 为训练样本个数,m 为输出单元个数,$y_l^i - C_l^i$ 为用第 i 个样本训练时第 l 个输出的实际输出与期望输出的差。适应度函数由下式确定:

$$f_s = 1/E$$

对于交叉算子:

若 x_1、x_2 为父代个体,为区间 $V = [x_{\min}, x_{\max}]$ 上均匀分布的随机数,交叉后的子代个体 z_1 、z_2 由下式产生,

$$y_1 = \alpha x_1 + (1 - \alpha)x_2, y_2 = \alpha x_2 + (1 - \alpha)x_1$$

$$z_1 = MOD(y_1, V), z_2 = MOD(y_2, V)$$

式中,α 为整数,MOD 为取模运算符。

对于变异算子,采用如下规则:

$$P_m = 0.001 + NG \cdot cof$$

式中,P_m 为当前代数的变异率,NG 为自上次进化以来为止连续未进化的代数;cof 为决定染色体强制变异(100%变异)阈值的系数。

$$var = rand \cdot w \cdot dyna$$

式中,var 为变异量;$rand$ 为随机产生的[0,1]之间的随机数;w 为权的取值范围内的一个固定值;$dyna$ 为决定变异量 var 的动态参数,初始 $dyna = 1.0$;如果 $counter > nochange$,则 $dyna = dyna \times 0.1$ 且 $counter = 0$;其中,$counter$ 为计数器,统计自上次进化以来至当前代为止连续未进化的代数;$nochange$ 为常量,是判定是否改变 $dyna$ 的阈值。

有关盐分胁迫条件(无水分胁迫)下根系吸水的规律,应用较为广泛的当属 Feddes 等提出的根系吸水模型,即:

$$S = \alpha(h_0)S_{\max}$$

式中,S 为根系吸水速率,表示单位时间单位土体的根系吸水量,$cm^3/(cm^3 \cdot d)$;h_0为土壤水渗透势,cm; $S_{\max}$ 为根系的最大吸水速率,d^{-1},按下式计算,即:

$$S_{\max} = \frac{T_P(t)L_d(z,t)}{\int_0^{L(t)} L_d(z,t)\,dz}$$

式中，z 为土壤深度，cm；$T_P(t)$ 为潜在蒸腾强度，cm/d；$L_d(z,t)$ 为根长密度分布，cm/cm^3；$L(t)$ 为最大扎根深度，cm；$\alpha(h_0)$ 为无水分限制时渗透势的修正系数，无量纲；对于 $\alpha(h_0)$，在无水分、养分胁迫条件下，被认为较为实用的形式如下：

$$\alpha(h_0)=1-\frac{\alpha}{360}(h_0^*-h_0)$$

式中，h_0^* 为渗透势临界值，cm；α 为每增加单位电导率（mS/cm）降低吸水量的斜率值，cm^{-1}，$\alpha=0.073$。并可得盐分胁迫条件（无水分胁迫）下的根系吸水模型为：

$$S=\left[1-\frac{\alpha}{360}(h_0^*-h_0)\right]\frac{T_pL_d(z)}{\int_0^L L_d(z)\,dz}$$

3 意义

应用改进遗传算法，优化人工神经网络模型的权值，对盐分存在下的冬小麦根系分布进行定量预报，将获得的根系分布参数，并与根系吸水模型以及水盐运移模型相结合，进行了水分、盐分分布的数值模拟。从而可知应用改进遗传算法可以为根系吸水模型提供所需的根系参数，并且可以较好地对土壤中水分、盐分的运移分布情况进行模拟；该方法建模简单、实用，模型对于土壤次生盐渍化的防治与微咸水的灌溉利用等具有参考价值。

参考文献

[1] 罗长寿，左强，李保国，等．冬小麦生长条件下改进遗传算法在根系水盐运移模型中的应用研究．农业工程学报，2005，21(11)：38-42.

气固两相的流动模型

1　背景

PIV 即粒子图像测试技术,是在充分吸收现代计算机技术,光学技术以及图像分析技术的研究成果基础上发展起来的流动测试手段。相对于以往的激光多普勒测速技术、热线测速技术等,它有一个很大的突破—— 即实现了对瞬态全流场的测量,可在同一时刻记录下整个测量平面的有关信息。国内外不少学者利用 PIV 设备对冷态流化床,气固两相自由射流等流场内颗粒运动的二维速度场进行了研究,并获得了不少有价值的成果。易维明等[1]通过相关公式对水平携带床气固两相流动进行了实验研究。

2　公式

圆截面射流初始段长度为:

$$S_T = \frac{0.671R_0}{T}$$

式中,T 为紊流系数,是反应射流流动结构的特征系数; R_0 为射流圆孔半径,m。

首先,对氩气流在小孔内雷诺数按下式进行计算:

$$Re = \frac{4Q}{c \cdot D \cdot v}$$

式中,Q 为流量,m^3/s;v 为运动黏度,m^2/s;D 为小孔直径,m。

对于矩形管道,当量直径和方管内流体的雷诺数可根据下式计算:

$$d_e = \frac{2ab}{a + b}$$

$$Re = \frac{U_a d_e}{v}$$

式中,a,b 为矩形管道的边长,m; U_a 为管内流体的平均速度,m/s。

关于过渡段的长度,目前还没有较为成熟的计算公式,有些文献给出势流(速度分布比较均匀的流体)发展为层流(中心速度增大到最终速度的 98%~99%)所需要的长度为:

$$L = 0.065 \cdot Re \cdot D$$

$$L = 0.058 \cdot Re \cdot D$$

式中，Re 为雷诺数；D 为管子直径，m。

图 1 是实测结果和理论层流抛物线分布的对比。

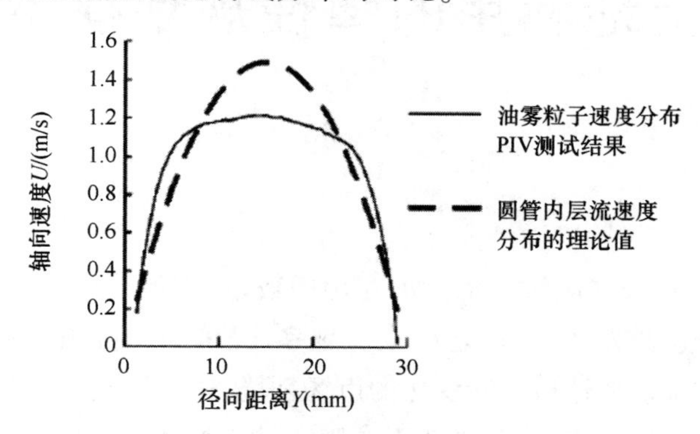

图 1　理论速度分布与实测速度分布的对比

3　意义

在此建立了气固两相的流动模型，确定了氩气流在水平携带床管内的速度分布。利用气固两相的流动模型，计算结果表明：在氩气流量不变的情况下，对水平携带床管内加入生物质颗粒后的流动速度进行了 PIV 测量。通过气固两相的流动模型，计算可知氩气流在到达距离管道入口大于 400 mm 的区域后已经较为稳定，处于充分发展区；氩气流的速度分布是对称结构，在雷诺数为 1695 时，其速度分布形状明显不同于层流的抛物线形状，而更加接近于紊流速度分布形状。而相同氩气流量条件下，生物质颗粒速度分布是非对称形状，中心部位生物质颗粒运动速度明显低于气流中心速度；在整个水平携带床内，生物质颗粒都是处于被加速的状态。

参考文献

[1]　易维明，王娜娜，张波涛，等. 水平携带床气固两相流动的实验研究. 农业工程学报，2006，22(1)：11-14.

土地利用的弹性规划模型

1 背景

土地利用规划是对未来区域经济发展在用地数量、用地结构、利用方式等方面的全方位预测安排。市场经济越发达,不确定因素就越多,经济的不可预见性和难以预测性导致土地需求的变异性增加。要适应不断变化的市场环境,使土地利用规划面对众多不确定因素时也能发挥其引导和调控作用,就必然要求制定具有弹性的土地利用规划。尹奇等[1]通过实验对土地利用的弹性规划进行了研究。

2 公式

规划和市场之间存在一种互动的制约的广泛关系,规划对市场起着诱导、调控、规范和拉动作用;市场对规划具有主导、决定和导向的作用。一定意义上规划(P_R)可看做是市场(S_i)的函数。即

$$P_R = f(S_1, S_2, S_3, \cdots, S_n)$$

式中,$S_1, S_2, S_3, \cdots, S_n$ 为具有不确定性的市场因素。

假设本地区资料齐全,则弹性比:

$$\mu_x = \left(\frac{D_1 - D_0}{X_1 - X_0}\right) / \left(\frac{D_0}{D_1}\right)$$

$$D_2 = D_0[1 + \mu_x(X_2 - X_0)/X_0]$$

式中,(D_0, X_0) 、(D_1, X_1) 、(D_2, X_2) 分别为“过去”、“现状”与“未来”的土地需求值及状态变量值。

因状态变量 X 可能是 n 个,算得 D_2 后若以相应的 μ_x 为权,求得加权均值 $\overline{D_2}$ 为:

$$\overline{D_2} = \sum_{j=1}^{n} (D_2^{(j)} \mu_x^{(j)}) / \sum_{j=1}^{n} \mu_x^{(j)}$$

由于 X_2 的预估存在偏差,导致 D_2 会有相应的增减量 $\Delta\xi$ 。现定义:($D_2 - \Delta\xi, D_2 + \Delta\xi$)为弹性区间,即弹性需求预估量。$K(\%)$为相对于现状的、未来状态变量增长率的误差。

$$K\% = \frac{X'_2 - X_2}{X_1} \cdot \Delta\xi = D'_2 - D_2 = KD_0X_1/X_0$$

式中 X'_2，D'_2 分别为未来状态变量和土地需求量的实际值。若以相应的 μ_x 为权，求得加权均值 $\overline{K}$，则 $\Delta\xi = D_0X_1/X_0\overline{K} = D_0X_1/X_0\sum_j(K^{(j)}\mu_x^{(j)})/\sum_j\mu_x^{(j)}$。

3 意义

根据土地利用的弹性规划模型，明确地界定了土地利用弹性规划的涵义，表明了土地利用弹性规划的内容和研究方法。通过土地利用的弹性规划模型，得到弹性比计算和弹性区间确定、评价目标和评价体系设计以及柔性决策模型等方法在土地利用规划中的弹性预测、弹性评价、弹性决策以及弹性用地分区的应用结果。应用土地利用的弹性规划模型，计算可知，土地利用的弹性规划能较好地适应经济生活中不确定因素导致的用地数量、用地结构、用地方式等方面的变化。

参考文献

[1] 尹奇，吴次芳，罗罡辉. 土地利用的弹性规划研究. 农业工程学报，2006，22(1)：65-68.

土壤初始含水率的影响模型

1　背景

土壤水分是联系地表水和地下水的纽带，在水资源的形成、转化与消耗过程中具有重要的作用，与农业、水文、环境等学科领域都有密切的联系。在以半干旱地区为主的黄土高原，严重土壤侵蚀和频繁干旱并存，如何增加降雨入渗、合理利用土壤水资源是该地区生态环境建设和农业可持续发展的关键。陈洪松等[1]在防止土壤侵蚀和雨后抑制蒸发的条件下，采用室内人工降雨，研究初始含水率对黄土坡面降雨入渗、湿润锋运移及土壤水分沿坡面分布规律的影响，以期为黄土高原地区植被恢复和重建提供理论依据。

2　公式

湿润锋的观测，按照沿坡向下的固定顺序进行。试验结束后，用土钻取土（两个重复，分别于槽的两侧取土）测定土壤水分沿坡面的分布。产流后，各时段的降雨入渗率为：

$$i = R\cos\alpha - 10V/[(t_{i+1} - t_i)S] \qquad (t \geqslant t_p)$$

式中，i 为降雨入渗率，mm/min；R 为降雨强度，mm/min；α 为土槽坡度，°；t_i、t_{i+1} 为各时段始末时间，min；t_p 为产流时间，min；V 为各时段对应的产流量，mL；$10V/[(t_{i+1} - t_i)S]$ 为各时段对应的地表径流量，mm；S 为坡面面积，cm^2。

平均降雨入渗率 $\bar{i}$（mm/min）为：

$$\bar{i} = (P\cos\alpha - R_s)/t$$

式中，P 为降雨量，mm；t 为降雨历时，min；R_s 为地表径流量，mm。

初始含水率对坡面降雨入渗、产流过程有重要的影响。重复降雨和表层土壤水分非均匀分布的试验表明，初始含水率越高，产流越快，平均入渗率越小，趋于稳定入渗阶段的时间也越短（图 1 和图 2）。

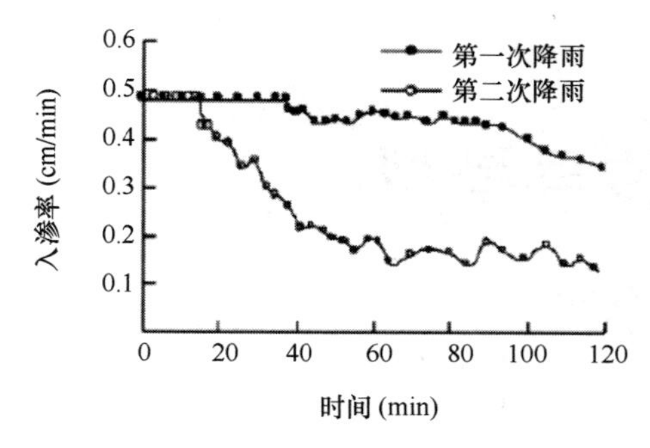

图 1　重复降雨对降雨入渗过程的影响

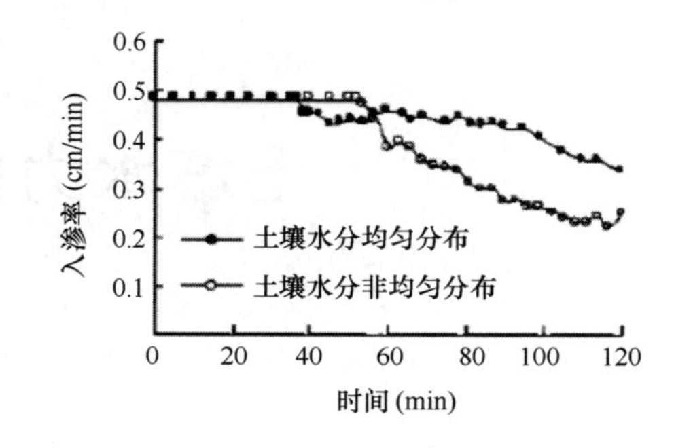

图 2　表层土壤水分非均匀分布对降雨入渗过程的影响

3　意义

在防止土壤侵蚀和雨后抑制蒸发的条件下,利用室内人工降雨试验,建立了土壤初始含水率的影响模型,得到了土壤初始含水率对坡面降雨入渗、湿润锋运移及土壤水分再分布规律的影响。通过土壤初始含水率的影响模型,计算可知初始含水率越高,产流越快,平均入渗率越小,达到稳定入渗率的时间也越短;当初始含水率非均匀分布时,初始含水率越高,再分布过程中湿润锋的运移速率越大,但在降雨入渗过程中,湿润锋的运移速率与土体的湿润程度和范围有一定的关系;坡面上方来水(径流)虽然对湿润锋运移速率影响不大,但对入渗有一定的促进作用;再分布过程中,土壤水分有沿坡向下运移的趋势。

参考文献

[1]　陈洪松,邵明安,王克林. 土壤初始含水率对坡面降雨入渗及土壤水分再分布的影响. 农业工程学报,2006,22(1):44-47.

土壤水力的传导模型

1　背景

污水灌溉的研究目前主要集中在处理后的城市污水对土壤和地下水的污染以及对作物产量和品质的影响等领域,而较少研究生活污水灌溉对土壤物理性质的影响。降低土壤溶液的钠吸附比、增加其电解质浓度或减小灌溉污水中悬浮物质的含量等措施都将会改善土壤的水力传导性能。李法虎等[1]通过研究生活污水灌溉条件下土壤碱度对土壤饱和水力传导能力的影响以及石膏施用和污水过滤处理对改善土壤水力传导性能的作用,探讨减小生活污水灌溉对土壤物理性质不利影响的可行方法。

2　公式

根据达西定理,常水头条件下土壤饱和水力传导度 k 可由下式计算[2]:

$$k = \frac{VL}{At\Delta h}$$

式中,V 为时段 t 内淋出液的体积,L^3;L 为试验土柱的高度,L;A 为土柱横断面的面积,L^2;Δh 为渗流流经土柱的水头损失,L。

在土样准备中,与钠吸附比为 30 $(\mathrm{mmol_c/L})^{0.5}$ 和浓度为 10 $\mathrm{mmol_c/L}$(EC = 1.2 dS°/m)淋洗液平衡的土壤属于碱性土,其可交换钠百分比(ESP)近似为 30。在污水淋洗过程中,非碱性土淋出液的 pH 值几乎不随淋出液体积的变化而改变(图 1);碱性土淋出液的 pH 值由初期的最大值 8. 4 随淋洗液体积的增加而逐渐趋于一稳定值。

脱硫石膏的施用不仅增大了淋出液的电解质浓度而且降低了碱性土壤淋出液的 pH 值(图 2)。在淋洗初期(<12 PV),石膏施用使得碱性土壤淋出液的 EC 值显著地大于未施用石膏时的 EC 值;而在淋洗末期,土壤中施用的大部分脱硫石膏已溶解殆尽,此时土壤淋出液 EC 逐渐减小到与未施用石膏的土壤相似。

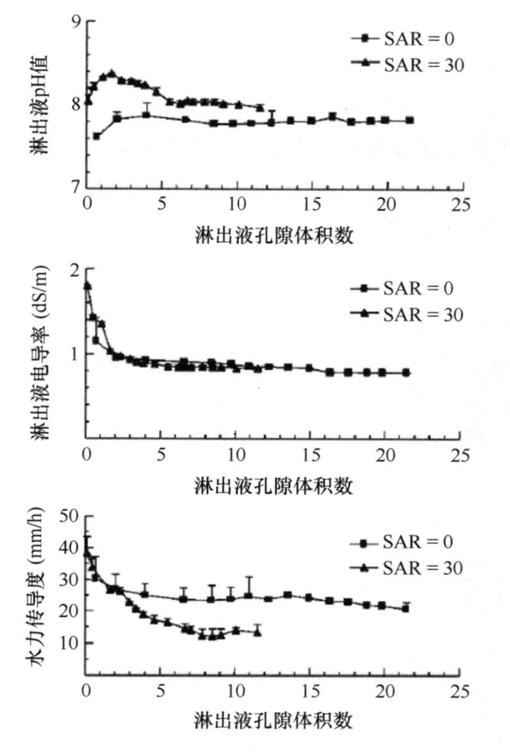

图 1　土壤碱度对土壤淋出液 pH 值、电导率以及平均土壤水力传导度的影响

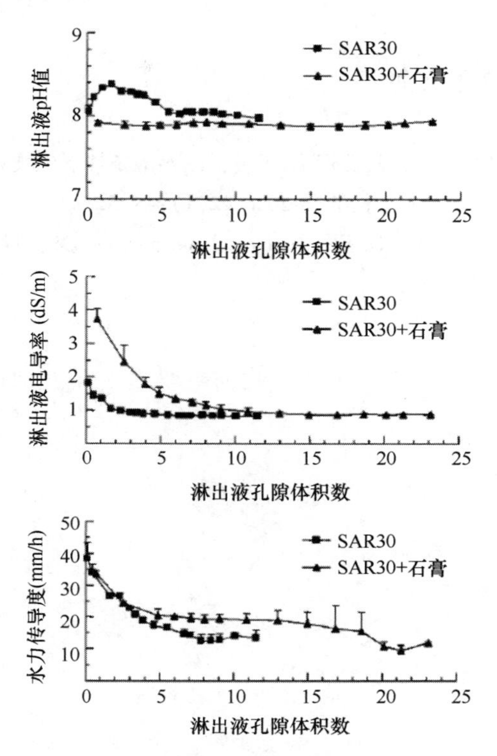

图 2　脱硫石膏施用对碱性土壤淋出液 pH 值、EC 以及平均土壤水力传导度的影响

3　意义

通过土壤水力的传导模型,经过室内土柱淋洗试验,确定了污水灌溉条件下土壤碱度、脱硫石膏施用以及污水过滤处理对土壤水力传导性能的影响。通过土壤水力传导模型的计算结果可知,土壤饱和水力传导度随淋出液体积的增加而减小,非碱性土壤的稳定水力传导度比碱性土壤的大 74%左右,脱硫石膏的施用降低了碱性土壤的 pH 值以及土壤溶液的钠吸附比,0.5%的石膏施用量可增大碱性土壤的稳定水力传导度 37%左右。采用土壤水力的传导模型计算得到:污水过滤处理增大了非碱性土壤的初始水力传导度,而降低了碱性土壤的初始水力传导度。在污水灌溉条件下,石膏施用可有效地改善碱性土壤的水力传导能力。

参考文献

[1] 李法虎,黄冠华,丁赟,等. 污灌条件下土壤碱度、石膏施用以及污水过滤处理对水力传导度的影响. 农业工程学报,2006,22(1):48-52.

[2] Hillel D. Envir onmental soil physics [M]. London: AcademicPress,1998.

土壤氮磷的流失模型

1 背景

密云水库是北京重要的水源供应地，位于北京市密云县北部山区，横跨于潮河、白河主河道上，流域面积 15 788 km^2。水库总库容为 43.75×10^3 km^3，最大水面面积 188 km^2，蓄水量为 18×10^3 m^3，主要来自潮河、白河。库区附近多为侵蚀的低山地形，山顶高程约为海拔 200~250 m，山坡多为多砾质的冲积母质，土层瘠薄，属山地褐土。水库水质的状况直接与周围山区的土壤侵蚀程度有关。华珞等[1]首次应用^{137}Cs 示踪技术研究密云水库周边地区的土壤侵蚀，并提出土壤侵蚀规律与氮磷流失状况，并探讨它们之间的数学关系。

2 公式

对利用多种侵蚀模型计算出的被研究地区的侵蚀数据进行比较，发现 Lowranc 建立的以^{137}Cs 为主要因子的土壤侵蚀模型的计算结果与应用遥感技术评价的结果相似，故本研究采用 Lowrance 建立的模型。公式如下

$$S=(Z-D)\times10^3/(N-1954)/W_U$$

式中，S 为每年的土壤侵蚀量，t/km^2 a；Z 为^{137}Cs 本底值，Bq/m^2；D 为侵蚀点土壤的^{137}Cs 总量，Bq/m^2；W_U 为侵蚀区域土壤的当前^{137}Cs 平均活度，Bq/kg；N 为采样年份。

通过对密云水库周边地区整个流域的多个不同的孤立山坡的采样区中各采样点的数据进行回归模拟（数据量大，篇幅有限，恕不列出），将这些方程与相关系数 R 列于表 1。

表 1　$^{137}Cs(X)$、$^{210}Pb(X)$ 与氮、磷含量(Y)之间的回归方程($n=120$)

Y	$^{137}Cs(X)$	R	$^{210}Pb(X)$	R
全氮	$Y=-1.995-0.020\ 9X+0.002X^2-4e^{-5}X^3$	0.292	$Y=0.0131-0.0003X+608e^{-6}X^2-4e^{-8}X^3$	0.340
水解氮	$Y=0.8703+0.0074X+0.0006X^2-2e-5X^3$	0.398	$Y=0.0534+0.4389X-0.0056X^2+2.5e^{-5}X^3$	0.565
全磷	$Y=-1.6229+0.0116X-0.0008X^2+1.8e-5X^3$	0.030	$Y=0.0346-0.0002X+4.9e-6X^2-3e^{-8}X^3$	0.085
速效磷	$Y=0.8172-0.0244X+0.0026X^2-5e^{-5}X^3$	0.257	$Y=3.5754+0.1471X-0.0019X^2-1.3e^{-5}X^3$	0.651

对每个具体的孤立低山采样区的不同采样点土壤^{137}Cs 或^{210}Pb 含量分别与土壤全氮、全磷、水解氮、速效磷含量之间进行数学模拟，以宝山寺采样区为例，将回归方程与相关系

数列于表 2。

表 2 宝山寺采样区土壤中$^{137}Cs(X)$、$^{210}Pb(X)$与氮、磷含量(Y)之间的回归方程($n=20$)

Y	$^{137}Cs(X)$	R	$^{210}Pb(X)$	R
全氮	$Y=-1.9087-0.0043X+7.1e^{-5}X^3$	0.068	$Y=0.0138-2e^{-6}X^2+1.8e^{-8}X^3$	0.037
水解氮	$Y=0.7870+0.0155X-4e^{-5}X^2$	0.781	$Y=-2.0661+0.2671X-8e^{-6}X^3$	0.984
全磷	$Y=-2.3284+0.0651X-0.0014X^2$	0.819	$Y=-0.0350+0.0017X-e^{-5}X^2$	0.994
速效磷	$Y=0.7080+0.0228X-e^{-5}X^3$	0.509	$Y=-7.6229+0.4259X-2e^{-5}X^3$	0.711

3 意义

根据土壤氮磷的流失模型计算得到的结果,判定密云水库地区基本属于轻度侵蚀和中度侵蚀,部分地区侵蚀情况达到剧烈程度。采用土壤氮磷的流失模型,确定了不同区域土壤养分含量不同:水库上游地区土壤氮素、磷素含量均低于水库周边地区。利用土壤氮磷的流失模型,证明不合理的人为活动严重地加强了土壤侵蚀程度与养分流失量。土壤氮磷的流失模型,回归模拟了土壤中^{137}Cs(^{210}Pb)与全氮、全磷、水解氮、速效磷含量之间的数学关系,在区域较小、景观单一的范围内可以定量分析、预报预测各采样区的全磷和有效态氮、磷含量的变化趋势,简化了监测与分析测试程序,扩大了核素示踪技术的应用范围。

参考文献

[1] 华珞,张志刚,冯琰,等. 用^{137}Cs示踪法研究密云水库周边土壤侵蚀与氮磷流失. 农业工程学报,2006,22(1):73-78.

猪舍甲烷的排放模型

1 背景

随着中国畜牧业的迅速发展，畜禽养殖数量在急剧增加，根据联合国粮农组织的数据统计表明，中国猪的存栏量占全世界的近50%。在集约化饲养的猪舍，猪本身的呼吸和舍内粪便会排放大量的温室气体，了解和控制猪舍温室气体排放对减轻全球气候变暖压力有着非常重要的意义。董红敏等[1]在猪场对甲烷气体排放相关数据进行了一年的测定，了解中国典型的育肥猪舍甲烷浓度的变化规律，初步定量分析了育肥猪舍的甲烷排放通量。

2 公式

甲烷排放通量指单位时间内单个动物的甲烷排放速率。根据二氧化碳平衡法，甲烷排放通量计算公式为：

$$Q_{CH_4} = V \times (C_{e,CH_4} - C_{i,CH_4}) \div n$$

式中，Q_{CH_4} 为单位时间内每头猪甲烷排放通量，mg/(h · 头)；V 为猪舍通风量，m^3/h；n 为猪舍中饲养猪的头数，头；C_{e,CH_4}，C_{i,CH_4} 分别为猪舍进、排气口的甲烷浓度，mg/m^3。

猪舍通风量则通过二氧化碳平衡法进行计算。其基本计算公式为：

$$V = \frac{V_{CO_2} \times 10^6}{C_{e,CO_2} - C_{i,CO_2}} \times \rho_{CO_2}$$

式中，V_{CO_2} 为单位时间内猪舍内二氧化碳产生量，m^3/h；C_{e,CO_2}，C_{i,CO_2} 为分别为猪舍进、排气口的二氧化碳浓度，mg/m^3；ρ_{CO_2} 为二氧化碳密度，1.977 kg/m^3。

二氧化碳产生量计算公式：

$$V_{CO_2} = \frac{0.0036 \times f_c \times THP \times n \times 273}{(16.18/RQ + 5.02) \times (T_i + 273)} \times K_{m,CO_2}$$

式中，THP 为单位时间内猪代谢产热量，W/头；f_c 为由于动物活动产生的热量变化系数；RQ 为猪的呼吸商；K_{m,CO_2} 为猪舍内粪便、垫料、饲料等分解产生的二氧化碳修正系数；T_i 为环境温度，℃。

采用国际农业工程师协会（CIGR）推荐的育肥猪代谢产热量计算公式计算猪的产热量：

$$THP = \{5.09W^{0.75} + [1 - (0.47 + 0.003W)]\}(m \times 5.09W^{0.75} - 5.09W^{0.75}) \times K_{t,THP}$$

式中,W 为猪的体重,kg ;m 为动物采食能量与维持能量的相关系数,m 与动物体重有关,如表 1 所示;$K_{t,THP}$ 为环境温度影响猪产热的修正系数:

$$K_{t,THP} = 12 \times 10^{-3} \times (20 - T_i) + 1$$

$$f_c = 1 - a \times \sin\left[\frac{\pi}{12}(t + 6 - t_{\min})\right]$$

式中,t 为 24 h 中的时刻;$t_{\min}$ 为猪活动量最小的时间段,h;a 为二氧化碳浓度变化的振幅。

表 1　CIGR 动物产热计算公式系数

体重(kg)	m
2	4.1
20	3.0
30	3.42
90	2.65

3　意义

在此建立了猪舍甲烷的排放模型,确定了中国特有的饲养管理方式下育肥猪舍温室气体排放规律,为减少甲烷排放提供依据。在北京选择一典型猪场,测定不同季节育肥猪舍的甲烷排放浓度,从 2004 年 5 月至 2005 年 3 月,每 2 个月一次,连续采集 72~80 h 甲烷浓度和相关数据,并根据二氧化碳平衡原理,利用猪舍甲烷的排放模型,估算了猪场的甲烷排放量。通过猪舍甲烷的排放模型和二氧化碳平衡法估算,在育肥猪饲养期间,甲烷排放量为每头 68.10~207.01 mg/h 或折合每标准动物单位 436~1 185 mg/(h · 500 kg),在 IPCC 推荐的发展中国家猪呼吸代谢甲烷排放[1.0 kg/(a · 头)]范围内。

参考文献

[1]　董红敏,朱志平,陶秀萍,等. 育肥猪舍甲烷排放浓度和排放通量的测试与分析. 农业工程学报, 2006,22(1):123-128.

玉米的干燥模型

1 背景

多单元带式干燥设备由若干个独立的单元段组成。每个单元段包括循环风机、加热装置、单独或公用的新鲜空气抽入系统和尾气排出系统。对干燥介质数量、温度、湿度和尾气循环量操作参数,可进行独立控制,从而保证干燥设备工作的可靠性和操作条件的优化。陈龙健等[1]以玉米为试验原料,对 5HCCX-1.6 型多单元穿流干燥设备实际生产过程进行了模拟,为进一步研制开发 5HCCX-1.6 型多单元穿流干燥设备计算机控制软件奠定基础。

2 公式

根据多单元穿流干燥设备生产过程,以玉米为试验物料,选取具有代表性的上层 5 个干燥单元进行模拟。由于以热质传递为依据的玉米干燥模型十分复杂,为了简化计算,做了如下假设:① 在干燥过程中玉米颗粒的收缩忽略不计;② 单个玉米颗粒内的温度梯度忽略不计;③ 机壁为绝热体,其热容量忽略不计;④ 玉米颗粒间的热传递忽略不计;⑤ 气体流动和谷物流动均为活塞流。

质衡算方程为:

$$\frac{\partial H}{\partial x}=\frac{\rho_p}{G_a}\frac{\partial M}{\partial t}$$

热衡算方程为:

$$\frac{\partial \theta}{\partial t}=\frac{ha(T-\theta)}{\rho_p C_p+\rho_p C_w M}-\frac{h_{fg}+(T-\theta)C_v}{\rho_p C_p+\rho_p C_w M}G_a\frac{\partial H}{\partial x}$$

热传递方程为:

$$\frac{\partial T}{\partial x}=-\frac{ha(T-\theta)}{G_a C_a+G_a H C_v}$$

干燥速率方程:

针对玉米的干燥特性,其薄层干燥方程采用 LiHuizheng 方程,平衡水分方程采用 Henderson 方程:

$$\frac{M-M_e}{M_0-M_e}=\exp(-kt^N)$$

$$M=\left[-\frac{\ln(1-RH)}{C(T+B)}\right]^{\frac{1}{n}}$$

其初始和边界条件为：

$$M(x,0)=M_0\ \theta(x,0)=\theta_0$$

$$T(0,t)=T_0\ H(0,t)=H_0$$

以上各式中，T 为空气温度，℃；H 为物料温度，℃；H 为空气湿含量，kg/kg；M 为物料平均水分(小数，干基)；h 为对流传热系数，J/(m^{2}h ℃)；x 为玉米床深的高度坐标，m；t 为干燥时间，h；a 为单位床层体积内物料的表面积，m^2；C_a 为干空气比热，J/(kg℃)；C_p 为物料比热，J/(kg℃)；C_w 为水的比热，J/(kg℃)；C_v 为水蒸气的比热，J/(kg℃)；h_{fg} 为水的汽化潜热，J/kg；G_a 为空气流量，kg/(m^{2}h)；M_e 为物料的平衡水分(小数，干基)；ρ_p 为物料密度，kg/m^3；ρ_a 为空气密度，kg/m^3；k、N 为干燥常数；RH 为空气相对湿度(小数)；M_0 为物料初始水分(小数，干基)；θ_0 为物料初始温度，℃；T_0 为每个单元热空气进入物料层初始温度，℃；H_0 为每个单元热空气进入物料层初始含湿量，kg/kg。

物料和热空气参数如表 1 所示。

表 1　物料和热空气参数

试验次数	网带速度(m/s)	物料参数		5 个单元的热空气参数														
				1			2			3			4			5		
		物料初始温度(℃)	物料初始水分，干基(kg/kg)	温度(℃)	相对湿度(%)	风速(m/s)	温度(℃)	相对湿度(%)	风速(m/s)	温度(℃)	相对湿度(%)	风速(m/s)	温度(℃)	相对湿度(%)	风速(m/s)	温度(℃)	相对湿度(%)	风速(m/s)
1	0.002	24	0.30	75	4.7	1.63	75	4.7	1.63	75	4.7	1.63	75	4.7	1.63	75	4.7	1.63
2	0.002	24	0.30	75	4.7	0.50	75	4.7	0.50	75	4.7	0.50	75	4.7	0.50	75	4.7	0.50
3	0.002	24	0.30	85	4.7	1.63	85	4.7	1.63	85	4.7	1.63	85	4.7	1.63	85	4.7	1.63
4	0.002	24	0.30	75	20.0	1.63	75	20.0	1.63	75	20.0	1.63	75	20.0	1.63	75	20.0	1.63

3　意义

利用面向对象的高级程序语言 VisualC+ +，建立了玉米的干燥模型，这是玉米多单元带式干燥的数学模拟程序，并编制人机交互界面，预测干燥设备内的物料和干燥介质状态参数。同时采用玉米的干燥模型和 Matlab 软件的数据处理，确定了热风温度、相对湿度以及风速等干燥工艺参数对干燥过程的影响。应用玉米的干燥模型，计算结果表明热风温度对干燥速率影响最大，其次是风速，热风相对湿度影响最小。为验证模型的准确性，选用

5HCCX-1. 6 型多单元带式干燥设备进行试验研究,该模拟程序能较好地预测该类干燥设备的干燥过程,并对实际生产有一定的指导作用。

参考文献

[1] 陈龙健,刘德旺,吕黄珍. 5HCCX-1.6 型多单元带式干燥机干燥过程的计算机模拟. 农业工程学报,2006,22(1):122-126.

土地利用的动态模型

1 背景

随着人类活动的日趋频繁,绿洲会发生巨大变化,其演变从受控于自然条件向受控于人类活动方向转变。人类通过改善灌溉系统(修渠、打井)、熟化土壤、栽培作物、营造林木,使绿洲扩大。与之相伴的是由于人类对自然规律认识的局限性,以及人口增长造成的需求增长,不合理地利用自然资源,会造成土地盐渍化、沙漠化,引起绿洲退化。亢庆等[1]采用多源遥感数据的人工解译和专题信息提取等多种方法,获取艾比湖绿洲农业区在1972年至2001年间土地利用的时空变化数据以及2004年该地区的盐碱化程度数据。

2 公式

土地利用动态是用于描述土地利用变化速率的数学模型,可用以下公式表述:

$$LUDI = (U_a - U_b)/U_a \times 1/T \times 100\%$$

式中,U_a、U_b 分别表示 a 时刻和 b 时刻某种土地利用类型的面积,km^2;T 为 a 时刻到 b 时刻的研究时段长,年。

土地利用开发度表达的是单位时间内某类型土地利用实际新开发的程度,以单位时间内新开发的该类型土地面积占初期该类型总面积的百分比来表示:

$$LUD = D_{ab}/U_a \times 1/T \times 100\%$$

式中,D_{ab} 为 a 时刻到 b 时刻新开发的某类型土地利用的面积,即由其他类型土地利用转变为该类型土地利用的面积的总和,km^2;U_a 为 a 时刻该土地利用类型的面积;T 为 a 时刻到 b 时刻的研究时段长,年。

根据以上模型计算的3个时期研究区土地利用动态变化指数结果见表1。

表 1　研究区各类型土地利用动态变化指数表

类型	动态度 LUDI			开发度 LUD		
	1972—1977 年	1977—1990 年	1990—2001 年	1972—1977 年	1977—1990 年	1990—2001 年
耕地	0.66	1.69	5.34	1.13	2.11	5.51
林地	0.03	0.19	0.62	0	0.19	0.65
草地	−0.06	−0.16	−0.16	0.10	0.02	0.01
水域	0.04	0.03	−0.01	0.04	0.03	0.01
城乡、工矿、居民用地	1.35	6.39	2.50	0.13	6.39	2.52
未利用地	−0.06	−0.19	−1.24	0.09	0.08	0

3　意义

采用 1972—2001 年的 4 期 MSS 和 TM 图像为数据源，通过人工解译方法获得新疆艾比湖地区土地利用数据，根据土地利用的动态模型，并使用土地利用转移矩阵和土地利用变化指数等方法，确定了近 30 年该地区土地利用动态情况。应用土地利用的动态模型，基于光谱分析的光谱角度填图(SAM)分类方法，从 2004 年 ASTER 和 SPOT 图像上提取土地盐碱化现状信息，并结合人工解译的土地利用数据，评估了农业区土地利用受盐碱化影响的程度，并对盐碱化因素限制下的农业发展提出建议。

参考文献

[1]　亢庆，张增祥，王长有，等. 艾比湖绿洲农业区土地利用动态与盐碱化影响的遥感应用研究. 农业工程学报，2006，22(2)：73-78.

土壤碎石的降雨入渗模型

1 背景

含碎石土壤在黄土高原侵蚀剧烈的地区以及西南地区和北方土石山区分布很普遍，但这方面研究很少有人开展，许多与之有关的科学问题急待解决。因此针对含碎石土壤进行研究，在理论上有助于拓宽相关学科领域，在实践上有利于合理利用上述地区的这类土壤资源，具有科学和实际的研究价值。朱元骏和邵明安[1]通过模拟降雨研究次降雨过程中不同碎石含量的土壤入渗和侵蚀产沙随时间的变化，初步探讨碎石对入渗和产沙过程影响的可能原因，为特定类型水土资源的合理利用提供一定的科学依据。

2 公式

碎石取自渭河滩，是以中生代燕山期花岗岩为基岩的平滑椭圆性硬质卵石。在和土壤混合前，去除碎石上附着的杂物，并分别过直径 5 cm 和 2 cm 筛，留取直径 2~5 cm 的碎石，风干待用。处理后的碎石相关参数见表 1，由表 1 知碎石平均饱和质量含水率为 0.54%，表明此类碎石几乎不吸收水分，属于无孔隙碎石。

表 1 碎石相关参数

重复	烘干质量 (g)	饱和质量 (g)	体积 (cm^3)	平均直径 (cm)	密度 (g/cm^3)	饱和含水率 (%)
1	647.57	650.00	245	2.47	2.64	0.38
2	830.82	835.82	345	2.33	2.41	0.60
3	703.71	708.19	276	2.19	2.55	0.64

降雨过程中，雨强控制在 90 mm/h（计算时按率定雨强计算）；土槽坡度控制为 15°。降雨前用非侵蚀性的薄层片流湿润表土 2 min，然后按预先设计的雨强降雨，降雨历时 60 min。从产流开始，每 2 min 收集一次径流，用烘干称重法测定产沙量和产流量，并计算出含沙率，累积产沙量。土壤入渗率 K 用以下公式计算。试验设 3 个重复，结果取平均值。

$$K = r\cos(\theta) - \frac{k \cdot F}{A \cdot t}$$

式中，r 为降雨量，cm/min；θ 为坡度，(°)；t 为时间间隔，min；F 为时间间隔 t 内的产流量，g；A 为土槽截面积，cm^2；k 为将产流量换算成水的体积的转换系数，$k=1\ cm^3/g$。

图 1 为模拟降雨过程中 4 个不同碎石含量的土壤入渗率随时间（间隔为 2 min）的变化（95%置信度，$R^2>0.74$）。

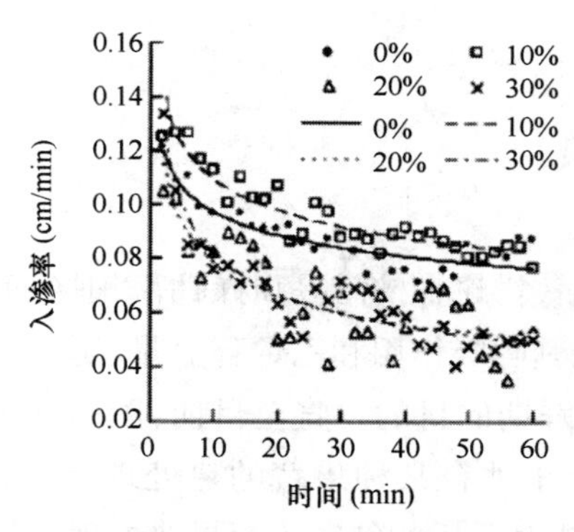

图 1　降雨过程中土壤入渗率变化

3　意义

碎石的存在改变了均质土壤的某些物理特性，降雨入渗和侵蚀产沙过程也因此受到影响，建立土壤碎石的降雨入渗模型，有助于模拟和预测土石混合介质中发生的水土过程。通过土壤碎石降雨入渗模型的计算结果可知，碎石含量为 10%时，土壤入渗率最大；当碎石含量超过 10%时，入渗率反而降低；4 种不同碎石含量的土壤侵蚀产沙高峰期均出现在降雨初期 0~20 min，此后土壤侵蚀产沙相对稳定且在不同碎石含量的土壤间差别不大；降雨过程中，10%碎石含量的土壤侵蚀含沙率一直保持稳定在较低水平，其他碎石含量的土壤侵蚀含沙率起初很高并在 0~10 min 内急剧下降，此后与 10%碎石含量的土壤侵蚀含沙率接近。

参考文献

[1]　朱元骏，邵明安. 不同碎石含量的土壤降雨入渗和产沙过程初步研究. 农业工程学报，2006，22(2)：64-67.

苹果热处理的优化模型

1 背景

果蔬采后热处理指在果蔬贮藏前,将其短时间置于非致死高温中进行处理,旨在控制果蔬采后病虫害的发生,降低其呼吸作用和乙烯释放量,延缓衰老,并能减轻果蔬冷害的发生,改善其品质,达到延长保鲜期的目的。直至目前,国内外采用的热处理方法各异,且已经试用于多种果蔬中,但是对于适合某种果蔬的热处理条件往往缺乏有针对性的优化方法。陈莉等[1]采用响应曲面法对采后的红富士苹果热处理条件进行了优化。

2 公式

采用 SAS8.2 中的 Design of Ex periments 程序,以处理温度和处理时间为主要的考察因子(自变量),分别以 X_1、X_2 表示,并以+ 1、0、-1 分别代表自变量的高、中、低水平,按方程

$$x_i = (X_i - X_0)/\Delta X$$

对自变量进行编码。

式中, x_i 为自变量的编码值, X_i 为自变量的真实值, X_0 为试验中心点处自变量的真实值, ΔX 为自变量的变化步长,选定处理温度和时间范围。实验因素编码及水平见表 1。

表 1 试验设计因素编码和水平

因素	编码	非编码	编码值	水平
处理温度(℃)	x_1	X_1	-1	35
			0	38.5
			1	42
处理时间(h)	x_2	X_2	-1	48
			0	72
			1	96

以苹果的品质指标(果实底色 $a*$ 值、硬度和固酸比)为响应值 Y,拟合二阶多项式方程:

$$Y = a_0 + a_1x_1 + a_2x_2 + a_{11}x_1^2 + a_{12}x_1x_2 + a_{22}x_2^2$$

式中,Y 为预测值;a_0 为常数项;a_1、a_2 为线性系数项;a_{11}、a_{12}、a_{22} 为二次项系数,其中 a_{12} 为交互作用项系数。实验设计结果见表 2。

表 2 热空气处理苹果 RSM 试验设计分组结果

处理组	温度(编码)	时间(编码)	温度(非编码)(℃)	时间(非编码)(h)
1	-1	-1	35	48
2	-1	1	35	96
3	1	-1	42	48
4	1	1	42	96
5	-1.414	0	33.5	72
6	1.414	0	43.4	72
7	0	-1.414	38.5	38
8	0	1.414	38.5	105.9
9	0	0	38.5	72
10	0	0	38.5	72
11	0	0	38.5	72
12	0	0	38.5	72
13	0	0	38.5	72

3 意义

采用响应曲面法,建立了苹果热处理的优化模型,确定了在不同时间-温度的热空气处理对果实品质的影响。根据苹果热处理的优化模型,对红富士苹果进行不同时间-温度的热空气处理,处理后的果实置于(0±0.5)℃条件冷藏 4 个月,然后置于 20℃条件下 7 d(模拟货架期),对货架结束时果实底色 a* 值、硬度和固酸比进行测定。利用响应曲面法,应用苹果热处理的优化模型,得到了苹果底色 a* 值、硬度和固酸比的二次多项数学模型,并验证了模型的有效性,并且考察了处理温度和处理时间对果实品质各指标的影响,得出优化热处理温度为 36.3℃,处理时间 82.5 h。

参考文献

[1] 陈莉,屠康,王海,等. 采用响应曲面法对采后红富士苹果热处理条件的优化. 农业工程学报,2006,22(2):159-163.